LC/MS, LC/MS/MS Q&A100 獅子の巻

中村 洋 企画・監修
公益社団法人 日本分析化学会
液体クロマトグラフィー研究懇談会 編

Ohmsha

本書に掲載されている会社名，製品名は，一般に各社の登録商標または商標です．

本書を発行するにあたって，内容に誤りのないようできる限りの注意を払いましたが，本書の内容を適用した結果生じたこと，また，適用できなかった結果について，著者，出版社とも一切の責任を負いませんのでご了承ください．

本書は，「著作権法」によって，著作権等の権利が保護されている著作物です．本書の全部または一部につき，無断で次に示す〔 〕内のような使い方をされると，著作権等の権利侵害となる場合があります．また，代行業者等の第三者によるスキャンやデジタル化は，たとえ個人や家庭内での利用であっても著作権法上認められておりませんので，ご注意ください．
〔転載，複写機等による複写複製，電子的装置への入力等〕
学校・企業・団体等において，上記のような使い方をされる場合には特にご注意ください．
お問合せは下記へお願いします．
〒101-8460　東京都千代田区神田錦町3-1　TEL.03-3233-0641
株式会社オーム社書籍編集局　（著作権担当）

企画・監修のことば

　本書は，『LC/MS, LC/MS/MS Q&A 100 獅子の巻』と題したQ&A形式の実務書である．これ迄，（株）オーム社から毎年刊行して来た，『LC/MSとLC/MS/MSの基礎と応用』（2014年9月），『LC/MS, LC/MS/MSのメンテナンスとトラブル解決』（2015年9月），『LC/MS, LC/MS/MS Q&A 100 虎の巻』（2016年8月），『LC/MS, LC/MS/MS Q&A 100 龍の巻』（2017年9月）に続き，（公社）日本分析化学会（JSAC）・液体クロマトグラフィー研究懇談会（LC懇）が編集したLC/MS関係書籍の5冊目に当たる．本書の刊行により，LC/MS, LC/MS/MSに関するQ&Aも累計で300問となり，この領域におけるハード，ソフトに関する主要な疑問をほぼ網羅出来た感がある．本書はQ&Aシリーズの締め括りとして詳細な知識・情報を含め最もクオリティーが高いものであり，大方の読者に満足して戴ける内容を盛り込む事が出来たと自負する．

　前2冊同様，小職がQを100問作成し，LC懇の役員・准役員を対象として，各人6問以上の執筆を条件に昨年8月31日から執筆者の募集を開始し，9月21日には最終的に11名の執筆者を決定し，本年4月17日を脱稿期日として原稿執筆を依頼した．集まった原稿を，Chapter 1「周辺基礎技術・概念とHPLC・UHPLC」22問，Chapter 2「質量分析の基礎」27問，Chapter 3「質量分析におけるイオン化・イオン分離・検出」29問，Chapter 4「LC/MS, LC/MS/MSの基礎と応用」22問，に分類・整理し，本年4月23日（月）・24日（火）の二日間，JSACの会議室に25名のLC懇役員・准役員の有志が参集し，記述内容と用語の正確さに重点を置き，濃密な査読作業を行った．その後，各解説原稿執筆者の査読責任者から各執筆者に査読意見を伝え，数度の遣り取りを経て原稿を完成した．前4冊と同様，本書も短期間での原稿執筆に加え，7月下旬の入稿からほぼ4カ月で刊行の運びとなった．

　本書で使用した用語と定義は，JSACの分析士認証試験受験者の便にも資するため，分析士試験解説書と軌を一にしたものとした．分析士認証制度は（公社）日本分析化学会が2010年に創設以来，既に2200名を超える分析士を誕生させているが，本シリーズを同会が実施するLC/MS分析士認証試験会場に携えて試験に備える光景も年々増えており，嬉しい限りである．本書が，LC/MS, LC/MS/MSと言う，現代を代表する最強の分析・解析法を読者が自在に使いこなすための身近な実務書となる事を希望する．

最後に，本書原稿の迅速な執筆・推敲にご理解とご尽力を賜った，執筆者・査読協力者の方々に感謝の意を表したい．又，今回もオーム社の編集スタッフには，良き本作りを目指して綿密かつ正確な編集作業を行って戴いた．執筆者を代表して心より感謝申し上げる．

2018年11月
　　　（公社）日本分析化学会液体クロマトグラフィー研究懇談会 委員長
　　　（公社）日本分析化学会分析士認証委員会 委員長
　　　（公社）日本分析化学会分析士会 会長

　　　　　　　　　　　　　　　　　　　　　　　　　　中村　洋

編纂機関

企画・監修者
中村　洋

編　者
公益社団法人 日本分析化学会 液体クロマトグラフィー研究懇談会

執筆者

加藤　尚志	バイオタージ・ジャパン(株)
柿田　穣	エーザイ(株)
橘田　規	(一財)日本食品検査
合田　竜弥	第一三共(株)
滝埜　昌彦	アジレント・テクノロジー(株)
髙橋　豊	エムエス・ソリューションズ(株)
竹澤　正明	(株)東レリサーチセンター
谷川　建一	東京大学大学院工学系研究科
中村　洋	東京理科大学
三上　博久	(株)島津総合サービス
村田　英明	(株)島津製作所

査読協力者

伊藤　誠治	東ソー(株)
石井　直恵	メルク(株)
市川　進矢	(株)フジクラ
内田　丈晴	(一財)化学物質評価研究機構
榎本　幹司	栗田工業(株)
大塚　克弘	(株)総合環境分析
岡橋美貴子	特定非営利活動法人 病態解析研究所
加藤　尚志	バイオタージ・ジャパン(株)
柿田　穣	エーザイ(株)
川口　研	(国研)産業技術総合研究所
橘田　規	(一財)日本食品検査
熊谷　浩樹	アジレント・テクノロジー(株)
小林　宏資	信和化工(株)

編纂機関

昆　　亮輔	富士フイルム和光純薬(株)
坂　真智子	(一財)残留農薬研究所
髙橋　　豊	エムエス・ソリューションズ(株)
竹澤　正明	(株)東レリサーチセンター
寺田　明孝	日本分光(株)
奈木野勇生	ジャスコエンジニアリング(株)
中村　　洋	東京理科大学
細野　寛子	東洋製罐グループホールディングス(株)
真野　茉莉	ジーエルサイエンス(株)
三上　博久	(株)島津総合サービス
宮野　　博	味の素(株)
望月　直樹	横浜薬科大学

(五十音順, 所属は平成 30 年 7 月現在)

目　　次

Chapter1　周辺基礎技術・概念と HPLC・UHPLC

- Q1　人名が入った化学機器や装置を紹介して下さい．　2
- Q2　ロバーバルの天秤とは何ですか？　4
- Q3　ロータリーポンプの構造とメンテナンスについて教えてください．　6
- Q4　気相酸性度とは何ですか？　8
- Q5　ディストニックイオンとは何ですか？　10
- Q6　偶数電子ルールとは何ですか？　12
- Q7　重回帰分析とは，どの様なものですか？　14
- Q8　主成分分析とは，どの様なものですか？　17
- Q9　不確かさの概念を平易に教えて下さい．　21
- Q10　物質の基本とされる素粒子の研究動向を教えて下さい．　24
- Q11　LC やクロマトグラフィー関連用語で，人名が入ったものを紹介して下さい．　27
- Q12　配管を繋ぐ部品には，ユニオン，ジョイント，継手などの名称がありますが，互いに違いはあるのでしょうか？　29
- Q13　バックグラウンドが少ない市販の高純度緩衝剤はありますか？　32
- Q14　溶離液の各種脱気方法の特徴と効率を教えて下さい．　34
- Q15　理論段高さが最小となる流速を簡単に求める方法はありますか？　37
- Q16　カラムブリードについて教えて下さい．　39
- Q17　コアシェルカラムが最近流行っていますが，敢えて使う利点はあるのでしょうか？　41
- Q18　カラム寿命を長くする注意や工夫を紹介して下さい．　43
- Q19　各種検出器の最近のシェアはどうなっていますか？　46
- Q20　UHPLC の利点は，理論的に説明が出来るのでしょうか？　48
- Q21　UHPLC 用として特に用意された基材，部品などはありますか？　51
- Q22　HPLC 装置と UHPLC 装置の主要メーカーのシェアについて教えて下さい．　54

Chapter2　質量分析の基礎

- Q23　人名が入った質量分析関連用語を紹介して下さい．　62
- Q24　質量分析の専門書，専門学術誌，専門学会などを教えて下さい．　65
- Q25　質量分析関連データのライブラリーやソフトウェアの現状を紹介して下さい．　68
- Q26　質量分析計の代表的なメーカーのオリジナルな技術の特徴などを教えて下さい．　71
- Q27　質量分析で同位体はどの様な影響を与えますか．又，同位体の利用方法を教えて下さい．　73
- Q28　質量分析器（mass spectrograph）と質量分析計（mass spectrometer）は，どこが違うのでしょうか？　76
- Q29　LC/MS に使用されている加熱装置の機構を教えて下さい．　78
- Q30　MS におけるシースガスの種類，流量，流量制御法を教えて下さい．　81
- Q31　質量校正の実施法を具体的に教えて下さい．　83
- Q32　質量分析における構造解析に有益な人名反応を教えて下さい．　86
- Q33　TOF-MS における飛行時間測定法を教えて下さい．　88
- Q34　市販装置は，マススペクトルの横軸 m/z に影響する因子をどの様に除去・低減しているのですか？　91
- Q35　Mason-Schamp 方程式とは何ですか？　94
- Q36　MS を自製するには，どの位の材料費が掛かりますか？　97
- Q37　インソース衝突誘起解離とは何ですか？　99
- Q38　イオンゲートの役割と構造について教えて下さい．　101
- Q39　イオントラップにはどの様なものがありますか？　103
- Q40　第二法則処理，第三法則処理とは何ですか？　105
- Q41　タイムラグフォーカシングとは何ですか？　107
- Q42　質量分析における感度の定義は，どうなっているのでしょうか？　109
- Q43　スキマーは，どのタイプの質量分析計にもあるのでしょうか？　111
- Q44　探針エレクトロスプレーイオン化質量分析計（PESI-MS）の構造や特徴を教えて下さい．　113
- Q45　チャージリモートフラグメンテーションとは何ですか？　115

Q46　マイク法とは何ですか？　　117
Q47　質量分解度と質量分解能とは違うのですか？　　119
Q48　八重極（オクタポール）は，四重極と何が違うのですか？　　121
Q49　空間電荷効果とは何ですか？　　123

Chapter3　質量分析におけるイオン化・イオン分離・検出

Q50　難イオン化物質のイオン化法はあるのでしょうか？　　132
Q51　質量分析の対象に出来ない物質を，質量分析する工夫はあるのでしょうか？　　134
Q52　イオン化を目的とした誘導体化試薬には，どの様なものがありますか？　　138
Q53　質量分析計のパーツの位置関係が，イオン化効率に及ぼす影響について解説して下さい．　　140
Q54　コールドスプレーイオン化とは，どの様な手法でしょうか？　　142
Q55　ソニックスプレーイオン化の特徴を教えて下さい．　　145
Q56　マッシブクラスター衝撃イオン化とは，どの様な手法でしょうか？　　149
Q57　アンビエントイオン化法と大気圧イオン化法とは，違うものですか？　　151
Q58　両性化合物のイオン化に際し，正イオン化/負イオン化のどちらを選択するかの基準はありますか？　　154
Q59　プロトン親和力がイオン化に影響するのは，どの様な場合でしょうか？　　157
Q60　イオンビーム法とは何ですか？　　160
Q61　新しいイオン化法に関する研究動向を紹介して下さい．　　163
Q62　リペラー電圧は質量分析に必須なのでしょうか？　　165
Q63　飛行距離が最大のTOFは何ですか？　　167
Q64　Spiral MSは特許性がどこにあるのか，又，その限界を教えて下さい．　　169
Q65　松田プレートとは何ですか？　　171
Q66　遅延引出しとは何ですか？　　174
Q67　フェイムス法の原理を教えて下さい．　　177

- Q68 Chevron プレートとは何ですか？　**179**
- Q69 二次電子増倍管が質量分析の検出に利用出来る理屈が分からないので教えて下さい．　**181**
- Q70 ダイナミック MRM 法とは何ですか？　**183**
- Q71 リング電極のフレッティングとは何ですか？　**186**
- Q72 検出器と正イオン / 負イオンの検出感度との関係を教えて下さい．　**188**
- Q73 ファラデーカップとは何ですか？　**190**
- Q74 ディスクリートダイノード形の電子増倍管の構造と機能を教えて下さい．　**192**
- Q75 連続ダイノード形の電子増倍管の構造と機能を教えて下さい．　**194**
- Q76 マイクロチャネルプレートとは何ですか？　**196**
- Q77 MS の感度を飛躍的に向上させる検出器の可能性はあるのですか？　**198**
- Q78 マススペクトルの横軸に目盛る m/z の値は，m と z を別々に測定しているのですか？　**200**

Chapter4　LC/MS，LC/MS/MS の基礎と応用

- Q79 LC に直結して使用出来る MS を教えて下さい．　**208**
- Q80 LC‑MS に使用されている合成ポリマーの種類，特徴，使用箇所を教えて下さい．　**210**
- Q81 LC‑MS に関する四つの Q（DQ，IQ，OQ，PQ）の要点を教えてください．　**212**
- Q82 LC/MS 分析において不確かさをどの様に求めるのか，具体的に教えて下さい．　**215**
- Q83 LC‑MS と LC‑MS/MS の主要メーカーのシェアについて教えて下さい．　**218**
- Q84 LC/MS のバリデーションは，具体的にどの様にすれば良いのでしょうか？　**220**
- Q85 LC‑MS のノイズを抑える有効な方法を教えて下さい．　**224**
- Q86 LC‑MS と LC‑MS/MS の保守契約の内容と大体の金額を教えて下さい．　**227**

Q87 LC/MS 分析用の便利グッズがあったら紹介して下さい.　**230**
Q88 ディレイインジェクションとは，どの様な手法でしょうか？　**232**
Q89 LC/MS 用の逆相カラムに適した充填剤のスペックを教えて下さい.　**234**
Q90 ターゲット分析，ノンターゲット分析に適した LC/MS, LC/MS/MS 戦略はありますか？　**236**
Q91 コンスタントニュートラルロススキャンとは，どの様な手法でしょうか？　**240**
Q92 クロストークをゼロにする方法はあるのでしょうか？　**242**
Q93 質量分析で水やエタノールのクラスター分析が出来るそうですが，概要を説明して下さい.　**244**
Q94 質量分析は D-アミノ酸研究にも役立ちますか？　**246**
Q95 質量分析で細菌の分類が出来るそうですが，概要を説明して下さい.　**248**
Q96 質量分析はメタボローム解析でどの様に利用されていますか？　**250**
Q97 質量分析のリピドミクスへの応用例を教えて下さい.　**252**
Q98 質量分析が宇宙科学にどの様に活用されているか，現状を教えて下さい.　**254**
Q99 質量分析は石油産業でどの様に利用されているのでしょうか？　**256**
Q100 質量分析はゴム産業でどの様に利用されているのでしょうか？　**258**

Appendix　LC/MS メーカーの歴史，規模，研究者数　**263**

索　引　**273**

Chapter 1

周辺基礎技術・概念と HPLC・UHPLC

Q1 人名が入った化学機器や装置を紹介して下さい.

物理学では，考案者や発見者に因んで人名が付いた原理や法則が多数あります．例えば，表1に示すものなどです．一方，化学の場合には，理論・原則にも増して実験を行う機会が多いため，その道具として様々なガラス器具や装置が必要となり，開発した化学者の名を冠したものが少なくありません（表2）．

以下，それらの中から幾つかピックアップして解説します．

[1] エルレンマイヤーフラスコ（Erlenmeyer flask）

これは，ドイツの有機化学者エルレンマイヤー（Emil Erlenmeyer, 1825-1909）により発明（1866）された三角フラスコ（conical flask, Erlenmeyer flask）です．平らな底面，円錐状の胴体，円筒状の首が特徴の，実験用フラスコの一種です（図1）．加熱蒸発をする際に液が外に飛び出し難い，栓がし易い，などの特長があります．ガラス製や石英製に加えて，最近ではプラスチック製の製品も市販されています．

[2] リービッヒ冷却器（Liebig condenser）

この冷却器は，ドイツの有機化学者ユストゥス・フォン・リービッヒ（Justus Freiherr von Liebig, 1803-1873）の名に因んだもので，リービッヒコンデン

表1　人名が付いた原理や法則の例

日本語名	英語名	要点
オームの法則	Ohm's law	電流は電圧に比例する
コンプトン効果	Compton effect	物質で散乱されたX線は，入射X線より長波長のX線を含む
ストークスの法則	Stokes' law	光ルミネセンスの波長は，励起光より長波長側に現れる
チェレンコフ効果	Cherenkov effect	荷電粒子が，光速よりも早く物質中を移動すると放射が見られる
ドップラー効果	Doppler effect	観測者或いは波源が動く場合，観測者が測定する波の振動数は波源のものと異なる
フックの法則	Hooke's law	弾性体の歪は，応力に比例する
フレミングの法則	Fleming's rule	磁場内にある導線における，電流の方向，磁場の方向，磁場から受ける力に関する関係を表した右手と左手の法則

表2 人名が付いた化学機器の例

分類	日本語名	英語名	用途
ガラス器具	エルレンマイヤーフラスコ	Erlenmeyer flask	試料の溶解など
	クライゼンフラスコ	Claisen flask	蒸留
	コーニングガラスフィルター	Corning glass filter	特定波長の光吸収
	ジムロート冷却器	Dimroth condenser	還流冷却
	パスツールピペット	Pasteur's pipette	吸液
	ブフナー漏斗	Buchner funnel	減圧濾過
	ペトリ皿	Petri dish	細菌培養
装置	クデルナ・ダニッシュ濃縮器	Kuderna-Danish concentrator	溶媒中の目的物の濃縮
	ソクスレー抽出器	Soxhlet's extractor	不揮発性成分の抽出
	ブンゼンバーナー	Bunsen burner	ガスの燃焼
	リービッヒ冷却器	Liebig condenser	蒸留液の回収
	ルボフの炉	L'vov furnace	黒鉛炉原子吸光分析
	ロバーバル天秤	Roberval balance	上皿天秤

サー，リービッヒ冷却管とも言い，筒が二重になった冷却管で蒸留を行う時に用います（図2）．図2の中央部にある⑤がリービッヒ冷却器で，冷却水を⑥から入れて⑦から排水し，②の丸底フラスコ中で加熱された液体の蒸気を冷却して，⑧の丸底フラスコに回収している様子が示されています．

[3] ルボフの炉（L'vov furnace）

これは，原子吸光分析用にロシアのルボフ（Boris V. L'vov）が発明[2]した黒鉛炉（graphite furnace）を指します．黒鉛炉の中に1〜5 μLの試料を入れ，アルゴンなどの希ガスを満たして電気加熱する事により，試料を100％原子化する事が出来ます．ルボフの発明により，原子吸光分析はフレームで原子化する方式に加えて，黒鉛炉で原子化するフレームレス方式が確立されました．

図1　エルレンマイヤーフラスコ

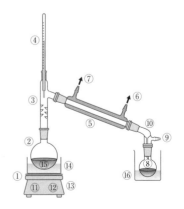

図2　リービッヒ冷却器の使用例[1]

Q2 ロバーバルの天秤とは何ですか？

nswer 「ロバーバルの天秤」，或いは「ロバーバルの秤」（Roberval balance）とは，17世紀にフランスの数学者ロバーバル（Gilles Personne de Roberval）によって考案された仕組みをもつ天秤の事です．この天秤の仕組みは，ロバーバル機構とも呼ばれます．それ迄の天秤は，天秤棒や秤竿に皿を釣り下げるタイプでしたが，このロバーバル機構の考案により上皿タイプが生まれ，その後画期的な進歩を遂げる事になったのです．

では，ロバーバル機構とはどの様なものでしょうか？　図1に示す様な上皿天秤を考えてみましょう．今，支点から等距離にある試料と分銅が釣り合っているとします（支点からの距離 l が等しい）．この時，試料が左の方向へ移動すると（$l \to l'$）釣合いが崩れ，左へ傾きます．つまり，図1の機構では，皿に載せる試料が同じでもその位置により釣り合ったり，釣り合わなかったりする事になります．

1669年にロバーバルは，四隅（可動点）を繋いだ平行四辺形を作り，上下横の辺の各中点（支点）で支柱に繋いだ仕組みを考案しました（図2）．これが，ロバーバル機構の基本構造です．

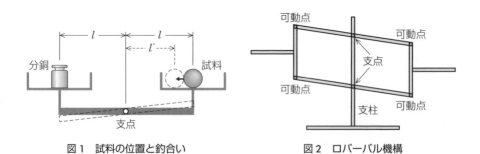

図1　試料の位置と釣合い　　　図2　ロバーバル機構

ロバーバルは，この機構を用いると両腕に釣り下げる錘が同じ重さなら，図3に示す様に，その位置（図3では，l と l'）に関係なく釣り合い，又，平行四辺形が傾いても両腕の水平が常に保たれる（図2参照）事を見出しました．この構造では，錘を釣り下げる位置が異なる事で生じる力のモーメント（図3では，時計回りのモーメント）が相殺され，平行四辺形の左右縦の辺には錘の重さだけが掛

かる様になります．即ち，同じ重さの錘は，位置には関係なく釣り合う事になります（ロバーバル機構の詳細な原理については，参考文献 [1] をご参照下さい）．

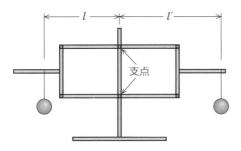

図3　ロバーバル機構による釣合い

　ここで，両腕において支点から等距離の位置に上皿を付ければ，試料を皿のどこに載せても釣り合う上皿天秤となります．現在，私達が日常使う天秤には，一般にこのロバーバル機構が用いられています．図4に，電磁力平衡方式の天秤の基本構造例を示します．図中の点線部分にロバーバル機構が使われており，平行四辺形の片方の辺が固定されています．これによって，図中の試料が①の位置でも②の位置でも正しく秤量が出来るのです（電磁力平衡方式の天秤の原理については，参考文献 [4] をご参照下さい）．

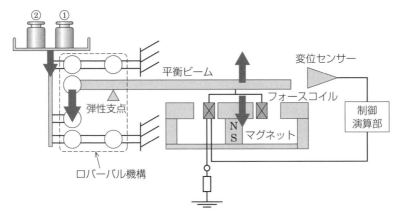

図4　電磁力平衡方式の天秤の基本構造

Q3 ロータリーポンプの構造とメンテナンスについて教えて下さい.

LC-MS（図1）は，試料導入部，イオン化部，イオン輸送部，質量分離部及び検出部から成り，イオン化部迄が大気圧下で，イオン輸送部以降を真空にする必要があります．イオン輸送部以降は，一般的に，油回転ポンプとターボ分子ポンプを用いて真空にする事により，生成したイオンが他のイオンや分子と衝突せずに，検出部へ移動出来る様になります．

大気圧		中真空 高真空	高真空	高真空
試料導入部	イオン化部	イオン輸送部	質量分離部	検出部

図1　質量分析計の構成（模式図）

質量分析計のイオン輸送部以降の真空度は，一般的に，段階的に減圧にする機構，即ち，差動排気システムにより高められます．ロータリーポンプに代表される油回転ポンプを用いて粗引きをし，適切な真空度が得られた後に，主ポンプ，例えば，ターボ分子ポンプや油拡散ポンプにより高真空が維持されます．

代表的なロータリーポンプの模式図を図2に示します．ロータリーポンプは，偏心した回転軸をもったロータ，及び固定翼から成ります．吸気口から導入される空気は，内壁と接しながら回転するロータによって，逃げ場が無くなり，徐々に圧縮されながら，排気弁を通じて排気されます．ロータの動力にはモータやベルト駆動形があり，ロータの回転によって空気を掻き出しながら減圧しています．ロータリーポンプの特徴は，大気圧から稼働させる事が出来，10^{-1} Pa 程度までの中真空を得る事が出来ます．

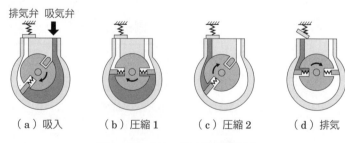

図2　ロータリーポンプの模式図[1]

ロータリーポンプは，ポンプ内部のシールと潤滑のために，真空ポンプ油が用いられています．LC-MS で用いる場合，HPLC の溶離液や水蒸気などの蒸気圧の高い物質が真空ポンプ油中に混入します．真空ポンプ油の蒸気圧が高くなると，ロータリーポンプの性能が低下し，サビなどが発生し故障の原因となります．又，イオン化された分析種は，空気や他のイオンなどと衝突する機会が増えるため，検出器に到達する割合が少なくなり感度の低下を招く事になります．検出器の周りに存在する分子やイオンなどの存在により，バックグラウンドノイズの増加も招きます．付随して，油回転ポンプの性能低下により，主ポンプである高真空用のターボ分子ポンプに過度な負担が掛かります．そのため，ロータリーポンプの性能を維持するために，6 か月に 1 回程度の頻度で真空ポンプ油を交換する必要があります．又，ポンプの劣化を防止するために，性能に問題が無くても真空ポンプ油を定期的に交換する必要があります．

ロータリーポンプから排出される空気中には真空ポンプ油がオイルミストとして排出されるので，排気口にオイルミストトラップやオイルミストフィルターを取り付け，実験室へオイルミストが飛散しない様に配慮が必要です．使用頻度によりますが，6 か月から 1 年に 1 回の頻度で点検をし，必要に応じてオイルミストフィルターを交換する事を推奨します．

日常点検や定期点検により真空度を確認すると共に，油回転ポンプの異音の有無や真空ポンプの油量が適切である事，変色していない事を確認し，異常が有れば真空ポンプ油を交換する必要があります．又，真空部でリークが生じると油回転ポンプに過度な負担が掛かり，真空ポンプ油が古いと臭いが生じるので留意する必要があります．なお，長期間使用しない場合は，真空ポンプ油を新しい油に入れ替えておく事を推奨します．表 1 に，他の真空ポンプの種類と差動圧力範囲を示したので，参考にして下さい．

表 1 真空ポンプの種類と差動圧力範囲[2]

圧　力	低真空	中真空	高真空	超高真空
	$10^5 \sim 10^2$ Pa	$10^2 \sim 10^{-1}$ Pa	$10^{-1} \sim 10^{-5}$ Pa	10^{-5} Pa $\sim$
型　式	・ドライポンプ ・水封ポンプ ・油回転ポンプ ・ピストンポンプ	・ターボ分子ポンプ ・油回転ポンプ ・ピストンポンプ ・メカニカルブースターポンプ	・ターボ分子ポンプ ・クライオポンプ ・油拡散ポンプ	・ターボ分子ポンプ ・クライオポンプ ・イオンポンプ ・チタンゲッタポンプ

Q4 気相酸性度とは何ですか？ （龍の巻 Q72, p. 159 参照）

気相酸性度とは聞き慣れない言葉ですが，その意味は言葉の通り気相における酸性度です．

酸の考え方は歴史的に変化して来ましたが，現在，一般的に受け入れられている指標はブレンステッドの酸と塩基，及び有機化学ではルイス酸と塩基の考え方です．

ブレンステッドの定義に従えば，酸は水素イオンを与える物質で，水素イオンを受け取る側を塩基とします．例として $AH + B \Leftrightarrow A^- + BH^+$ と言う平衡反応があるとすると，AH は酸，B は塩基，A^- は共役塩基，BH^+ は共役酸になります．

歴史的に，酸は水に溶けると酸性を示すものと言う考え方があったため，水に溶かした時に酸である AH はどの程度 A^- になるかと言う割合が酸解離定数 Ka として定義され，広く使われています．Ka の対数値である pKa を酸性度として用いるのが一般的です．

Ka は平衡定数であるため，ルシャトリエの法則及びファントホッフ式より温度，圧力，容積の何れにも依存して変化します．そのため，通常，酸解離定数の表記がある場合には，常圧下の特定の温度が併記されている事が多いです．いくつかの化合物のプロトン解離におけるエンタルピー変化は，化学便覧[1]に数値が記載されています．例を挙げると，酢酸のエンタルピー変化は 25 ℃下で 0.49 kJ/mol です[1]．つまり，イオン化は吸熱反応である事から，圧力，容積が一定下において一般的に温度が上がるとイオン形に偏るため，Ka は大きくなります．反対に塩化水素の様に発熱反応の場合は Ka が小さくなります．

このブレンステッドの定義を更に拡大し，電子対を受け取る物質を酸とし，電子対を与える物質を塩基とすると言うのがルイス酸とルイス塩基の考え方です．この考え方は水素イオンを含まない系や，錯形成などの有機反応でも説明出来る事から，求核試薬や求電子試薬を議論する上でも用いられる様になりました．しかし，ブレンステッドの酸・塩基もルイス酸・塩基も，視点をプロトンで考えるか孤立電子対で考えるかの違いであり，基本的な考え方は一緒です．

さて，Ka は水に溶かした時の分子形とイオン形の割合を示すと言う記述をしましたが，気相酸性度とは水を介さない気相反応の酸性度と塩基性度になります．GC/MS などで使われる化学イオン化法は，試薬ガスで試料分子にプロトン

を与えてイオン化を行います。この時に，試料分子のプロトン化のされ易さは試料分子と試料ガスの気相酸性度及び熱力学的指標としてプロトン親和力の比較になります。

例として，GC/MS で試料ガスとして使われるメタンガスはイオン化部で CH_4 から CH_5^+ にプロトン化されます。試料分子をエタンとすると，メタンのプロトン親和力は 552 kJ/mol で，エタンのプロトン親和力は 601 kJ/mol です[1]。試料分子であるエタンはメタンのプロトン親和力よりも高いため，CH_5^+ はエタンをプロトン化します。プロトン親和力が低いと言う事は，気相酸性度は高いと言い換える事が出来るため，試料分子の気相酸性度が試料ガスの気相酸性度より低ければ試料分子はプロトン化されると言えます。

幾つかの試料ガスのプロトン親和力を表1に示します[2]。

表1　プロトン親和力の一覧

化合物	プロトン親和力〔kJ/mol〕
H_2	424
CH_4	552
C_2H_6	601
C_6H_6	759
NH_3	854

一方，ESI などを用いてイオン化を行う LC/MS の場合は，試薬ガスでイオン化されるのではなく，プローブに掛かる電圧で分子がプロトンを受け取って陽イオン化する，若しくは電子をもらって陰イオン化する事が多いため，酸性度と対をなす塩基性度を参照する事になります。気相酸性度が高いと言う事は塩基性度が低いと言い換える事が出来ます。プロトン親和力の代わりに電気陰性度を指標にして考える事になりますが，基本的な考え方は同じです。

Q5 ディストニックイオンとは何ですか？

Answer 日本質量分析学会が示す用語の定義には，ディストニックイオンとは「ジラジカル（diradical）や両性イオン（イリドを含む）のイオン化によって生成するラジカルカチオン（radical cation）又はラジカルアニオン（radical anion）の様に，電荷と不対電子を同じ原子或いは原子団の位置に書き表せないラジカルイオン」とあります[1]．簡単に言い換えると，同じ分子上に離れた二つのイオン電荷とラジカルをもつ化学種の事です．ディストニックとは，ディスタント（距離）をもつと言う意味であり，これより，イオン電荷と不対電子対（ラジカル）の2種のイオン種が同じ分子内に距離をもって存在する場合に，ディストニックイオンと呼びます．命名自体は，1980年代にYates, Bouma, Radomらによって同じ分子上にラジカルとイオンをもつ分子種について，ディストニックラジカルイオンと定義されています[2]．

ディストニックイオンは，イオン電荷を帯びていなくても不対電子対があれば水素原子（ラジカル）のシフトによって化合物のフラグメントに先立って生成される事が多々あります．これは，化合物によってはラジカルイオンがアミンやヒドロキシル部位にいるよりも，物理的に距離があり，電気陰性度の低い原子種の方が熱力学的に安定である事に起因します．つまり，熱をかける事で容易にラジカルが転移してディストニックイオン化すると言う事です．

図1に，1-プロピルアミンのラジカルカチオンの転移例を示します[3]．アミンは結合しているプロピル基と共役を取っていないため，転移には高い活性化エネルギーが必要となります．しかし，末端の炭素に孤立電子対が移る方が熱力学的に安定であるため，イオン化する方法によっては概ね活性化エネルギーを超えて転移が起きます．そして，この構造がディストニックイオンになります．

図1 1-プロピルアミンのラジカルカチオンの転移例

GC/MSでよく使われるEI法（電子イオン化法）は，中性種から電子を一つ放出させる事により1価のイオンを生成しますが，中性種の場合，電子イオン化

法で生成する分子イオンはラジカルイオンであり,奇数電子イオンになります.この様な部位は結合が不安定化されるために容易に開裂を起こし,そのパターンが構造を帰属する時に有益な情報となる事が多いです.つまり,ディストニックイオンは多くのイオン化された分子の解離反応において,中心的な中間体や生成物となっています[4].

一方,LCで使われるソフトイオン化法の大部分は,プロトン付加分子などの偶数電子イオンでありラジカル種は生成しません.又,LC/MS/MSで主に使用される衝突誘起解離(collision induced dissociation, CID)形フラグメンテーションも偶数電子イオンです.そのため,高エネルギーCID時の炭化水素系分子などの一部例外を除き,奇数電子イオン(ラジカルイオン)は生成し難いです.しかし,ラジカル種から生じるフラグメントの情報を得るために奇数電子イオンを生成させる時は,ESIでは電子捕獲解離(electron capture dissociation, ECD)や電子移動解離(electron transfer dissociation, ETD),MALDIではインソース分解(in-source decay, ISD)と呼ばれるCID以外のフラグメンテーションが利用されています.これは,ラジカル種を生成させる事で先述したラジカルイオンの転移を利用し,ペプチドやタンパク質中のペプチド主鎖のN-Cα結合を特異的に開裂させる事が出来るためです.この開裂したフラグメントの質量からアミノ酸を決定する事が出来ます.

6 偶数電子ルールとは何ですか？

 　　偶数電子とは，電子対を満たすもの，言い換えれば孤立電子をもたないものです．

　電子が電子対で安定化する理由は，電子にスピンの角運動量があるからです．電子のもつ粒子性と波動性を満たすために，古典論的な波動方程式と古典論的な運動量保存則の記述を量子論を用いて各種保存則を崩さない様に記述し様とすると，電子の総角運動量の記述は $m+1/2h\sigma$ に書き換えなければなりません．これこそが，電子はスピン角運動量をもつ事を示す式になり，スピンベクトルの $\sigma = \pm 1$ を示す事で，総角運動量の記述は角運動量 m に加え $+1/2\hbar$ と $-1/2\hbar$ のスピン角運動量をもつ事になります（詳細はディラックの量子力学を参照すると良い）．

　つまり，一つの電子は＋若しくは$-1/2\hbar$の固有値をもつスピン角運動量をもつため，電子軌道上に二つで対を形成する事で打ち消し合い，安定化します．一方，対を作らずに一つの電子でいるものをラジカルと呼びます．これは電子数が奇数になる事から奇数電子種と呼びます．一般的には，偶数電子種はスピン角運動量を打ち消し合うため，熱力学的に安定ですが，逆に奇数電子種は不安定です．

　次に，化学結合論で用いられる電子軌道を考えます．電子軌道には，原子核から近い順番で s 軌道，p 軌道，d 軌道などの軌道中に，或る存在確率で電子があると考えられています．この軌道中に入る事の出来る電子の数は，s 軌道は二つ，p 軌道は六つなどと決まっています．最外殻の軌道に入り得る電子の数で満たされている時は閉殻構造と呼び，反対に満たされていない時は開殻構造と呼びます．

　1原子単体では，希ガスを除いて電子軌道は満たされていません．そのため，電子軌道に十分な電子が入り，熱力学的に安定な構造になる様に各原子は化学結合されています．この時に共有する孤立電子数を原子価と呼んでいますが，窒素のみ質量数と原子価の和が奇数になります．この性質は，窒素ルールとして他の多くの文献に記載されていますのでここでは詳しく記述しません．以下に化学結合論を簡単に紹介します．

　電子軌道は，s 軌道，p 軌道，d 軌道などの分布関数内にエネルギーの低い順，即ち，通常は原子核に近い内側から電子が充填されて行きます．^{16}O の八つの電

子の場合，最内核の 1s 軌道は 2 電子で閉殻になります．他の 6 電子は 2s 軌道と 2p 軌道に存在します．これらの電子の四つは電子対を作りますが，残りの二つは孤立電子として存在し（これが原子価に相当します），他の原子の孤立電子と共存する事で共有結合を作り，閉殻構造になります．

簡単な分子の場合で考えてみると，例えば HO-H の場合は HO と H の間に電子が二つ存在します．ここで HO が二つとも電子を奪うと HO^- と H^+ になりますが，この時も HO^- の電子数は 10 個で偶数電子になります．一方で，それぞれが一つずつ電子を引き抜くと，HO・になります．この時の電子数は九つになり，奇数電子となります．1s 軌道に二つ，2s 軌道に二つ，2p 軌道に五つとなり，2p 軌道の電子はスピン角運動量が打ち消されないために不安定化し，強い電子吸引性をもちます．

この様に，奇数電子状態は不安定である事から，一般的に LC/MS の測定で得られるフラグメントイオンは偶数電子のイオンが観測されます．

しかし，イオン化の方法によっては，奇数電子種のラジカルが生成する方法（EI 法など）もあります．上述した通りラジカル種は不安定なため，開裂を起こし易いです．この開裂情報（フラグメンテーション）が構造決定に繋がり，同定作業を行う上で有益な情報になる事も多いのですが，LC の場合は開裂を起こさずに親イオンを測定出来る ESI や APCI の様なソフトイオン化が主流となり，偶数電子から外れる事は極端な温度や電圧を掛けない限りは生成しない様になりました．しかし，ラジカル化し易い部位を切断して開裂情報を取るために，奇数電子則に従う様な二次イオン化法（ECD，ETD など）もあります．目的に応じたイオン化法を使う事が重要です．

Q7 重回帰分析とは，どの様なものですか？

重回帰分析（multiple regression analysis）とは，式（1）に示した線形回帰モデルにおいて，説明変数 x の個数 p が 2 以上の場合の線形回帰分析の事を言います[1]．重回帰分析は，気温，湿度，雨量などの天気予報データ（説明変数）からビールの売上げ本数（目的変数）を予測する時などに有効な手法です．

$$y = \beta_0 + \beta_1 x_1 + \beta_2 x_2 + \cdots + \beta_p x_p + e \qquad (1)$$

$$\hat{y} = \hat{\beta}_0 + \hat{\beta}_1 x_1 + \hat{\beta}_2 x_2 + \cdots + \hat{\beta}_p x_p \qquad (2)$$

ここで，β_j（$j = 1, \cdots, p$）の最小二乗推定量 $\hat{\beta}_j$ は偏回帰係数（partial regression coefficient），β_j の推定量 $\hat{\beta}_j$ から得られる予測値 $\hat{y}$（式（2））と実測値 y の相関係数は重相関係数（multiple correlation coefficient）と言います．

ここでは，統計分析フリーソフトウェア R（Version 3.34.3, The Comprehensive R Archive Network（http://cran.r-project.org）からダウンロード）を用いた重回帰分析の事例を紹介します．表 1 は，1973 年 5 月から 9 月まで観測したニューヨーク州ルーズベルト島のオゾン量，温度，日照量，風力のデータセットです．重回帰分析は，表 1 の様な 3 種類以上の変数をもつデータセットを対象とします．このデータセットのオゾン量を目的変数 y，温度，日照量，風力を説明変数 x_1，x_2，x_3 に設定し，重回帰分析を行った結果を図 1 に示しました．残差（residual，予測値と実測値の差），偏回帰係数，残差の標準誤差（residual standard error），

表1　ニューヨークの大気観測データ

オゾン量 〔ppb〕	温度 〔°F〕	日照量 〔lang〕	風力 〔mph〕	月	日
41	67	190	7.4	5	1
36	72	118	8	5	2
12	74	149	12.6	5	3
18	62	313	11.5	5	4
NA	56	NA	14.3	5	5
28	66	NA	14.9	5	6
14	75	191	14.3	9	28
18	76	131	8	9	29
20	68	223	11.5	9	30

```
Residuals:
    Min      1Q   Median      3Q     Max
-40.485  -14.219  -3.551  10.097  95.619
Coefficients：
              Estimate  Std. Error   tvalue   Pr(>|t|)
(Intercept)   -64.34208  23.05472   -2.791   0.00623 ***
温度            1.65209   0.25353    6.516   0.00000000242 ***
日射量          0.05982   0.02319    2.580   0.01124 *
風力           -3.33359   0.65441   -5.094   0.00000151593 ***
---
Signif. codes: 0 '***' 0.001 '**' 0.01 '*' 0.05 '.' 0.1 ' ' 1

Residual standard error: 21.18 on 107 degrees of freedom
  (42 observations deleted due to missingness)
Multiple R-squared: 0.6059,   Adjusted R-squared: 0.5948
F-statistic: 54.83 on 3 and 107 DF,  p-value: ＜2.2e⁻16
```

図1　重回帰分析の結果

決定係数（coefficient of determination, R^2），自由度修正済み決定係数（adjusted coefficient of determination, $\hat{R}^2$），F値，F検定のp値が示されています．

統計解析ソフトウェアで重回帰分析を行うと，重回帰式の有効性を確認するために，次の2種類の検定が行われます．

一つ目は，重回帰式全体の有効性を確認するために行われる，帰無仮説を「母重相関係数は0である」とした検定です．この検定の結果は，回帰と残差の自由度に基づくF分布における観測された分散比の上側確率であるF値として出力されます．Rの場合，「F-statistic」がF値に相当し，p値も同時に示されます．図1ではp値＜2.2e⁻16と表示されているため，有意水準を$p<0.05$（5％）に設定していた場合，「母重相関係数は0である」と言う帰無仮説を棄却し，「母重相関係数が0ではない」と言う対立仮説を採用します．目的変数と説明変数の相関性が支持されましたので，重相関係数，決定係数又は自由度修正済み決定係数の値から，重回帰式の予測精度を確認します．図1には重相関係数の値が示されていないため，「Multiple R-squared」と表示された決定係数又は「Adjusted R-squared」と表示された自由度修正済み決定係数の値を確認します．ここで注意しなければならないのは，決定係数は重回帰式のデータへのあてはまりの良さを示す値ではありますが，説明変数の数を増やせば，予測の精度に関係なく単純に増加していく性質がある事です．全く役に立たない説明変数であっても重回帰

式に付加すると，決定係数は大きくなり見掛け上の予測の精度は向上します．そのため，式（3）で表される自由度修正済み決定係数 $\hat{R}^2$ が用いられる場合があります．

$$\hat{R}^2 = 1 - \frac{n-1}{n-p-1}(1-R^2) \tag{3}$$

ここで，n はデータ（標本）の大きさ，p は説明変数の数を示します．

二つ目は，重回帰式の偏回帰係数の有効性を確認するために行われる，帰無仮説を「偏回帰係数は 0 である」とした検定です．この検定の結果は，偏回帰係数を標準誤差で除した t 値として出力されます．R の場合，「t value」が t 値に，「Pr(>|t|)」が両側確率の p 値に相当し，有意性を表す記号も同時に示されます．図 1 では，最大の p 値でも 0.01124 と表示されているので，有意水準を $p < 0.05$（5 %）に設定していた場合，「偏回帰係数は 0 ではない」と言う事になります．

全ての偏回帰係数の有効性が確認されたので，式（2）に各偏回帰係数を代入して，式（4）の重回帰式を作成します．

$$\hat{y} = -64.34208 + 1.65209x_1 + 0.05982x_2 - 3.33359x_3 \tag{4}$$

式（4）からは，温度が 1°F 増えるとオゾン量は約 1.65 ppb 増え，日照量が 1 lang 増えるとオゾン量は約 0.06 ppb 増え，風力が 1 mph 増えるとオゾン量は約 3.33 ppb 減る事が分かります．

Q8 主成分分析とは，どの様なものですか？

主成分分析（principal component analysis, PCA）とは，なるべく少数の合成変数によって表す外的基準のない場合の多変量解析の手法の事を言います[1]．この手法は，多次元データの情報を出来るだけ損なわずに低次元データに縮約するため，データ全体を視覚化して解釈する事が出来ます．

p 個の変数 $x_1 + x_2 + \cdots + x_p$ が与えられている場合，式（1）の合成変数の分散を式（2）の条件で最大にする重み $a_1 + a_2 + \cdots + a_p$ は，$x_1 + x_2 + \cdots + x_p$ の分散共分散行列を C_{XX} とすると，行列 C_{XX} の最大固有値に対応する固有ベクトルの各要素として求められます．この様にして求めた合成変数は，第1主成分と言います．

$$f_1 = a_1 x_1 + a_2 x_2 + \cdots + a_p x_p \qquad (1)$$
$$a_1^2 + a_2^2 + \cdots + a_p^2 = 1 \qquad (2)$$

第1主成分の分散に対応する C_{XX} の固有値の各変数の分散の総和に対する比（寄与率）が小さい場合には，f_1 と直行する条件で式（3）の第2の合成変数の分散を最大にする重み $b_1 + b_2 + \cdots + b_p$ を求めます．この解は，C_{XX} の2番目に大きい固有値の固有ベクトルとして求め，第2主成分が定まります．この様にして得られた第1，第2，…主成分の寄与率の和（累積寄与率）が十分に大きくなった所（通常，0.7又は0.8を目安にします）で，主成分の抽出を止めます．

$$f_2 = b_1 x_1 + b_2 x_2 + \cdots + b_p x_p \qquad (3)$$

ここでは，統計分析ソフトウェア R (Version 3.34.3) を用いた主成分分析の事例を紹介します．表1は，3品種（setosa, versicolor, virginica）のあやめ（iris）各50個体から採取したがく片（sepal），花弁（petal）の長さ，幅のデータセットです．このデータセットについて分散共分散行列及び相関行列により主成分分析を行った結果を，図1及び図2に示しました．

固有ベクトル（eigenvector），固有値（eigenvalue），主成分得点の標準偏差（standard deviation），寄与率（proportion），累積寄与率（cumulative proportion）が示されています．図1と図2の結果が異なっていますが，その原因は，分散共分散行列では変数によって情報量（分散）に差があるのに対して，相関行列では各変数の情報量（分散）が1となる様にデータが変換されているためです．図2の「Component variances」に相関行列により求めた固有値が示されています．

17

第 1 主成分の固有値 2.91849782 から第 4 主成分の固有値 0.02071484 まで足し合わせると 4 になります．相関行列の方法では 4 変数から成るデータセットの情報量は 4 なので，データの散布空間内で軸を回転させた事により（主成分）得点が変わったとしても，全情報量は不変である事を示しています．主成分方向に軸の向きを移動・回転させた時に，主成分方向の情報量（固有値）が 1 より大きい数値であれば，主成分が元の変数一つ分以上に意味があるものになります．固有値が 1 を上回っているものは第 1 主成分の 2.91849782 のみで，第 2 主成分は 0.91403047 と元の変数よりも情報量が若干少なくなっています．又，累積寄与

表 1　Edgar, Anderson のあやめのデータ[2]

がく片の長さ〔cm〕	がく片の幅〔cm〕	花弁の長さ〔cm〕	花弁の幅〔cm〕	品　種
5.1	3.5	1.4	0.2	setosa
4.9	3.0	1.4	0.2	setosa
4.7	3.2	1.3	0.2	setosa
4.6	3.1	1.5	0.2	setosa
5.0	3.6	1.4	0.2	setosa
5.4	3.9	1.7	0.4	setosa
6.5	3.0	5.2	2.0	virginica
6.2	3.4	5.4	2.3	virginica
5.9	3.0	5.1	1.8	virginica

```
Component loadings:
              Comp. 1        Comp. 2        Comp. 3        Comp. 4
Petal.Length  0.85667061     0.17337266     0.07623608     0.4798390
Petal.Width   0.35828920     0.07548102     0.54583143    -0.7536574
Sepal.Length  0.36138659    -0.65658877    -0.58202985    -0.3154872
Sepal.Width  -0.08452251    -0.73016143     0.59791083     0.3197231

Component variances:
Comp. 1        Comp. 2        Comp. 3        Comp. 4
4.20005343     0.24105294     0.07768810     0.02367619

Importance of components:
                        Comp. 1        Comp. 2        Comp. 3        Comp. 4
Standard deviation      2.0494032      0.49097143     0.27872586     0.153870700
Proportion of Variance  0.9246187      0.05306648     0.01710261     0.005212184
Cumulative Proportion   0.9246187      0.97768521     0.99478782     1.000000000
```

図 1　分散共分散行列による主成分分析の結果

```
Component loadings:
              Comp. 1      Comp. 2      Comp. 3      Comp. 4
Petal.Length  0.5804131    0.02449161   0.1421264    0.8014492
Petal.Width   0.5648565    0.06694199   0.6342727   -0.5235971
Sepal.Length  0.5210659    0.37741762  -0.7195664   -0.2612863
Sepal.Width  -0.2693474    0.92329566   0.2443818    0.1235096

Component variances:
Comp. 1       Comp. 2       Comp. 3       Comp. 4
2.91849782    0.91403047    0.14675688    0.02071484

Importance of components:
                         Comp. 1      Comp. 2      Comp. 3      Comp. 4
Standard deviation       1.7083611    0.9560494    0.38308860   0.143926497
Proportion of Variance   0.7296245    0.2285076    0.03668922   0.005178709
Cumulative Proportion    0.7296245    0.9581321    0.99482129   1.000000000
```

図2　相関行列による主成分分析の結果

率を見ると，第1主成分で0.7296245，第2主成分までで0.9581321であり，第1主成分のみでデータセット全体の70％以上の情報を縮約している事になります．

第1主成分の得点を求める際は，式（4）に示す様にデータの標準化を行った後，第1主成分の固有ベクトルを係数とする式（5）を用います．同様に，第2主成分得点を求める際は，式（6）を用います．

$$x \to x^* = \frac{x - x\text{の平均}}{\sqrt{x\text{の分散}}} \tag{4}$$

$$f_1 = 0.5804131 x_1^* + 0.5648565 x_2^* + 0.5210659 x_3^* - 0.2693474 x_4^* \tag{5}$$

$$f_2 = 0.02449161 x_1^* + 0.06694199 x_2^* + 0.37741762 x_3^* - 0.92329566 x_4^* \tag{6}$$

式（5）及び式（6）から求めた第1主成分得点及び第2主成分得点を品種ごとにプロットしたものを図3に示します．versicolorとvirginicaのプロットは幾らか重なっていますが，setosaのプロットは他の2品種のプロットから完全に分離されています．この結果から，がく片と花弁の形態観察によってあやめの品種を判別する際には，setosaは判別し易いが，一方でversicolorとvirginicaの判別は困難な場合があると言う事が出来ます．

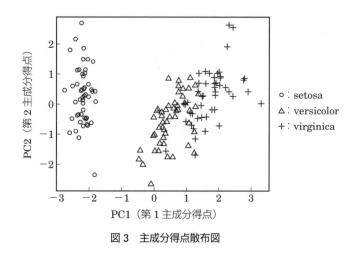

図 3　主成分得点散布図

　なお，分散共分散行列の方法では，変数の単位を変換した場合（グラム〔g〕からキログラム〔kg〕に変更するなど），異なる単位の変数が混在する場合（メートル〔m〕と秒〔s〕が混在するなど），統計分析ソフトウェアの種類を変えた場合などに，結果が変動する事があるため，この方法を採用する場合は結果の評価に注意が必要です．

Q9 不確かさの概念を平易に教えて下さい．

　我々が測定を行う目的は，測定対象とする試料における測定対象とする量の「真の値」を知る事です．試料が完全に均一で安定であり，測定と言う行為によって対象とする量が変化しない場合，我々が知りたい量の「真の値」は単一の値を取ります．しかし，同一の試料に対して繰り返し測定を行うと，必ずしも同じ測定結果ばかりが得られる訳ではなく，概ね異なる複数の測定結果が得られます．この時，我々は測定結果には誤差が含まれる事，そして，測定結果には「ばらつき」がある事を認識します．（結果の）誤差（error of result）とは，試験結果又は測定結果から真の値を引いた値であり，偶然誤差と系統誤差の和[1]と定義される概念です．この誤差の存在は，測定の失敗を意味する訳ではありません．誤差は，あらゆる測定に常に付き纏うものであり，幾ら注意しても完全には取り除く事は出来ません．分析者が出来る事は，誤差が十分小さくなる様に測定する事と，誤差の大きさがどの程度であるかをしっかりと弁（わきま）える事しかありません．

　ここで，誤差の大きさを見積もる事が出来るか検討します．誤差の定義は，測定結果から真の値を引いた値でした．真の値（true value）は，或る量又は量的特性について着目する時，存在する条件下で完全に定義されたその量又は量的特性を特徴付ける値[2]と定義されています．しかし，量又は量的特性の真の値は，あくまでも理論的な概念であって，一般的には，正確には知る事が出来ないものです．初めに，我々が測定を行う目的は真の値を知る事と記しましたが，実は，真の値は神のみぞ知るものであり，我々は知る事は出来ません．そして，真の値が分からなければ，誤差も見積もる事は出来ないのです．本問のテーマである「不確かさ」と言う概念が発案されるまでは，測定結果のばらつきを評価する際，用語の定義上，矛盾が存在する真の値と誤差に基づく誤差評価が長らく行われてきました．不確かさと言う概念が発案され，その評価方法・表現方法が確立されてからは，誤差評価に代わって不確かさ評価が用いられる様になりました．

　ここからは，不確かさの概念を解説します．不確かさには，次に示す3種類の定義が存在します．

【定義1】測定結果に付随した，合理的に測定対象量に結び付けられ得る値のばらつきを特徴付けるパラメータ[3]（GUM：ISO/IEC Guide 98（JCGM100）：

TS Z 0033：2012，VIM2：JIS Z 8404-1：2018）．

【定義2】用いる情報に基づいて，測定対象量に帰属する量の値のばらつきを特徴付ける負でないパラメータ[4]（VIM3：ISO/IEC Guide 99（JCGM200）：TS Z 0032：2012）．

【定義3】測定結果又は試験結果に付随した，特定の測定の量又は試験の特性に合理的に結び付けられ得る値のばらつきを特徴付けるパラメータ[5]（JIS Z 8101-2：2015）．

　最初に定義1が定められ，それを修正したものが定義2です．定義3は，JIS Z 8101規格群のコンセプトに適合させるため，及び特性の試験を包含させるために，我が国で定められたものです．それぞれ，定義を構成する語句・文言は異なるものの，何れも指し示す概念は同等です．測定前に測定対象量を規定する際，測定対象量を"完全に"記述し様とすると無限の量の情報が必要になりますが，現実にはそれは不可能です．従って，測定対象量には解釈の余地が残り，測定対象量の定義は不完全なものになります．つまり，測定対象量を規定した段階で，既に測定対象量の値は単一の値ではなく，一定の幅をもっている事になります．又，測定する量は，理想的な条件であれば測定対象量の定義と完全に一致しますが，現実には測定対象量に近い量に対して測定が行われますので，測定に伴い発生するあらゆる偏りを補正したとしても，測定結果は測定対象量の値の近似値或いは推定値に過ぎません．そのため，不確かさを報告する際は，測定対象量の値を包含する表現とする必要性がある事から，単一の値である測定結果と一定の幅をもつパラメータ（不確かさ）を同時に記述する事で初めて完全なものになります．不確かさとは，測定結果と同時に示されるもので，測定対象量の定義の不完全さ，定義実現の困難さ，測定行為自体の不精確さなどの程度を示すパラメータと理解する事が出来ます．

　最後に，不確かさ評価が導入された経緯を解説します．

　誤差評価が行われていた頃は，異なる分析者の測定結果を比較する事や，仕様書や規格に示された参考値と比較する事は容易ではありませんでした．1960年，正式に国際単位系（SI）が採択され国際物流が促進されてからは，世界各国の計量標準の水準を高め，その同等性を確保する事が求められる様になりました．これを実現するためには，計測における不確かさの評価方法と表現方法を世界的に統一させる必要があると認識されていました．

　この様な背景を基に，計測分野の最高権威である国際度量衡委員会（Comite

International des Poids et Mesures, CIPM) の要請によって，国際度量衡局 (Bureau International des Poids et Mesures, BIPM) は，32 の国立標準研究所に対して不確かさの表現方法に関するアンケート調査を行った後，11 の標準研究機関の専門家が出席する不確かさの表記に関する作業部会を招集し，実験の不確かさの表現に関する勧告 INC-1（1980）を取り纏めました．この勧告 INC-1（1980）は，CIPM によって承認され，勧告 1（CI-1981）と勧告 1（CI-1986）として再確認されています．

　この勧告を基に，国際標準化機構（International Organization for Standardization, ISO）が中心となって長年協議した結果を纏め，1993 年に計測結果の評価及び表現のルールを示す国際文書「計測における不確かさの表現ガイド（Guide to the expression of uncertainty in measurement, GUM）」が出版されました．GUM は，1995 年に改訂され，2008 年に ISO/IEC Guide 98-3：2008 として発行されました．2012 年には翻訳 JIS 化され TS Z 0033：2012 として発行されています．又，1993 年に計測用語の定義を「国際計量計測用語－基本及び一般概念並びに関連用語（International vocabulary of metrology—Basic and general concepts and associated terms, VIM）」に取り纏め，2007 年に第 1 版，2010 年に訂正版，2012 年に ISO/IEC Guide 99：2012 として発行されています．

Q10 物質の基本とされる素粒子の研究動向を教えて下さい.

人類が始まって以来，物質は何から出来ているかと言う議論が続けられてきました．紀元前5世紀頃，エンペドクレスは全ての物質は「土，空気，火，水」から成るとの四元素説を，デモクリトスはこれ以上小さく分ける事の出来ない不可分の原子から出来ているとの原子論を唱えました．19世紀に入り，J.ドルトン，C.A.アボガドロ，D.I.メンデレーエフらは，私達が知っている原子の姿，即ち物質は原子及び幾つかの原子が規則的に結合した分子から出来ているとを解明しました．1911年，E.ラザフォードはアルファ粒子を薄い金属箔に照射した散乱実験を行った結果，原子は正電荷をもった体積の小さい原子核が中心にあり，その周りを軽い負電荷の電子が回っているとの原子模型を提案しました．1930年，J.チャドウィックはポロニウム元素（Po）から放射されたアルファ粒子とベリリウム元素（Be）の反応を利用して中性子を発見しました．これによって，原子核は何個かの陽子と何個かの中性子の集合体である事が明らかになりました．1960年代までに，陽子シンクロトロンや電子シンクロトロンの様な強力な加速器による広汎な素粒子物理実験が行われ，寿命の短い粒子が何百個も新しく発見されました．1969年，J.フリードマン，H.ケンドール，R.テイラーらは，これらの粒子は更に基本的な粒子から成る複合粒子である事を発見しました．この様な粒子の系統的な分類を試みる理論的考察も進められ，1964年，M.ゲルマンとG.ツバイクは，独立に，陽子や中性子の様な粒子は，電子の電荷を$-e$，陽子の電荷を$+e$とすると，電荷が$\frac{2}{3}e$と$-\frac{1}{3}e$をもつ素粒子が3個集まって構成されていると提案し，この素粒子をクォークと命名しました．4年後の1968年には，実験によって最初のクォークの存在が確認されました．

現在では，物質を作る素粒子は図1に示すフェルミオンであり，これには質量とスピンが等しく，電荷など正負の属性が逆の反粒子が存在するとされています．フェルミオンはパウリの排他原理に従いますが，フェルミオン間の力を伝える粒子であるボソンはパウリの排他原理に従いません．

今から40年前には素粒子物理学と宇宙物理学の間には殆ど交流がありませんでした．しかし，物質の根源は何かと言う素粒子物理学の研究対象と，ビッグバンによって誕生した直後の宇宙がどの様なものであったのかと言う宇宙物理学の

研究対象は，全く同じものである事が分かったため，現在では非常に密接な学問領域になっています．我が国の素粒子研究は，今や理論，実験共に世界のトップレベルにあり，世界のコミュニティを牽引して行く立場にあります．

　2002年，小柴昌俊博士は世界で初めて超新星爆発で発生したニュートリノを検出し，ニュートリノ天文学を切り開いた功績によりノーベル物理学賞を受賞しました．2015年，梶田隆章博士はニュートリノに質量がある事を示すニュートリノ振動の発見に対する功績によりノーベル物理学賞を受賞しました．これらの成果は，当分野への我が国の大きな貢献を示す典型例です．一連のニュートリノ研究は，岐阜県飛騨市に存在したカミオカンデ（Kamiokande）及び現在も稼働しているスーパーカミオカンデ（Super-Kamiokande）によるものです．現在，2026年の稼働を目指してハイパーカミオカンデ（Hyper-Kamiokande）の設計，建設が進められています．ハイパーカミオカンデは，スーパーカミオカンデが20年掛けて取得するデータを僅か1年で取得する性能をもつ水チェレンコフ光検出装置であり，陽子崩壊の発見やニュートリノのCP対称性の破れ（ニュートリノ・反ニュートリノの性質の違い）の発見，超新星爆発ニュートリノの観測などを通して，素粒子の統一理論や宇宙の進化史の解明が期待されています[1]．

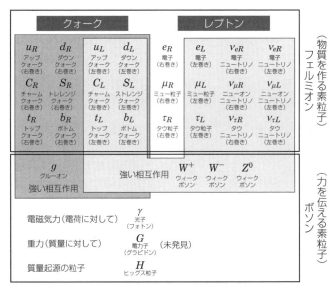

図1　素粒子と四つの力の関係[2]

2008年，小林誠博士と益川敏英博士は，自然界において3世代のクォークの存在を予言する対称性の破れの起源の発見に対する功績によりノーベル物理学賞を受賞しました．両氏が提唱した小林・益川模型を証明する決定的な証拠を示したのは，高エネルギー加速器研究機構（KEK）のBファクトリー加速器実験でした[3]．Bファクトリー加速器は，2010年まで約10年に渡り世界最高の性能で運転を続けて来ましたが，2010年夏より，加速器のビーム衝突性能を40倍増強するための改造が始まり，それに合わせBelle測定器についてもより高いビーム強度に対応するBelle II測定器への改造が行われています．この装置では，B中間子やタウ・チャーム粒子などの崩壊現象を研究し，粒子・反粒子の対称性の破れや宇宙初期に起こったはずの極めて稀な現象を再現し，未知の粒子や力の性質を明らかにする事が期待されています．

　最近では，我が国に大強度陽子加速器（J-PARC）や理化学研究所のRIビームファクトリー（RIBF）などの大形先端加速器が建設され，新しい研究拠点として，世界の期待が急速に高まっています．更に，詳細な実験研究によって究極理論の全容を解明するために，加速器技術の粋を集めた国際線形衝突型加速器（International Linear Collider，ILC）の建設計画が国際協力によって進められています．

Q11 LCやクロマトグラフィー関連用語で，人名が入ったものを紹介して下さい．

Answer　人名が入ったクロマトグラフィー関連用語の例を，表1に示します．人名は法則，計算式などに比較的多い事が分かります．以下，表1に挙げられた人名用語の幾つかについて解説します．

表1　クロマトグラフィー領域において人名が付いた主な用語

日本語	英 語	主な適用分野
アレニウスの式	Arrhenius equation	活性化エネルギー
ガウス分布	Gaussian distribution	クロマトグラフィー
ゴーレイカラム	Golay column	GC
ゴーレイの式	Golay equation	クロマトグラフィー
ストークスシフト	Stokes shift	蛍光検出 HPLC
ストークス則	Stokes' law	蛍光検出 HPLC
ノックスの式	Knox equation	LC
ハミルトンシリンジ	Hamilton syringe	GC，LC
ファンディムターの式	van Deemter equation	クロマトグラフィー
ファント・ホッフの式	van't Hoff equation	熱化学
ランバート・ベールの法則	Lambert-Beer law	吸光光度検出 HPLC

[1] ガウス分布（Gaussian distribution）

ガウス分布は，ドイツの数学者 Karl Friedrich Gauss（1777-1855）に因んだもので，正規分布（normal distribution）と同義語で，確率変数の分布曲線が正規曲線である様な分布を指します．クロマトグラフィーが理想的に進行した場合には，左右対称のガウス分布形のピークが得られます．左右対称かどうかは，式（1）で定義されるシンメトリー係数（symmetry factor, S：テーリング係数とも言う）によって評価する事が出来ます．

$$S = W_{0.5h}/2f \tag{1}$$

ここに，$W_{0.5h}$：ベースラインからピーク高さの 1/20 の高さにおけるピーク幅，f：ピーク頂点からベースラインに下ろした垂線で $W_{0.5h}$ のピーク幅を二分した時のピークの立上りの側の幅です．

$S=1$ の場合を左右対称，$S>1$ の場合をテーリング（tailing），$S<1$ の場合

をリーディング(leading)と言います.

[2] ファンディムターの式(van Deemter equation)

ファンディムター(van Deemter, 生没年不明)は,オランダの科学者です.ファンディムターの式は,カラム内で生じる溶質バンドの広がりを溶質の拡散現象と速度論の観点から関連付けた理論式であり,「理論段相当高さを移動相の線速度の関数として示すカラム効率を表した式」[1](式(2))です.

$$H = A + B/u + Cu \tag{2}$$

ここに,H:理論段相当高さ,A:多流路拡散と渦流拡散に関係する項,B:カラム内の進行方向の拡散に関係する項,C:物質移動に対する抵抗に関係する項で,移動相中での物質移動に対する抵抗C_mと固定相中での物質移動に対する抵抗C_sとの和,u:移動相の線速度です.

式(2)は,$u = (B/C)^{1/2}$の時にHが最小値$H_{min} = A + 2(BC)^{1/2}$となる事を示しており,その時の$u$が最適線速度$u_{opt}$となります.

[3] ノックスの式(Knox equation)

ノックスは,英国の化学者John Henderson Knox(1927-)の事です.ノックスの式は式(3)で示され,ファンディムターの式の改良式の一つで,LCにはこちらの方が良く合うとされています.

$$H = Au^{1/3} + B/u + Cu \tag{3}$$

[4] ファント・ホッフの式(van't Hoff equation)

ファント・ホッフの式は,炭素原子価の正四面体説の提唱者として知られるオランダの化学者Jacobus Henricus van't Hoff(1852-1911)に因んだもので,式(4)で示されます.

$$\ln K = -(\Delta H^0/RT) + \Delta S^0/R \tag{4}$$

ここで,Kは反応前後の平衡定数,ΔH^0は標準エンタルピー変化,Rは気体定数,Tは絶対温度,ΔS^0は標準エントロピー変化です.式(4)は次の様にして導く事が出来ます.即ち,絶対温度Tにおいて,反応前の系と反応後の系が平衡になっている時の平衡定数Kは,二つの状態の標準自由エネルギー(1気圧,25℃の時の自由エネルギー)の差ΔG^0で決まり,式(4)の様に表されます.式(4)に,$\Delta G^0 = \Delta H^0 - T\Delta S^0$を代入して式(5)が得られます.ファント・ホッフの式は,縦軸に$\ln K$,横軸に$1/T$をプロットすると,直線の傾きが$-\Delta H^0/R$となるので,実験でΔH^0を求めたい時に利用する事が出来ます.

$$\Delta G^0 = -RT \ln K \tag{5}$$

Q12 配管を繋ぐ部品には，ユニオン，ジョイント，継手などの名称がありますが，互いに違いはあるのでしょうか？

　これら三つの用語は，JIS K 0214：2013 分析化学用語（クロマトグラフィー部門）[1] には何れも収載されていません．広辞苑[2] にも，本質問にある部品の意味では，ジョイント（joint）の項目で，「①つなぎめ．あわせめ．継手（つぎて）．」と記載されているのみです．又，ジーニアス英和辞典[3] には，「union」が「（管などの）ユニオン継ぎ手」，「joint」が「継手，ジョイント」と記載されています．この様に，質問にある三つの用語は一般社会でも化学の分野でも，相互の異同がきちんと区別されているとは思えません．これらの用語の中で，継手は最も広い概念をもちますが，配管に際して管と管を繋ぐ管継手（pipe fitting, pipe joint, pipe coupling）以外にも金工，建築，木工などの分野でも使用される用語です．そのため，継手は分野によって意味する内容が同じではありませんが，共通するのは，二つの部分を接合する構造を指す事です．ここでは，管継手に限って以下に解説します．

　管継手のうち，HPLC や GC などで使用される流体配管用の継手は流体継手と総称される事もあり，カップリング（coupling），フィッティング（fitting），ジョイント（joint），継手（joint），コネクター（connector）などの具体的な名称で呼ばれる事もあります．所が，これらの具体的な名称に対する正確な定義が，クロマトグラフィー分野では現在は存在していない理由から，巷でも少なからず混乱がある様です．例えば，或る外資系メーカーでは，質問にある三つの用語を以下の様に大雑把に使い分けているとの事です．

① ユニオン：同じ継手を二つ接続する部品．外形の異なる配管やねじ径やねじ，ピッチの異なる継手を接続する部品は「アダプター」としています．
　同じ継手でも三つ接続するための部品は，「T-コネクター」としています．
② ジョイント：配管用部品の名称として使用していません．
③ 継手：配管を接続する部品で配管側に付属しており，「フィッティング」と称しています．

　又，クロマトグラフィー関連装置・部品を幅広く扱っている或る国内メーカーの認識は，以下の通りです．

④ 継手とジョイントは，同意語として使用しています．個人的な感覚としては，継手は LC より GC のガス配管などで多用している様に思います．

⑤ ユニオンは，両端がメスの配管チューブ延長用部品を指しています．両端がオスの配管は，カラムカップラーと称してガードカラムと分析カラムの接続用部品として販売しています．
⑥ カタログ上では，ユニオンの様な2方，他3方，4方を含めフィッティングと称しています．

引き続き，別の国内メーカーのパンフレットから関連する用語についての説明を以下に挙げてみます．

『「フィッティング」とはチュービング（tubing，管）を固定させるための「フェラル（ferrule）」と接続ポートに固定するための「ナット（nut）」で構成されます．又,「ユニオン」は，同一規格のフィッティングによるチュービングの接続継手,「コネクター」は，T字タイプ，Y字タイプ及びクロスタイプがあり,「ユニオン」と同様に同一規格のフィッティングによるチュービングの接続を行い，流路の分岐や溶媒，試薬などの混合などに用います．又，5〜9個のポートがあるものは「マニホールド」と呼んでいます．「アダプター」は，異なる規格のフィッティングによるチュービングの接続継手で，様々なフィッティング規格・チュービング規格に対応します．』

HPLC用の配管用パーツ類を掲載したカタログ類を閲覧しても，上記の3用語に関する明確な説明は見当たりませんが，製品紹介には例えば図1の様なものがあります．

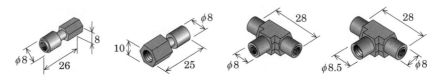

図1　カタログにあるユニオンとジョイントの例（㈱フロムのカタログを改変）

以上に述べて来た様に，市場で使用されている配管を接続するパーツに関する名称は，現状では統一されているとは言えない様です．

一方，これらの用語は工学分野では以下の様に定義されています．例えば，「JIS B 2301：2013　ねじ込み式可鍛鋳鉄製管継手」において,「継手（fitting）」は「一つ以上の部品から成る接合体」と定義されています[4]．又，同じJISの中で「接合ねじ（jointing thread）」は，「継手の接合部のねじ」と定義されていま

す[4]．更に，鉄鋼製管継手用語に関するJIS[5]によれば，「管継手（読み方：くだつぎて，かんつぎて；connector, pipe fitting, pipe joint, pipe coupling, tube fitting, tube coupling)」は，「配管において，次の目的で管の接続などに用いる継手．以下，a) から h) までの記述は省略」と定義されています．又，同じJISの中で管の接合方式の例として「ねじ込み式（thread type, screwed type）」と「ユニオン式（union type）」(部品をユニオンナット及びユニオンねじで挟んで接合する方式）(図2) が定義されており[5]，「ユニオン」は「ユニオン式の組立管継手」と定義されています[6]．

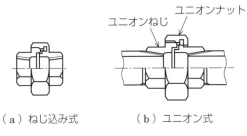

（a）ねじ込み式　　　（b）ユニオン式

図2　管の接合方式

この様に，ユニオン，ジョイント，継手については，何れもクロマトグラフィー用語としても文献[1]の改正版に採録する必要がある様に思われます．当面は上記JISの定義を踏まえたとしても，明確に区別するには無理がありますので，購入される場合には写真や図面で確認する事が必要です．

Q13 バックグラウンドが少ない市販の高純度緩衝剤はありますか？

LC/MSに用いる事が出来る溶離液は，一般的には揮発性である必要があります．ギ酸，酢酸，ギ酸アンモニウム，酢酸アンモニウム，炭酸アンモニウムなどが汎用的です．試薬には，その用途や純度によって様々なグレードがあり，メーカーから提供されています．

関東化学株式会社のウェブサイト[1]では，例えばギ酸であれば，特級，鹿1級，精密分析用，高速液体クロマトグラフィー用，RoHS対応用，食品分析用などがあります．又，酢酸アンモニウムであれば，特級，鹿1級，分子生物学用，鉄試験用，RoHS対応用，高速液体クロマトグラフィー用などが掲載されています．

溶離液へ添加する緩衝剤は，検出器の種類によって求められる仕様が異なります．溶離液は常にカラムや検出器内を流れているため，溶離液中に使用している検出器に対してレスポンスを示す不純物が含まれていれば，常に検出されるためにバックグラウンドレベルが上がってしまい，S/Nの悪いデータが得られてしまいます．UV検出器を使用していればUV吸収をもつ不純物が，MS検出器を用いていればESIやAPCIでイオン化される不純物が，それぞれ緩衝剤から極力除かれている必要があります．更に，正イオン検出によるESIでは，金属イオンが含まれていると分析種に金属イオンが付加したイオンが生成してマススペクトルを複雑にします．そのため，LC/MS用の緩衝剤や溶媒では，金属イオンの含有量が低く抑えられている事も重要な仕様になります．

高速液体クロマトグラフィー（HPLC）用と謳っている緩衝剤は，多くの場合HPLCの検出器にはUV/VISが用いられますから，UV/VISの波長領域に吸収をもつ化合物を極力除いたものと言えます．MS検出器の場合には，溶離液中の不純物が分析種のイオン化を抑制してしまう場合があり，マトリックス効果を考慮しなければならなくなります．つまり，LC/MSに用いる緩衝剤は，MSで検出される不純物の含有量が少ない事が求められます

本書はLC/MSに関するQ&A本ですから，"バックグラウンドが少ない市販の高純度緩衝剤"とは，HPLCの検出器としてMSを用いた時にバックグラウンドが少ないと言う事になります．

LC/MS用の緩衝剤としては，ギ酸，酢酸などを中心に数種類が市販されています．又，予め一定濃度に調製された緩衝液も数社から市販されています[2〜4]．

これらは，不純物の濃度などが規定され，低グレード試薬よりも厳しい検査基準をクリアした製品である事が示唆されます．

　LC/MS 用と謳った溶媒（メタノールやアセトニトリル）と低グレード溶媒との LC/MS を用いた比較データは，数社のウェブサイトなどで確認出来ますが[3,4]，緩衝剤に関しての比較データは確認出来ていません．LC/MS 用の緩衝剤を販売している企業数社に対して，2018 年 4 月時点で確認を取りましたが，何れの企業でも低グレード試薬との比較データは取得していないと言う回答でした．図 1 に，LC/MS 用と HPLC 用のアセトニトリルの LC/MS データを示します．

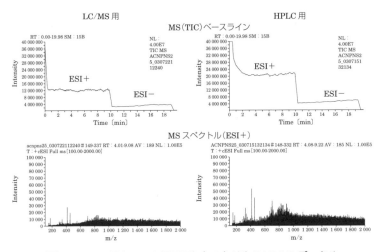

図 1　LC/MS 用と HPLC 用のアセトニトリルの LC/MS データ[5]

　緩衝剤に関しては，新品の未開封時での純度は勿論の事，開封後の保管におけるコンタミネーションや劣化が問題になります．特級や鹿 1 級などの低グレードの緩衝剤は，例えば酢酸やギ酸であれば 500 mL などの大容量で販売されています．一方，LC/MS 用は，1 mL のアンプルや大きくても 50 mL などの比較的少量で販売されています．これは，開封後のコンタミネーションや品質の劣化を防ぐと言う意味から重要です．

　高純度な緩衝剤を溶離液として用いるメリットは上述の通りですが，高濃度の緩衝剤の使用は，イオン化に影響を及ぼす場合があります．一般的に，ギ酸や酢酸は 0.1 %，ギ酸アンモニウムや酢酸アンモニウムは 10 mmol/L の濃度で用いられます．又，濃度上限の目安は，ギ酸や酢酸は 1 % 程度，ギ酸アンモニウムや酢酸アンモニウムは 50 mmol/L 程度です．

Q14 溶離液の各種脱気方法の特徴と効率を教えて下さい．

溶離液に溶存している気体（空気）は，送液ポンプではシリンダーやチェックバルブ内における気泡発生による送液不良，検出器ではセル内における気泡発生によるベースラインノイズや溶存量の変化によるドリフトなどの原因となり，更に，溶存酸素は，蛍光検出器の感度に影響を与える事があります．このため，溶離液の脱気は，今日 HPLC 分析の信頼性向上に必須の基本操作となっています．但し，現在販売されている HPLC 装置には，通常脱気装置が装備されており，分析者が脱気を意識する事は少なくなったかも知れません．以下に，HPLC で一般的に用いられる脱気方法について，特徴などを纏めてみましょう．

溶離液の一般的な脱気方法には，アスピレーターと超音波洗浄器を用いる方法，ヘリウムガスを用いる方法，気液分離膜を用いる方法があります．その他，加温による方法などもありますが，殆ど使われていないのでここでは省略します．

［1］アスピレーターと超音波洗浄器を用いる方法

実験室にある器具を使って手軽に出来る脱気方法として，溶離液槽の口をアスピレーターなどに繋ぎ吸引脱気する方法，溶離液槽を超音波洗浄器内に浸して脱気する方法，或いはこれらを組み合わせる方法があり，HPLC 初期の時代から広く用いられて来ました．空気中の酸素の脱気効率としては，10 分間で吸引脱気（吸引ポンプ使用）が約 60 %，超音波洗浄器が約 30 % と言う報告があります[1]．吸引と超音波洗浄器を組み合わせる方法は，より短時間での脱気が可能になるため，現在でも用いられる事があります．

何れの方法においても注意しなければならないのは，時間経過と共に空気の再溶解が起こる事です．又，水と有機溶媒の混合溶離液では吸引によって組成変化が生じる事があります．従って，長時間の連続分析や精度を求める分析には向かないと言えます．

［2］ヘリウムガスを用いる方法

この方法では，溶離液槽の中にヘリウムを連続的に噴出（「helium sparging」と呼ばれる）させ，溶存空気をヘリウムに置換させます．［1］の方法は，気泡発生を防ぐと言う意味においては，イソクラティック溶離や高圧方式によるグラジ

エント溶離では成果を挙げました．しかし，1970年代末頃に登場した低圧方式のグラジエント溶離では，空気の再溶解による問題が起こりました．低圧方式においては，例えば溶離液である水とメタノールが電磁弁で振り分けられた比率により，各々の溶離液槽からポンプ内に吸い込まれます．この時，水とメタノールの混合液における空気の溶解量が各溶媒単独の溶解量の和より小さくなるため，混合により溶解出来なくなった空気が容易にポンプ内で気泡となってしまい（低圧方式では，混合時の圧力がほぼ常圧のため）送液不良が頻発しました．この事から，連続的な脱気方法が求められる様になり，ヘリウムガスを用いる方法が考案されました．

ヘリウムは，図1に示す様に窒素や酸素と比べて溶媒への溶解量が少なく，又室温による溶解度変化も小さい[2]ため，溶存空気をヘリウムに置換する事により，ポンプ内での気泡発生を防ぐ事が出来ます．この方法では，10分間で約80％の酸素が除去出来ると報告されており[1]，効率的な脱気が可能です．図2に，ヘリウムを用いる脱気装置の構造（模式図）を示します．

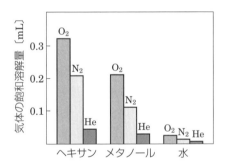

図1 溶媒1 mLに対する気体の溶解量[3]
（分圧1 atm，25℃）

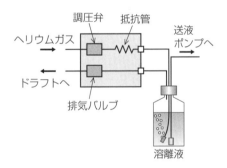

図2 ヘリウムを用いる脱気装置の構造（模式図）

ヘリウムを用いる方法により，分析の信頼性は大きく高まりましたが，ヘリウムの供給設備が必要である，ヘリウムが高価なためランニングコストが嵩むと言う難点があります．

[3] 気液分離膜による脱気

気液分離膜は，液体中の気体のみを透過させる事が出来る樹脂（PTFEなど）で，このチューブの中に溶離液を通し，外側を減圧する事により溶離液中の気体を除去します．気液分離膜を利用した脱気装置は，1990年代頃から普及し始め，

現在に至るまで主流となっています．図3に，気液分離膜による脱気装置の構造（模式図）を示します．

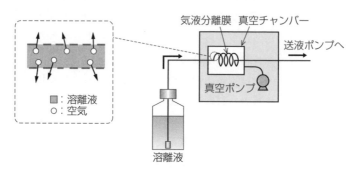

図3　気液分離膜による脱気装置の構造（模式図）

　この脱気装置は，脱気効率こそヘリウムによる脱気装置には及びませんが，通常の分析において十分な能力をもっており，取扱いが容易で，メンテナンスの必要も殆ど無く，更にランニングコストが安く済むと言う大きな利点があります．但し，実際に使用する際には，装置の流量上限を超えない様にし，緩衝液使用後はバクテリアの繁殖を防ぐため気液分離膜を水洗浄し，有機溶媒置換しておく事が大切です．なお，ヘキサフルオロイソプロパーノール（ナイロンやPET樹脂などのSEC分析で使用）の様に分離膜を透過し易い溶媒の使用が制限される場合もありますので，事前に使用する装置の取扱説明書を必ず確認して下さい．

Q15 理論段高さが最小となる流速を簡単に求める方法はありますか？

本書に複数回記載されている理論段高さと流速の関係式であるファンディムターの式（1）（Q11, Q17 参照）を導出する事で，理論段高さ H が最小となる最適な流速 u を求める事が出来ます．

しかし，実際の検討時に毎回の様に関係式を導出するのは現実的ではありません．内径 4.6 mm の分析カラムであれば粒子径 5 μm で 0.5 mL/min，粒子径 3 μm であれば，1 mL/min 前後の流速で理論段高さは最小ではないものの小さくなります．分析法の頑健性も含めてこの辺りの流速の前後を中心に検討する事が多いと思います．しかし，どうしても最小の実験回数で理論段高さが最小となる流速を求めたい時は，流速の関数として 4 回の測定結果を用いて最小二乗法で外挿する事は可能です．

ファンディムターの式（1）を以下の様に書き換えると，式（2）の様に三つの変数をもつ線速度の関数と見る事が出来ます．三つの変数をもつ関数は四つの連立方程式で解く事が出来るので，線速度と理論段高さの試験値が四つ以上あれば最小二乗法を用いて変数 A, B, C を予測する事は出来，算出された式に従って理論段高さが最小となる線速度を求めれば良いのです．

試験条件を設定する際にグラジエント分離法を使う場合は，濃度勾配も流速に合わせて補正する必要があるので，注意が必要です．又，検討に使う 4 条件の流速は出来るだけ異なる条件を選ぶ方が，最小二乗法は収束し易く精度も上がります．しかし，最小値を示す流速からかけ離れた条件のデータが多いと，最小二乗法を使う時に重みづけを行う必要が出て来ます．そのため，測定条件が多ければ精度が上がると言う訳では無い事にも注意が必要です．

$$H = C_E\, d_p + \frac{C_d}{u} + C_s\, d_p^{\,2}\, u \tag{1}$$

$$H = A + \frac{B}{u} + Cu \tag{2}$$

4 条件のみで最小二乗法を収束させるには，A, B, C の束縛条件と中央値が必要になるでしょう．A, B, C 共に値は正である事から 0 以上になります．又，A は最も低い理論段高さの測定値より高くなる事はないので，測定値で得られた最も低い理論段高さ以下に縛るべきです．又，B は流速の遅い時に寄与が大きくな

る項です．そのため，4条件の最も流速の低い条件で得られた結果を，A と C を 0 と仮定して，得られた理論段高さに測定時の流速を掛けた値を B の中央値にすると良いでしょう．逆に，C 項は流速の遅い時に寄与が大きくなる項なので，4 条件の最も流速の早い条件を A と B を 0 と仮定して，得られた理論段高さを測定した流速で割った値を中央値にすると良いでしょう．表 1 に近似関数を求める際の束縛条件を示したので，参考にして下さい．

表 1　近似曲線を求める際の各変数の束縛条件と初期値の例

変　数	束縛条件と初期値
A	0＜A＜最低の理論段高さ
B	0＜B＜初期値を最低流速の理論段高さ×流速
C	0＜C＜初期値を最高流速の理論段高さ／流速

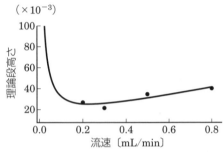

＊ Igor Pro 6.32 を用いて作成した．黒点は実測値を示す

図 1　4 条件の試験結果からファンディムターカーブを外挿した例

具体例として，4 条件のみで予測した事例を図 1 に示します．この例の様に実測からの多少の解離はあるものの，大まかに実験値から得られる理論段高さと線速度の関係式であるファンディムターカーブを示す事は出来ます．理論段高さが最小となる流速は，グラフが最小値を示す時の流速であり，今回得られた図 1 の事例では 0.23 mL/min になります．理論的には，この時に理論段高さは最小となりますが，測定時のばらつき誤差や最小二乗法を用いた近似誤差を加味すると，0.2〜0.3 mL/min 程度になると思われます．

近年は，多くのカラムメーカーで代表的なカラムのファンディムターのカーブを参考として表示しています．特に，粒子径の小さな UHPLC 用のカラムの利点は，線速度を上げてもファンディムターカーブの上昇が緩やかである事が特徴の一つでもある事から，各メーカーの代表的なブランドの関係式は公開されている事が多いです．その場合は，カラム内径から最適な線速度を算出する事が可能でしょう．購入の際に，その様な資料を用意しておく事も試験条件を決める上で重要な参考情報となるかも知れません．

Q16 カラムブリードについて教えて下さい.

英和大辞典[1]によると，ブリード（bleed）には「出血する」「にじみ出る」「流れ出る」などの意味が記されています．クロマトグラフィー分野においては，ブリーディング（bleeding）と言う用語がJIS K 0214：2013「分析化学用語（クロマトグラフィー部門）」の中で,「固定相及びカラム素材に由来する成分がカラムから徐々に流出する現象」[2]と定義されています．又，その注記には，「カラムの製造に起因するもの，使用中に温度及び移動相条件（例えば，GCでは水分量，酸素量などによるもの，LCではpH，塩濃度，有機溶媒濃度など）によるもの，固定相などが劣化して生じるものなどがある．これらをブリードと総称し，ブリード量の大小でカラム性能を評価する．」[2]と記載されています．

GCでは，カラムブリード（column bleed）と言う用語が広く用いられており，一般にカラム温度の高温時におけるベースライン上昇が問題となり，検出器の汚染の原因にもなります．このため，低ブリーディングである事が，GCカラムにおける訴求点の一つとなっています．一方，LCカラムにおいては，ブリーディングによる溶出成分が吸光光度検出器や蛍光検出器を始めとする一般的なLC用検出器に影響を与える事は少なく，これまでGCカラムほどには問題視されませんでした．しかし，近年のLC-MSの急速な普及に伴い，LCカラムでもブリーディングが注目される様になり，洗浄や合成方法などを工夫する事により，低ブリーディング性能を謳ったカラムが種々市販される様になって来ました．

LC-MSにおいては，カラム由来の不揮発性成分の溶出がバックグラウンドノイズ増大の原因となり，時には分析種のイオン化を抑制し，大幅な感度低下を招く事があります．LCカラムでは，以下の溶出成分が質量分析計に影響を与えると考えられます．

・充填剤製造時の副生成物，試薬不純物の残渣
・酸性移動相などにより劣化し，剥がれた固定相（化学結合相）成分
・水移動相（特に，塩基性移動相）によって溶解したシリカゲル基材

これらのうち，充填剤製造時由来の成分については，洗浄やグラジエント溶離分析を何度か繰り返す事によって低いレベルに下がり安定する事もあります．しかし，これらの操作で十分な効果が得られない場合，或いは移動相条件により

徐々に固定相やシリカゲルが溶出する場合では，低ブリーディング性能を謳ったカラムを試してみるのが良いでしょう．

図1に，低ブリーディングカラムの効果の例を示します．ここでは，通常仕様のカラムと低ブリーディングカラムを用い，医薬品成分のテルフェナジンを逆相クロマトグラフィーでグラジエント溶離分析したクロマトグラムを比較しています．低ブリーディングカラムを用いる事により，S/N が向上している事が分かります．なお，低ブリーディングカラムは，質量分析計だけでなく，不揮発性成分の検出を行う蒸発光散乱検出器や荷電化粒子検出器におけるバックグラウンドノイズ低減にも有用です．

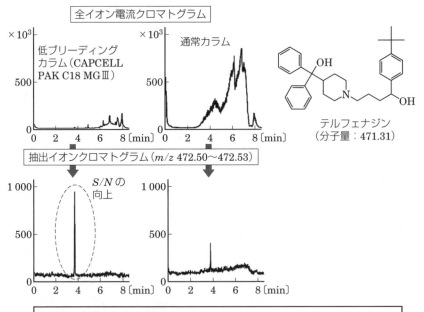

図1　低ブリーディングカラムの効果[3]

Q17 コアシェルカラムが最近流行っていますが，敢えて使う利点はあるのでしょうか？

Answer　コアシェルカラムとは，粒子の中心に移動相の入り込めない硬質のコアを用い，コアの表面に定厚の多孔性膜を結合させた粒子を使ったカラムです．溶質との相互作用は多孔性膜のみで行われるため，実際の粒子径に比べて小さい粒子を用いた場合と同じ理論段数が期待出来ます．

一般的に，カラムの分解能は式（1）に示すファンディムターの式で表す事が出来ます．この式は，ピークの拡がりを起こす拡散性について要素ごとに分けたものです．H は理論段高さであり，u は移動相の線速度を示しています．

式（1）の第 1 項は，熱力学的な多流路拡散で粒子径 d_p と粒度分布 C_E に比例する定数項です．第 2 項は，流路方向の拡散で移動相の拡散係数 C_d に比例し，線速度に反比例します．第 3 項は，物質移動の項で固定相と移動相間の物質移動に伴う拡散になり，線速度に比例します．この項の d_p は，通常の全多孔性粒子の場合は内部に入り込むため粒子径になりますが，コアシェルカラムの場合は多孔性膜中にのみ移動相が入り込むため，d_p は多孔性膜厚になるので数値は実際の粒子径よりも大きく下がります．そして，2 乗で比例するために，この値を下げる事は大きなメリットがあります．

その結果，多孔性膜の厚みが 0.5 μm であれば凡そ 1.7 μm の全多孔性粒子と同程度のファンディムターの曲線を描く事が出来ます．一方，背圧は粒子径の 2 乗に反比例するため，粒子径を小さくするとその分圧力が上昇します．3 μm の粒子径の充填剤に対し，1.7 μm の全多孔性粒子を充填したカラムでは理論上 1.7 倍程度の圧力が上昇しますが，それ以外にも充填率の違い等により 2 倍程度の圧力上昇が起こり，UHPLC などの高圧用の LC が必要となります．

$$H = C_E d_p + \frac{C_d}{u} + C_s d_p^2 u \qquad (1)$$

この様に，理論的には UHPLC 用カラムに比べて粒子径が大きいために背圧は低く，理論段数は UHPLC カラムと同程度に出る事が期待出来ると言う HPLC と UHPLC の利点を取り入れたカラムと言えます．

しかし，多孔性膜の厚み及び膜厚の均一さはカラムメーカーによって様々です．文献 1）には多孔性膜の SEM の画像が紹介されていますので，興味のある方は参照下さい．コアシェルの多孔性膜厚の分布幅が広い事は，そのまま全多孔

性粒子の場合の粒子サイズの分布が広い事と同義になり，結果として期待した理論段数が出ない事に繋がります．又，以前は同一ブランドのカラムでも充塡剤のロットが異なるとピークの挙動が異なる事があり，評価法の頑健性が弱くなる事もありました．

　ブランド間を比較する場合においても，多孔性膜厚に関する情報が余り公開されておらず，同一粒子径のコアシェルカラムを購入してもメーカー間での分離度やピーク形状の差が大きく，購入して使ってみないと分からないと言うデメリットもあります．これに付随して，溶質の許容保持量もメーカーによる差が大きく，同一粒子径の複数メーカーのコアシェルカラムをスクリーニングする際に，同一試験条件で比較しても保持容量を超えたと見られるピークのテーリングを示すケースもあり，カラムスクリーニングの際には注意が必要です．

　又，使用している装置が HPLC の場合には，例えカラム自体が UHPLC 用カラム並みの理論段数をもっていても，カラムの接続部位や配管径などのカラム以外の装置内拡散の影響が大きくなり，期待した段数が出ない事もあります．UHPLC の装置は，通常，配管や検出器内の拡散を最小限に抑えられる様に，細くなっている事が一般的です．又，ピーク幅が狭くなるため，検出器の取込み点数の周波数を修正しなければピーク形状が太くなってしまう事もあります．一般的に，1 ピーク当たり最低 20 点の測定点が必要とされています．この様に，HPLC で通常の全多孔性シリカカラムを使用している時には余り問題にならない様な点についても注意しなければ，コアシェルカラムのメリットを最大限に生かす事は出来ないでしょう．

　近年は，多孔性膜や粒度分布の均一性は向上して来ているので，装置の構成や設定に注意すれば，コアシェルカラムの利用で UHPLC に近い性能で分離条件を得る事が出来ると考えられます．現在は，多孔性膜の膜厚を評価するのに電子顕微鏡像で数個単位の粒子を計測する程度の方法しかありませんが，より正確に多孔性膜厚分布を測定出来る手法が確立すれば，ブランド間の違いや膜厚分布幅を狭めていくものと期待します．

Q18 カラム寿命を長くする注意や工夫を紹介して下さい．

カラム寿命を長くすると言う事は，カラム内の初期状態を如何に維持する事が出来るかと言う事です．このカラム内環境の変動因子として，充塡剤の隙間の生成の様に力学的な因子と，充塡剤の表面の修飾基の剝脱などの化学的な因子の二つが挙げられます．

力学的な因子は，物理的にカラム内が変化してしまう事です．具体的にはカラム内で移動相に使用した塩が析出して充塡剤の隙間に広がる，カラムを落としてしまい充塡剤に偏りが生じる，許容されている以上の圧力を掛けるなどの要因で充塡剤の詰まり方が変わってしまう，溶離液に含まれる難溶性異物が内部に詰まってしまうなどです．

力学的な因子による充塡剤の変化を防ぐには，使用後は十分な洗浄を行う事とカラムの取扱いには注意をする事が挙げられます．具体的には，緩衝塩を洗い流すために水とメタノールの混液などで十分に洗浄した後に，アセトニトリルなどの溶出力の強い溶媒で保持の強い有機物を十分に押し出して保管する事が望ましいです．保管場所も，簡単に落下する様な場所は好ましくありません．特に，モノリスカラムは微粒子カラムに比べて衝撃に弱いので，より慎重に保管する必要があります．

保管条件や取扱いが悪い場合は，カラムを落下させてしまいカラムキャップの根元が折れて接続出来なくなるケースもあります．これは，カラム内環境の変化とは関係なく使用不可能になるケースです．ガスバーナーなどで熱した注射針などの金属を差し込む事により，上手くいけば，カラム内部に残ったキャップを取り出す事は出来ますが，上手く行かないケースもあります．この様なアクシデントは不意に起こる事もありますので，保管時などカラムキャップを締める際には，必要以上にきつく締めない方が良いと思います．

又，不溶物がカラムに入る事を防ぐために，分離カラム前にガードカラムを付けて不溶物を除去する事も効果的です．酢酸アンモニウムやリン酸水素二ナトリウムの様な固体の緩衝塩を用いる場合には，移動相調製時にフィルターろ過をする事で試薬中の不溶物を除く事が出来ます．フィルターを掛けると分かりますが，埃の様な不溶物がかなり含まれている事が分かります．UHPLCなど配管の細い系では，移動相のろ過はカラムの保全だけではなく，システム全体の詰まり

などのトラブルを回避する上で必須とも言えます．

　一方，化学的な因子は充填剤表面の性質の変化なので，使っているカラムの性質を正しく把握する事が必要です．カラムの推奨pHでの使用や移動相に水を100％で流す事が可能かどうかは，試験条件を検討する上で重要です．近年は，シリカ表面のエンドキャップ技術の発達により，高いpHで使えるカラムが増えていますが，カラムスクリーニングや移動相スクリーニングの際に耐性のないpH領域で使用すると急激にカラムの性能が劣化します．又，強い酸性条件では，加水分解によりシリカ表面に施しているエンドキャップが外れ易くなります．これだけでもカラムの性能は劣化しますが，エンドキャップの外れた部位に塩基性の移動相を流すとシリカゲルの溶解が急速に進み，エンドキャップをしっかり施した耐アルカリ性のカラムでも急速に劣化が進みます．

　近年は，複数本のカラムと複数種の移動相を組み合わせて，簡単にカラムと移動相を網羅的にスクリーニングする事が出来る様になって来ています．本来は，化合物のpKaから分子形かイオン形かを考えて移動相のpHを決める事が多いと思いますが，未知化合物の場合はpHのプロファイルを得る上でも，幅広いレンジで複数のpH条件の結果を簡便に得られる事は非常に効果的です．この時に，耐性の異なるカラムを組み合わせて，過塩素酸やTFA添加系の様な強酸性からアンモニア添加系の様な塩基性迄の幅広いpH領域を一度に検討すると，上述した様にシリカのエンドキャップが剥がれた部位からシリカゲルの溶解が進み，カラムの劣化が急速に進んでしまいます．このため，網羅的にカラムスクリーニングを行う系を組む時は，カラムの耐性を確認した上で，pHの範囲を一度に幅広く見るのではなく，酸性から中性付近と塩基性は分けて検討する方が望ましいです．

　カラム径，カラム長，充填剤の粒子径が同一であってもブランド毎に背圧が大きく異なるため，同一の流速で流すと，カラムやシステムの許容耐圧を超えてしまう事もあります．そのため，スクリーニングの系を組む時は，流速は余裕を持って設定した方が良いでしょう．又，温度などの条件も出来るだけマイルドな設定にするべきでしょう．

　スクリーニング時に使うカラムを選択する場合やカラムの性能が低下した場合は，カラムに通液した移動相の記録を残しておく事で，カラムが使用開始時とどの程度変化している可能性があるかの判断材料や原因追及に役立ちます．

　分離する化合物の構造が未知な場合にpH領域を検討する事は，ピーク保持の

プロファイルを大きく変えるために重要なパラメータになります．その際に，幅広い緩衝領域をもちつつ高い緩衝能をもつリン酸塩緩衝液は非常に有益です．しかし，リン酸塩緩衝液を通液すると充塡剤の表面がコーティングされてカラムの性質が変化する事があります．そのため，リン酸塩緩衝液を使用する場合は，十分に通液させた後に試験を開始する必要があります．又，この様にリン酸塩緩衝液を使用した場合は，非リン酸系の緩衝液に切り替えた時に，リン酸塩緩衝液を通液する前のピークパターンと異なる事があります．このピークパターンの変化は，リン酸塩緩衝液を通液した後に塩基性条件で試験を行うと顕著に現れる事があります．そのため，ピークパターンの再現性が悪い時の原因究明の一環として，カラムにリン酸塩緩衝液の通液履歴があるか無いかの記録を残す事は重要です．

　最近は，カラム出荷時の成績書に添付されているクロマトグラムで評価している溶液を標準溶液として販売しているメーカーもあります．この様な試験液を定期的に評価して，カラムの性能が出荷時と変化していないかどうかを確認する事も有用かも知れません．

Q19 各種検出器の最近のシェアはどうなっていますか？

HPLC用検出器としては，種々の測定原理に基づいた多種多様なものがあり，分析種の特性，分析目的などに応じて用いられています．HPLC用検出器に求められる要件としては，一般に，感度が第一となる場合が多いですが，複雑な試料マトリックス中の夾雑成分から分析種を検出するためには，高い検出選択性が必須です．又，検出可能な物質が多いと言う意味での汎用性が求められる場合も多々あります．表1に，主な検出器の比較例を示します．

表1 HPLC用主要検出器の比較

検出器	測定原理	対象物質	感度	選択性	汎用性
吸光光度	溶質の吸光度を測定	吸光性	○	○	○
蛍光	溶質の蛍光強度を測定	蛍光性	◎	◎	×
示差屈折率	溶質による移動相屈折率の変化を測定	全て	×	×	◎
蒸発光散乱	移動相を蒸発後，溶質粒子の散乱光強度を測定	不揮発性	×	×	◎
荷電化粒子	移動相を蒸発後，溶質粒子を帯電させ，その電荷量を測定	不揮発性	×	×	◎
電気化学	溶質の酸化還元反応により生じた電流を測定	酸化還元性	◎	◎	×
電気伝導度	溶質と移動相の電気伝導度の差を測定	イオン	○	○	×
質量分析計	溶質をイオン化後，m/z で分離，イオン強度を測定	イオン化が可能	◎	○	○

◎：優れる，○：標準，×：劣る（筆者による目安）

これらの中で，吸光光度検出器はHPLC誕生時から最も一般的に用いられ，更に感度と選択性向上のために蛍光検出器が，紫外吸収が乏しい成分には示差屈折率検出器が用いられて来ました．その後，特に生化学分野からの微量生体物質分析の要求から，電気化学検出器や各種誘導体化検出法が重要な役割を果たす様になりました．又，より高性能，高機能化した吸光光度検出器として，フォトダイオードアレイ（PDA）検出器が開発されました．更に，電気伝導度検出器が主として無機イオンの検出のために発展して来ました．その後，示差屈折率検出器の欠点である感度が低い，グラジエント溶離が使えないなどの欠点を補う事が出来

る蒸発光散乱検出器，荷電化粒子検出器が登場しました．

　近年の急速な質量分析計の普及により，従来からの検出器の使われ方も変化していると推測されますが，これらの検出器のシェアはどの様になっているのでしょうか？　残念ながら，これらの検出器の個別販売台数についての統計的な数字がないため，シェアは明らかではありません．ここでは，米国 Strategic Directions Internationational 社の市場調査レポートに掲載されているユーザー調査結果[1),2)]を参考にしてみましょう．この調査は，2012 年版が 120 ユーザー，2014 年版が 306 ユーザー（何れも主として欧米ユーザー）に対して行われたもので，これを基に各検出器を保有しているユーザーの比率を知る事が出来ます（図 1）．この図から，PDA 検出器の保有率が 60％ を超えており，一方で通常の吸光光度検出器の保有率は，2012 年版から 2014 年版で 20％ 程度落ちている事が分かります．又，三連四重極質量分析計は，2012 年版から 2014 年版で 10％ ほど増えており，5 割を超えるユーザーが保有していると答えています．蛍光，示差屈折率，蒸発光散乱，荷電化粒子の各検出器は，一定のシェアを占めている事が分かります．しかし，曾て高感度・高選択性検出器として重宝された電気化学検出器は，この調査結果では現れていません．電気化学検出器が用いられる場面が決してなくなった訳ではありませんが，その多くが質量分析計に置き換わったのかも知れません．

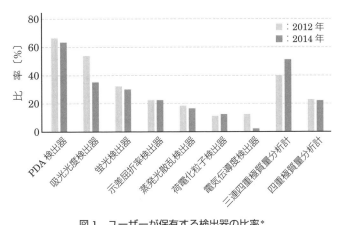

図 1　ユーザーが保有する検出器の比率*

＊　引用文献 1),2) を基に，筆者が作図．質量分析計の他のタイプは省略．2014 年の電気伝導度検出器は，「その他の検出器」より筆者が推測．

Q20 UHPLCの利点は，理論的に説明が出来るのでしょうか？

HPLCのポンプの最大使用圧力が40 MPa程度である事に対し，UHPLCは100 MPa程度の高圧を掛ける事が出来るLCシステムです．高圧を掛ける事が出来るため，カラム圧の高くなる粒子径の小さい充填剤を充填しているカラムを使用出来ます．充填剤の粒子径が小さくなる事で理論段数が向上し，これに伴い単位時間当たりの溶質濃度が高まります．このため，拡散を最小限に抑える事が出来る様に，配管内径の太さや検出器内の容積などが最小限に調整されている装置が多くなっています．以下にその特徴を説明します．

カラムの性能を評価する際に使用する理論段高さは，ファンディムターの式（式（1））で表す事が出来ます．この式は，カラム内の粒子の大きさや空隙，充填状態などによる拡散で流速に依存しない流路内拡散のA項，流速に反比例する固定相上でカラム軸方向拡散のB項，固定相との相互作用による拡散で流速に比例するC項の3項で表現されています．HPLCで分析用カラムとしてよく使われる充填剤粒子径3 μmのカラムの場合に，この式を移動相の流速と理論段高さ（理論段数の逆数）で示したのが図1になります．

$$H = A + \frac{B}{u} + Cu \tag{1}$$

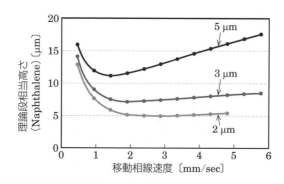

【HPLC操作条件】
カラム：L-column2 ODS（内径2.1 mm，長さ50 mm）
移動相：アセトニトリル / 水（50/50, v/v），カラム温度：25 ℃，注入量：0.5 μL

図1　粒子径毎のファンディムターの式のグラフ[1]

この式に従うと，図1のグラフにおいて理論段相当高さの最小値を示す流速で使用した時に，理論段数は最も高くなります．測定時間を短くするために理論段の最小値を示す流速以上に流速を上げると，3 μm の充塡剤のカラムの場合は逆に理論段数が低下していきます．実際に，測定時間を短縮するために流速を上げていくと，ピークの幅が細くならずに保持時間だけ早くなっていく現象，つまり，理論段数の低下が確認できます．二つのピークの分離度は理論段数の平方根に比例するため，理論段数が低下するとピークの分離度も低下していきます．
　一方，カラムの粒子径を小さくしていくと，C 項は粒子径の2乗に比例するため，流速を上げても C 項の寄与が小さくなり理論段数が低下しなくなっていきます．そのため，流速を上げてもピーク幅は細くなっていく，つまり分離度を低下させずに高速分析が可能になるのです．
　この様に，粒子径を小さくすれば理論段数の低下は防ぐ事が出来ます．しかし，圧力は粒子径の2乗に反比例するため，3 μm の粒子に比べ2 μm の粒子では2.15倍の圧力になります．実際は，空隙率が更に低下するので2.5倍ほどの圧力増加になる事が多いです．つまり，流速を上げても理論段数の低下が緩やかであるため，流速を上げて測定時間を短縮化する事は可能ですが，圧力は流速に比例するために更に高圧が必要となるのです．又，線速度（単位面積当たりの流量）を大きくするためにカラム径を細くしているカラムが多いですが，カラム内径の2乗に反比例して圧力は上昇してしまいます．
　この様に，理論段数を維持したまま線速度を上げる，つまり，同一の保持時間（同じ試験時間）でより高い理論段数を出す，同一の理論段数で保持時間を短縮する（試験時間を短縮する），と言うどちらかの要求を満たすためには，カラム粒子径を小さくして圧力を上げるしか方法が無い事になります．この要求に対応したのが UHPLC です．
　UHPLC の利点は，上述した様に高い圧力が掛けられる事です．これにより，粒子径の小さなカラムを高い流速で流す事が出来るので，高い理論段数と試験時間の短縮化を期待する事が出来ます．粒子径が2 μm 以下の充塡剤を使用している UHPLC 用カラムには，HPLC と同程度の理論段数で試験時間を短く出来るショートカラムなども販売されており，用途に応じてカラム長を選択し，最適化を行う事が出来ます．
　試験時間が短縮される事で使用する溶媒の量を削減出来ますが，それ以上にメリットがあるのは，試験条件の検討や品質評価に掛かるフルタイム当量（full-

time equivalent，FTE）の削減です．UHPLC を最大限の耐圧で使用し，同等程度の理論段数を達成した場合，充塡剤粒子径 2 μm のものは 5 μm に比べて試験時間を 10 分の 1 に削減出来ます．試験条件の最適化を検討する場合や検体数が大量にある場合は，単純に考えれば 10 倍のスループットになるために生産性は大きく向上すると思われます．一方で，分析時間が短いため，グラジエント分析においては，ミキサーのボリュームの違いによるメーカーの装置間差が HPLC に比べて敏感に出る事に注意が必要です．

　分析機器の使用頻度や装置の稼働率が高くない場合は，UHPLC の必要性は低いと思われます．その理由は，より高い理論段数を必要とする時は流速を下げてカラムを連結させる事で分離度が確保出来るケースも多いからです．流速の最適化や検討期間が単純に増えるためその分試験時間は掛かりますが，一般的な HPLC でも理論段数を上げる事は可能ではあります．

　以前は，UHPLC は一般的な HPLC に比べて高価でした．現在も凡そ定価で 2 倍の価格差があります．しかし，単純に試験時間を 10 倍短縮出来る事を考えれば，一般的な HPLC を 2 台買う以上の生産性向上は果たす事が出来ると理論的にも言えるでしょう．

Q21 UHPLC用として特に用意された基材，部品などはありますか？

UHPLCは，日本工業規格において，「粒子径2 μm前後の微細充填剤を用いる事によって，高速化，高分離化をはかった高速液体クロマトグラフィー」[1]と定義されています．カラム圧力が充填剤粒子径の2乗に反比例する事から，この定義にある様な粒子径2 μm前後の微細充填剤を用いて高速化，高分離化を達成するためには，装置に高い耐圧性能が求められます．一般にHPLC装置の耐圧が40 MPa程度であるのに対し，UHPLC装置では概ね60 MPa以上とされており，より微細な充填剤やより長いカラムの使用，或いはより高流量での使用には，耐圧100 MPa以上の製品があります．このため，UHPLC装置では，送液ポンプ関連部品（プランジャーシール，チェックバルブなど），試料導入装置関連部品（切替えバルブ，注入ポートなど），各種流路部品などがHPLC装置に比べ高耐圧設計されています．これらの部品の基材については，基本的にはHPLC装置と同様のステンレス鋼，合成樹脂などが用いられていますが，専用の樹脂なども使用されている様です．但し，メーカーからは，各部品の構造や基材についての詳細情報が殆ど開示されていませんので，ここでは分析者がHPLC装置を日常的に使用する上で，最も頻繁に取り外しを行うカラム接続用のフィッティングについて，UHPLC装置用の部品を見る事にしましょう．

HPLC装置登場時から用いられているカラム接続用フィッティングは，耐圧性，耐食性に優れたステンレス（SUS）製で，一般的には図1の例に示す様なナット（メイルナット）とフェラルから成ります．

ナットを締め付ける事により，フェラルが配管チューブに食い込み固定されます．しかし，この様なSUS製フィッティングでは，ナットの締め付けに工具（ス

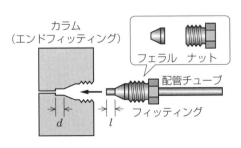

図1 SUS製フィッティングの例

パナ）が必要であり，慣れないと締め過ぎによる破損が起こる（ナットの頭部をねじ切り，カラムごと使用不能になる），フェラルがチューブに固定されてしまうため異なる仕様のカラムを接続するには作り替える必要があるなど，日常分析において使い難さがあります．特に，後者については，図1でlとdの長さ（深さ）が異なる仕様の接続において，$d>l$の場合，空隙が出来てしまいカラム外容量（extra-column volume）が増え，ピーク拡散の原因となります．一方，$d<l$の場合には，フェラルによるシールが不十分となり液漏れを起こします．1980年代になり耐薬品性，機械的強度，摩耗性などに優れるPEEK樹脂が開発されると，これを利用した手締めフィッティングが登場しました．PEEK製手締めフィッティングには，簡便な操作で20 MPa程度の耐圧が得られる（フェラルの工夫やSUSとの組合せにより，更に高耐圧な製品もある），ナットを緩めると配管チューブから取り外して繰り返し使用出来る（言い換えれば，lをカラムに合わせて再調整出来る）と言う大きな利点があります．これにより，初心者も失敗する事なくカラムの接続が出来る様になり，HPLC分析の現場で広く普及する様になりました．

　では，UHPLC装置のカラム接続用フィッティングはどうでしょうか？UHPLC装置においては，耐圧性能が重要である事は勿論ですが，ピーク拡散を最小限にするためHPLC装置より更にカラム外容量を減らす事が要求されます．従って，仕様が異なるカラムについては，上述の空隙が出来ない様に各々のエンドフィッティングと厳密に合致した専用の接続用フィッティングを用いる必要があります．又，高圧での使用と言う事で，ついつい工具により締め過ぎでしまうため，HPLC装置以上に細心の注意が必要です．この様な事から，130〜140 MPaの耐圧性を保ちつつ，配管チューブから取り外して繰り返し使用が可能で，且つ空隙容量を極限まで減らしたUHPLC装置用の手締めフィッティングが開発されるに至りました．

　図2は，島津製作所のフィンガータイトフィッティングNexlockの例です[2]．専用配管先端の樹脂製特殊チップにより，カラムエンドフィッティングと空隙なしで直接シール出来ます．後はナット部を手で絞め付けるだけです．耐圧は130 MPaです．

　図3は，日立ハイテクサイエンスのMEM（moment-enhancing mechanism）カラムフィッティングの例です[3]．内蔵のスプリングが接続配管をカラムエンドフィッティングに押し付けます．Nexlock同様，後は手で締め付けるだけです．

図2　フィンガータイトフィッティング Nexlock（島津製作所）

図3　MEMカラムフィッティング（日立ハイテクサイエンス）

耐圧は，140 MPa です．

　図4は，アジレント・テクノロジーの InfinityLab クイックコネクトフィッティングの例です[4]．専用配管の先端をカラムエンドフィッティングに当て，レバーを押し下げる事により内蔵のスプリングで圧着状態を保ちます．耐圧は 130 MPa です．

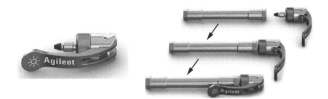

図4　InfinityLab クイックコネクトフィッティング（アジレント・テクノロジー）

　上記以外にも UHPLC 装置用の手締めフィッティングが種々市販されています．耐圧性能などによって価格に幅がありますので，各装置メーカー，部品メーカーのホームページなどを確認の上，自分の目的に適したフィッティングを選択して下さい．

Q22 HPLC装置とUHPLC装置の主要メーカーのシェアについて教えて下さい．

Answer　HPLCは幅広い分野で普及しており，装置，カラム，充填剤，周辺機器，関連パーツ，試薬などを含めて大きな市場を形成しています．この様なHPLC市場には数多くのメーカーが参入していますが，HPLC装置を総合的に供給しているのは世界的に見ても5〜6社と言う事になります．これら主要メーカーのシェアを知るには，幾つかの調査会社から出版されている資料を参考にする事が出来ます．但し，各々の調査会社により統計の取り方，纏め方などが異なりますので，あくまで参考情報として理解する必要があります．以下に，二つの調査結果を基に，国内市場と世界市場について概観してみましょう．

[1] 国内市場

　国内市場では，アールアンドディ社が1992年から継続的に毎年出版している「科学機器年鑑」があります．この2017年版[1]の中に，2016年度のHPLCメーカー主要6社の台数（システム数）調査結果が掲載されています．これを基に，汎用HPLC装置[*1]とUHPLC装置[*1]の台数合計によるシェア及び各々のシェアを纏めると図1の様になります．なお，汎用HPLC装置とUHPLC装置の台

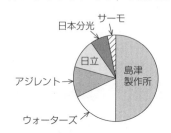

（a）汎用HPLC装置＋UHPLC装置

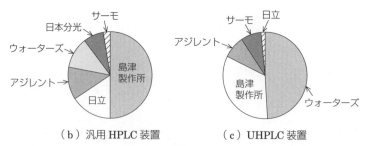

（b）汎用HPLC装置　　　（c）UHPLC装置

図1　汎用HPLCとUHPLC装置の国内シェア（2016年度台数）[*2]

数比率は,8:2となっています.

[2] 世界市場

世界市場については,米国 Strategic Directions International 社が出版している調査報告書があります.ここでは,2014年5月に出版された調査報告書[2]を基に,2013年におけるシェアを見てみましょう.本調査結果の一般目的用(general purpose)HPLC 装置[*3]と UHPLC 装置[*3]の合計及び各々の金額シェアを纏めると図2の様になります(本調査結果には,各社の個別台数が掲載されていませんので,台数シェアは分かりません).なお,一般目的用 HPLC 装置と UHPLC 装置の台数比率は,7:3となっています.

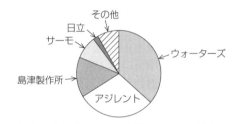

(a)一般目的用 HPLC 装置+UHPLC 装置

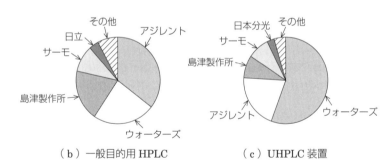

(b)一般目的用 HPLC　　　　(c)UHPLC 装置

図2　一般目的用 HPLC 装置と UHPLC 装置の世界シェア(2013 年金額)[*4]

- *1　汎用 HPLC 装置:ナノ LC,分取 LC,イオンクロマトグラフ,生体分子精製クロマトグラフ,GPC は含まない.UHPLC 装置:最大圧力 100 MPa 以上として分類.
- *2　何れも引用文献 1)を基に筆者が作図.アジレント:アジレント・テクノロジー,日立:日立ハイテクサイエンス,サーモ:サーモフィッシャーサイエンティフィック
- *3　一般目的用 HPLC 装置:ローエンド LC,キャピラリー・ミクロ・ナノ LC,臨床用 LC,GPC,アミノ酸分析計は含まない.UHPLC 装置:最大圧力 100 MPa 以上として分類.何れも初期システムの金額で,アフターマーケット(部品,消耗品など)は含まない.
- *4　何れも引用文献 2)を基に筆者が作図.

Chapter 1　周辺基礎技術・概念と HPLC・UHPLC

■ 引用文献

Q1　1)　https://en.wikipedia.org/wiki/Condenser_(laboratory)#Liebig_condenser（2017年 12 月現在）
　　2)　B. V. L'vov, Inzh.-Fiz. Zh., 2, p.44 (1959).

Q3　1)　アルバック機工（株）小型真空ポンプカタログ，ウェブサイト（2018 年 5 月現在）https://www.ulvac-kiko.co/catalog/pdf/vp1702.pdf
　　2)　中村　洋企画・監修，公益社団法人日本分析化学会液体クロマトグラフィー研究懇談会編：LC/MS，LC/MS/MS Q＆A 龍の巻，pp. 150-151，オーム社（2017）

Q4　1)　日本化学会編：化学便覧（改定第 4 版），Ⅱ-306，丸善（1993）．
　　2)　J. H. Gross：Mass Spectrometry, p. 56, Springer（2007）．

Q5　1)　日本質量分析学会用語委員会編：マススペクトロメトリー関係用語集（第 3 版），p. 35, 国際文献印刷社（2009）
　　2)　*J. Am. Soc. Mass Spectrom.*, pp. 1014-1022（2006）．
　　3)　J. H. Gross：Mass Spectrometry, p. 273, Springer（2007）．
　　4)　J. H. Gross：Mass Spectrometry, p. 274, Springer（2007）．

Q7　1)　芝祐　順，渡部　洋，石塚智一：統計用語辞典，p. 107，新曜社（1984）．

Q8　1)　芝祐　順，渡部　洋，石塚智一：統計用語辞典，p. 112，新曜社（1984）．
　　2)　R. A. Fisher, Sc. D., F. R. S.：*Annals of Eugenics*, pp. 179-188, 7, Part II, (1936).

Q9　1)　JIS Z 8101-2：2015　統計—用語及び記号—第 2 部：統計の応用，p. 37，日本規格協会（2015）．
　　2)　JIS Z 8101-2：2015　統計—用語及び記号—第 2 部：統計の応用，p. 33，日本規格協会（2015）．
　　3)　JCGM 100: 2008　Evaluation of measurement data—Guide to the expression of uncertainty in measurement, p. 2, JCGM（2008）．
　　4)　JCGM 200: 2008　International vocabulary of metrology—Basic and general concepts and associated terms (VIM), p. 25, JCGM（2008）．
　　5)　JIS Z 8101-2：2015　統計—用語及び記号—第 2 部：統計の応用，pp. 37-38，日本規格協会（2015）．

Q10　1)　ハイパーカミオカンデウェブサイト（2018 年 4 月現在）　http://www.hyper-k.org/
　　2)　京極一樹：こんなにわかってきた素粒子の世界，p. 151，技術評論社（2008）．
　　3)　山内正則，低温工学，44, pp. 476-479（2009）．

Q11　1)　JIS K 0214：2013　分析化学用語（クロマトグラフィー部門），日本規格協会（2013）．

Q12　1)　JIS K 0214：2013　分析化学用語（クロマトグラフィー部門），日本規格協会（2013）．
　　2)　新村　出編：広辞苑（第六版），岩波書店（2007）．
　　3)　小西友七，南出康世編集主幹：ジーニアス英和辞典（第 4 版），大修館書店（2006）．
　　4)　JIS B 2301：2013　ねじ込み式可鍛鋳鉄製管継手，p. 2，日本規格協会（2013）．
　　5)　JIS B 0151：2001　鉄鋼製管継手用語，p. 2，日本規格協会（2001）．
　　6)　JIS B 0151：2001　鉄鋼製管継手用語，p. 3，日本規格協会（2001）．

Q13　1)　関東化学（株）ウェブサイト（2018 年 4 月現在）　https://www.kanto.co.jp/

https://cica-web.kanto.co.jp/CicaWeb/servlet/wsj.front.LogonSvlt?_ga = 2.250600262.1114743041.1523354093-495852523.1523238821.
2) シグマ アルドリッチ ジャパン（株）ウェブサイト（2018 年 4 月現在） https://www.sigmaaldrich.com/content/dam/sigma-aldrich/docs/SAJ/Brochure/1/saj1219.pdf.
3) 富士フイルム 和光純薬（株）ウェブサイト（2018 年 4 月現在） https://labchem.wako-chem.co.jp/products/000168/.
4) シグマ アルドリッチ ジャパン（株）ウェブサイト（2018 年 4 月現在） https://www.sigmaaldrich.com/content/dam/sigma-aldrich/docs/SAJ/Brochure/1/saj1219.pdf.
5) 関東化学（株）ウェブサイト（2018 年 4 月現在） https://products.kanto.co.jp/products/siyaku/pdf/s_hlcsol_RCA-01.pdf

Q14 1) J. N. Brown, M. Hewins, J. H. M. van der Linden, R. J. Lynch, *J. Chromatogr.*, 204, pp. 115-122（1981）.
2) LCtalk Special Issue V―移動相の脱気，p. 17，島津製作所（1991）.
3) LCtalk Special Issue V―移動相の脱気，p. 18，島津製作所（1991）（一部改変）.

Q16 1) 小学館ランダムハウス英和大辞典第二版編集委員会編：ランダムハウス英和大辞典（第 2 版），p. 290，小学館（1993）.
2) JIS K 0214：2013　分析化学用語（クロマトグラフィー部門），p. 36，日本規格協会（2013）.
3) 中村　洋企画・監修，公益社団法人日本分析化学会液体クロマトグラフィー研究懇談会編：LC/MS，LC/MS/MS Q＆A 龍の巻，p. 219，オーム社（2017）.

Q19 1) High Performance Liquid Chromatography: Competing Techniques Setting the Bar Higher, 2011-2016, p. 152, Strategic Directions International（2012）.
2) Analytical High Performance Liquid Chromatography: Applications Migrate to High Pressures, Increased Speed and LC/MS Technologies, 2014-2018, p. 181, Strategic Directions International（2014）.

Q20 1) （一財）化学物質評価研究機構 LC column catalog（L-column2 ODS for UHPLC），p. 2（2016）.

Q21 1) JIS K 0214：2013　分析化学用語（クロマトグラフィー用語），p. 28，日本規格協会（2013）.
2) フィンガータイトフィッティング Nexlock カタログ，島津製作所（2017）.
3) （株）日立ハイテクサイエンスウェブサイト（2018 年 4 月現在） https://www.hitachi-hightech.com/hhs/product_detail/?pn=ana-chromasterultra
4) InfinityLab クイックコネクトフィッティングカタログ（5991-5164JAJP），アジレント・テクノロジー（2017）.

Q22 1) 科学機器年鑑 2017 年版，液体クロマトグラフ，アール アンド ディ（2017）.
2) Analytical High Performance Liquid Chromatography: Applications Migrate to High Pressures, Increased Speed and LC/MS Technologies, 2014-2018, pp. 322-324, Strategic Directions International（2014）.

参考文献

Q1 [1] 長倉三郎, 井口洋夫, 江沢 洋, 岩村 秀, 佐藤文隆, 久保亮五編集:岩波 理化学辞典 (第5版), 岩波書店 (1998).

Q2 [1] 鈴木 勲, 化学教育, 34, pp. 339-340 (1986).
[2] 島津天秤セミナー資料, (株) 島津製作所 (2015).
[3] (株) 島津製作所ウェブサイト (2018年2月現在) http://www.an.shimadzu.co.jp/balance/hiroba/bean/bean05.htm
[4] 中村 洋企画・監修, 公益社団法人日本分析化学会液体クロマトグラフィー研究懇談会編:LC/MS, LC/MS/MS のメンテナンスとトラブル解決, pp. 33-34, オーム社 (2015).

Q4 [1] 山崎 昶:酸と塩基 30 講, 朝倉書店 (2014).

Q6 [1] 朝永振一郎, 玉木英彦, 木庭二郎, 大塚益比古, 伊藤大介共訳:ディラック量子力学 (原書第 4 版), 岩波書店 (1968).

Q7 [1] 石村貞夫:すぐわかる多変量解析, 東京図書 (1992).
[2] J. M. Chambers, W. S. Cleveland, P. A. Tukey, B. Kleiner, Graphical Methods for Data Analysis, Duxbury Press (1983).

Q8 [1] 石村貞夫:すぐわかる多変量解析, 東京図書 (1992).

Q9 [1] 飯塚幸三監修:計測における不確かさの表現のガイド―統一される信頼性表現の国際ルール, 日本規格協会 (1996).

Q10 [1] 森 茂樹:究極の加速器 SSC と 21 世紀物理学―宇宙と物質の謎をどこまで解けるか, 講談社 (1992).
[2] 伊藤早苗, 学術の動向, 9 (2014).
[3] 伊藤早苗, 学術の動向, 20 (2015).

Q13 [1] 中村 洋企画・監修, 公益社団法人日本分析化学会液体クロマトグラフィー研究懇談会編:LC/MS, LC/MS/MS Q&A 虎の巻, pp. 102-103, オーム社 (2016).

Q14 [1] LCtalk Special Issue V―移動相の脱気, 島津製作所 (1991).
[2] J. W. Dolan, *LCGC North America*, 32, pp. 482-487 (2014).
[3] 中村 洋企画・監修, 公益社団法人日本分析化学会編:LC/MS, LC/MS/MS の基礎と応用, pp. 88-91, オーム社 (2014).
[4] 中村 洋企画・監修, 公益社団法人日本分析化学会液体クロマトグラフィー研究懇談会編:LC/MS, LC/MS/MS のメンテナンスとトラブル解決, pp. 70-74, pp. 194-199, オーム社 (2015).

Q16 [1] 中村 洋企画・監修, 公益社団法人日本分析化学会液体クロマトグラフィー研究懇談会編:LC/MS, LC/MS/MS Q&A 虎の巻, pp. 150-151, オーム社 (2016).
[2] 中村 洋企画・監修, 公益社団法人日本分析化学会液体クロマトグラフィー研究懇談会編:LC/MS, LC/MS/MS Q&A 龍の巻, pp. 217-219, オーム社 (2017).

Q17 [1] *J. Chromatog. A*, pp. 3819-3843 (2010).

Q18 [1] *J. Chromatogra. A*, pp. 169-178 (1997).

Q19 [1] 中村 洋企画・監修, 公益社団法人日本分析化学会液体クロマトグラフィー研究懇談会編:LC/MS, LC/MS/MS Q&A 虎の巻, pp. 60-61, オーム社 (2016).

Q21 [1] 中村 洋企画・監修, 公益社団法人日本分析化学会液体クロマトグラフィー研究懇

談会編：LC/MS, LC/MS/MS Q＆A 龍の巻, pp. 63-64, オーム社（2017）.
[2] 中村　洋企画・監修, 公益社団法人日本分析化学会液体クロマトグラフィー研究懇談会編：LC/MS, LC/MS/MS Q＆A 虎の巻, pp. 132-133, オーム社（2016）.

Chapter 2

質量分析の基礎

Q23 人名が入った質量分析関連用語を紹介して下さい．

　特定の分野で使用される用語に人名が冠されるには，それ相当の素晴らしい業績を挙げている人物に限られます．表1は，質量分析（mass spectrometry, MS）で使われる用語に人名が付けられている主な例を纏めたものです．以下，人名が付いたMS用語の幾つかを取り上げ，その要点を解説します．

表1　質量分析分野において人名が付いた用語の例

番号	日本語	英語
①	キングドントラップ	Kingdon trap
②	クヌーセンセル	Knudsen cell
③	クヌーセンセル質量分析計	Knudsen cell mass spectrometer
④	ダルトン	dalton, Da
⑤	テイラーコーン	Taylor cone
⑥	トムソン	thomson, Th
⑦	ファラデーカップ	Faraday cup
⑧	フーリエ変換質量分析	Fourier transform mass spectrometry
⑨	ペニングイオン化	Penning ionization
⑩	ペニングイオントラップ	Penning ion trap
⑪	ポールイオントラップ	Paul ion trap
⑫	松田プレート	Matsuda plate
⑬	レイリーリミット	Rayleigh limit
⑭	ローレンツ力	Lorenz force

[1] MSの基礎に関する人名用語

・トムソン（**thomson**）（表1⑥）：トムソンは，放物線法による質量分析器の開発（1911）に代表される英国の物理学者 Sir Joseph John Thomson（1856-1940）の先駆的な業績に因んだ用語で，嘗てマススペクトルの横軸にトムソン（thomson, Th）と言う単位が提案された事もありました．トムソンは用語集には「m/z の単位として提案されているが，m/z は無次元量な

ので単位は不要」[1]と記載されています．m/z が採用される迄は，マススペクトルの横軸には，質量電荷比と言う用語が使用されていました．しかし，横軸に示される m/z の m は実際にはイオンの質量ではなく，それを統一原子質量単位で割り，更にイオンの電荷数で割って得られる無次元量です．そこで，現在では質量電荷比と言う表記ではなく，m/z（エム・オーバー・ジー）が使用される事になっています．

- **ダルトン（dalton）**（表1④）：ダルトンはドルトンとも言い，ドルトンの原子論（Dalton's atomic theory）やドルトンの法則（Dalton's law）で知られる英国の科学者 John Dalton（1766-1844）に由来する用語で，用語集に「統一原子質量単位に等しい．記号 Da．質量の非 SI 単位であるが，SI 単位と一緒に使用出来る」[2]と記載されています．従って，例えば 10 000 Da は 10 kDa，0.01 Da は 10 mDa と表記する事が出来ます．なお，統一原子質量単位（unified atomic mass unit, u）とは，「静止した基底状態の質量数 12 の炭素原子 1 原子の質量の 12 分の 1 の質量として定義され，$1.660538782(83) \times 10^{-27}$ kg に等しい．記号 u で表す．原子や分子，イオンの質量を表す際に用いる．非 SI 単位であるが，SI 単位と一緒に使用出来る．質量分析において計測される荷電粒子の m/z に電荷数（charge number）を乗じた値から質量を換算する事が出来るが，SI 単位であるキログラム（単位記号 kg）ではなく，通常この統一原子質量単位によって表される」[3]とされています．

[2] 人名が付いたイオントラップ

イオントラップ（ion trap, IT）は，「電場や磁場を単独で，又は組み合わせて作ったポテンシャルの井戸に，イオンを閉じ込める装置」[4]の事で，イオントラップ質量分析計（ion trap mass spectrometer, ITMS）には不可欠なものです．代表的な IT としては，開発者の名前が付いた以下の三つが挙げられます．

- **キングドントラップ（Kingdon trap）**（表1①）：キングドントラップは，キングドン（K. H. Kingdon，生没年不明）が 1923 年に発表[5]した，直流電圧を印加した紡錘形電極と樽状電極の間の空間にイオンを閉じ込める方式のイオントラップで，イオントラップの先駆けとなりました．この原理を質量分離部に用いた質量分析計は，オービトラップ®（Orbitrap®）の商標でサーモフィッシャー社から 2005 年に製品化されています．
- **ペニングイオントラップ（Penning ion trap）**（表1⑩）：ペニングイオントラップは，オランダの物理学者ペニング（Frans Michel Penning, 1894-

1953）が 1936 年に開発した「静磁場と静電ポテンシャルの谷によってイオンの閉じ込めを行うイオントラップ」[6] です．即ち，トラップの軸方向と平行に掛けられた磁場の影響で，イオンの運動は磁力線の周りの円軌道に束縛される一方，イオンの運動は静電ポテンシャルの谷に制限される事になります．ペニングイオントラップは，フーリエ変換イオンサイクロトロン共鳴質量分析計（Fourier transform ion cyclotron resonance mass spectrometer, FT-ICRMS）の質量分離部に用いられています．

・**ポールイオントラップ**（**Paul ion trap**）（表1⑪）：ポールイオントラップは，ドイツの物理学者ポール（Wolfgang Paul, 1913-1993）が 1953 年に考案した三次元的双曲面電極に交流電圧を印加してイオンを閉じ込める方式のイオントラップです．m/z の値を設定し，それより大きな m/z 値のイオンをトラップしながら，設定値よりも小さな m/z 値のイオンをトラップから排出する機能があります．

なお，ITMS の構造，特徴などの解説については，書籍[7] なども参考にして下さい．

Q24 質量分析の専門書，専門学術誌，専門学会などを教えて下さい．

　質量分析の専門書は，1980年代には和書では数冊でしたが，1990年代にはバイオ・ライフサイエンス分野でのMSの応用範囲が急速に広がるにつれて，多数の書籍が出版されています．学会誌は，最新技術に止まらず，基礎修得のための恰好の情報源です．専門学会は，研究発表の機会やヒューマンネットワークを提供してくれます．

[1] 質量分析の専門書
【MSに関する幅広い解説書】
- 「これならわかるマススペクトロメトリー」(志田保夫ら，東京化学同人 (2001))
  ⇒ MS全般について初心者にも分かり易く解説してあります．
- 「LC/MS，LC/MS/MSの基礎と応用」(中村　洋 監修，オーム社 (2014))
- 「LC/MS，LC/MS/MSのメンテナンスとトラブル解決」(中村　洋 企画・監修，オーム社，(2015))
- 「LC/MS，LC/MS/MS Q&A100 虎の巻」(中村　洋 企画・監修，オーム社 (2016))
- 「LC/MS，LC/MS/MS Q&A100 龍の巻」(中村　洋 企画・監修，オーム社 (2017))
  ⇒ 上記4冊は（公社）日本分析化学会液体クロマトグラフィー研究懇談会編纂によるもので，実務者目線でLC/MS技術を解説した実用専門書シリーズです．
- 質量分析法の新展開（土屋正彦，大橋　守，上野民夫 編著，東京化学同人，現代化学増刊 15 (1988)）
- バイオロジカルマススペクトロメトリー（上野民夫，平山和雄，原田健一 編著，東京化学同人，現代化学増刊 31 (1997)）
  ⇒ 上記2冊はソフトなイオン化の特徴やバイオ分野のMS技術を紹介しています．

【フラグメンテーション理論と応用】
- 「有機マススペクトロメトリー入門」(中田尚男，講談社サイエンティフィック (1981))

⇒フラグメントイオンの構造や機構を考える入門書です．

【イオン化，質量分析の全般の比較的高度な内容の解説書】
- ・「マススペクトロメトリー教科書日本語版」（J. H. Gross 著，出版委員会訳，丸善（2007））
  ⇒基礎から最新の技術，高度な方法論迄を網羅した MS の総合書です．

【用語編】
- ・「マススペクトロメトリー関係用語集」（日本質量分析学会，国際文献印刷社（1998））
  ⇒ MS 関連用語の整理統一が急速に図られているので確認しておくと良いでしょう．質量分析学会のホームページで閲覧する事も出来ます．

【JIS 関連】
- ・「JIS K 0136：2015　高速液体クロマトグラフィー質量分析通則」（日本規格協会（2015））
- ・「JIS K 0123：2006　ガスクロマトグラフィー質量分析通則」（日本規格協会（2006））
  ⇒これらの規格にクロマトグラフィー質量分析の通則が記載されています．

[2] 専門学術誌

MS に関する主な専門学術誌は以下の通りです．

① *Analytical Chemistry*
⇒分析化学の学術誌の中では最も権威のあるものの一つです．

② *Rapid Communication Mass Spectrometry*
⇒質量分析に限定した専門誌です．

③ *Journal of the Mass Spectrometry Society of Jpnan*
⇒日本質量分析学会の月刊誌です．

④ *Journal of the American Society for Mass Spectrometry*（JASMS）
⇒アメリカ質量分析学会の月刊誌です．

⑤ *International Journal of Mass Spectrometry*（IJMS）
⇒ MS 及びイオン反応（イオンプロセス）に関する専門誌です．

⑥ *Journal of Chromatography A*，*Journal of Chromatography B*
⇒クロマトグラフィーシステムとして MS に関する投稿があります．

[3] 主な専門学会

① （一社）日本質量分析学会（The Mass Spectrometry Society of Jpnan, MSSJ）
⇒国内の専門学会としては最大規模（会員数は1 200名弱（2017年3月））で，歴史のある学会です（設立1953年）．日本のMS研究の総本山的な学会です．
Webサイト　http://www.mssj.jp/（2017年12月現在）．

② アメリカ質量分析学会（American Society for Mass Spectrometry, ASMS）
⇒世界最大のMSの専門学会です．年会ではポスター2 000件以上，口頭300件以上の発表があり，参加者は6 000人を超える大規模なものです．
Webサイト　https://www.asms.org/about（2017年12月現在）．

③ （一社）日本医用マススペクトル学会
⇒1976年に医用マス研究会としてMSを主な手段とする医学関連分野の学術団体として設立されました．新たに開発された質量分析技術の知識を普及させ，医学関連科学への応用研究を促進する事を目指しています．
Webサイト　http://www.jsbms.jp/about/index.html（2017年12月現在）．

④ 京都生体質量分析研究会
⇒京都府，大阪府及び滋賀県を中心とした地域のMSに携わる研究者の分野横断的な連携を主旨に，2016年9月に立ち上げられた若い専門学会です．
Webサイト　http://www.kbmss.org/publication/（2017年12月現在）．

⑤ その他
・（公社）日本水環境学会MS技術研究委員会は，MSの環境微量分析への活用を目的とした，インターネットによる情報提供や電子シンポジウムを開催しています．
・（公社）日本水環境学会MS技術研究委員会
⇒Webサイト　http://www.jswe.or.jp/aboutus/research/research_01/index.html（2017年12月現在）．

Q25 質量分析関連データのライブラリーやソフトウェアの現状を紹介して下さい．

標準マススペクトルデータ集（殆どが EI 法で測定されたもので，例えば NIST が代表的な例）は永遠に色褪せない価値をもつ人類の共通財産であり，今日の GC/MS 測定においても貴重な資料でしょう．現代では，データ処理装置にこれらの標準マススペクトルをインストールしたデータベースと検索ソフトにより，測定化合物の検索を瞬時に行う事が可能です．又，高分解能 MS では化合物の組成式から精密質量ピークを計算し，測定されたマスピークと比較するソフトウェアも多く用いられています．

従来主体であった GC/MS データによるデータ解析から，現在では LC/MS のイオン化及び質量分離技術の飛躍的な発展によってバイオテクノロジー，ライフサイエンス，製薬，医療などの分野においてはマススペクトルデータベースの活用が特に脚光を浴びています．例えば，生物試料を対象に，代謝産物と生理活性の関係データベースを新規開発し，Web ブラウザ活用によるメタボロミクスの知識の集約などにより，メタボロームのマススペクトル情報を化学構造情報や生物種等の生物情報と関連付ける事を目指した日本メタボロームデータベース Metabolomics.JP を構築するプロジェクトを挙げる事が出来ます[1]．

LC/MS に使用するデータベースは，現時点でメタボロームが大半を占めています．

以下にこれまで構築が進められているデータベースの特徴の概要を示します．

[1] MassBank[1]

日本は，世界に先駆けて化学構造が既知のメタボロームのマススペクトルのデータベースである MassBank を構築しています．これまでは物質の同定に不可欠なマススペクトルについてのデータベースの構築が議論されていましたが，MS 分析の多様性への対応とマススペクトルの標準測定条件の確立と言う二つの問題が解決されず，小規模なデータベースの分散的な構築に止まっていました．MassBank は，エレクトロスプレーイオン化タンデム質量分析（ESI-MS/MS）によるマススペクトルのデータを化合物ごとに集約する事により，装置や測定条件に依存しない代謝産物の同定のための参照 ESI-MS/MS データを開発する事で，これら二つの問題を解決しました．現在では，メタボローム研究に必須のデータベースとしてその有用性が知られ，国際的に広く利用されています．更に，

MassBank は生命科学データベースとしては珍しいデータ分散形データベースの実用化に成功し，研究者間のコミュニティデータベースが実現されています．

[2] MassBase/KomicMarket[2]

かずさ DNA 研究所では，新産業の創出を目標に実用植物を中心とした微生物，動物を含む数百種の生物から得た生物試料について MS 分析を行い，独自のデータベース MassBase/KomicMarket より公開しています．又，生体からのメタボロームデータの大量取得並びにメタボロームインフォマティクス技術の開発を進め，総計 6 万件以上の質量分析を既に完了し，更なるデータの拡充を図っています．

[3] KNApSAcK[3]

MS で得られる精密質量数から既知の代謝産物の情報を得る目的で科学文献を基に生物種-代謝産物の情報を抽出し，データベース KNApSAcK が構築されました．このデータベースは 5 万種の代謝産物につき 10 万対の生物種-代謝産物の関係を整理して公開し，シロイヌナズナ国際コンソーシアム標準データベースとして認知されています．

[4] Metabolomics. JP[4]

生物試料を対象に，代謝産物と生理活性の関係データベースを新規開発し，Web ブラウザ活用によるメタボロミクスの知識の集約により，メタボロームのマススペクトル情報を化学構造情報や生物種などの生物情報と関連付ける事を目指したものです．

代謝産物の分析では MS が有力な手段であり，マススペクトル情報から代謝産物を的確に推定出来れば，二次代謝産物を通じた生物間の相互作用による生態学への展開や持続可能社会の構築への適用も決して夢ではないと考えられています．

上記の様な公開データベースの他に，市販されている代表的なソフトウェアには，表 1 の様なものがあります．

表 1　市販されている代表的な MS データベース及びデータ解析ソフトウェア

名　称	メーカー	特　徴
ACD/MS Workbook Suite	Advanced Chemistry Development	マススペクトル解析ソフト 構造解析に必要な全ての機能を搭載
KnowItAll シリーズ	バイオ・ラッド スペクトロスコピー	スペクトル検索ソフトウェア
MassHunter Workstation	Agilent 社	同社 TOF，Q-TOF，トリプル QMS のデータ採取プラットフォームとして機能，自動検索機能搭載
Fiehn メタボロミクス RTL ライブラリー	Agilent 社	GC/MS 用ライブラリー
METLIN Personal 代謝物データベース・ライブラリー	Agilent 社	約 2 万 5000 種類の内因性代謝物，外因性代謝物，脂質，ジペプチド，トリペプチドなどの質量，化学式，構造を収録
LabSolutions Insight Library	島津製作所	LC/MS/MS 用スクリーニングソフトウェア
Screening		MRM-自動 Product Ion Scan メソッド或いは multi-MRM メソッドを用いたスクリーニングが可能
LibraryView ソフトウェア	SCIEX 社	独自の MS/MS ソフトウェアソリューションにより，ライブラリー検索，データマイニング，化合物データベース管理を実行

Q26 質量分析計の代表的なメーカーのオリジナルな技術の特徴などを教えて下さい．

主な国内メーカー（表1）及び日本で販売する主な海外 MS メーカー（表2）について述べます．

表1　国内メーカーについて

(株)島津製作所 [1)]

国内最大の分析装置メーカーであり，それに相応しく LC/MS, GC/MS の全てのラインアップが揃えられています．2002 年，同社田中耕一氏のノーベル化学賞受賞により研究開発に一層注力された様に思えます．近年ではライフサイエンス分野などの MALDI-TOF-MS やイメージング MS の研究開発が際立ちます．

日本電子(株)[2)]

大阪大学との共同研究による二重収束 MS の評価は高く，ダイオキシン分析用高分解能 MS のスタンダード機となりました．スパイラルイオン光学系のマルチターンを採用した MALDI-TOF-MS など，高分解能 MS の技術に定評があります．

又，大気圧イオン化の一つであるコールドスプレーイオン化法（cold-spray）を搭載した TOF-MS や DART イオン源製品化など，インターフェイスにも特色があります．

(株)日立製作所 [3)]
（現在日立ハイテクノロジーズ及び日立ハイテクサイエンス）

総合電機メーカーとして自社技術追求の精神で，磁場セクター MS，大気圧イオン化インターフェイス，3DQMS など，革新的な技術に挑戦しています．近年は LC-MS, GS-MS の他，3DQMS などの MS コア技術を活用した種々の産業分野専用装置などにも特色があります．

表2 海外メーカーについて

Agilent Technologies（アジレント・テクノロジー）[4],[5]

　有機分析から無機分析まで GC-MS, LC-MS, ICP-MS の全てのハイフネーティッド装置が同社独自で揃えられ（質量分離部が磁場形 MS 以外の製品），カスタマーサポートの充実も図られています．最近の LC-MS 製品では設置面積の縮小，小形化による使い易さ，ラボ生産性を向上させた Ultivo トリプル QMSLC/MS，オンチップによるナノ，マイクロフロー分離と MS を複合化した HPLC-Chip/MS システムが注目されます．

Waters Corporation（ウォーターズ）[6]

　シングル QMS（LC 検出器専用として近年のニーズ増に対応），タンデム QMS（トリプル QMS）（バイオアナリシス，材料分析，オミクス，食品・環境分析で UPLC/MS/MS として高い堅牢性と精度を保ちながら効率よく定量分析可能），TOF-MS，IMS-MS などのシステムが揃えられています．

Thermo Fisher Scientific（サーモフィッシャーサイエンティフィック）[7]

　前身の Finnigan MAT はイオントラップ MS の先駆的メーカーです．イオントラップ形から発展させたキングドントラップ形 MS（商品名オービトラップ），二重収束 MS を更に高感度化，使い易くした DFS（商品名）に特色があります．

（株）エービー・サイエックス（AB・SCIEX）[8]

　トリプル QMS の API シリーズは LC/MS 定量定性分析のベンチマー的な機種として多用されました．独自の大気圧イオン化インターフェイス，近年では TOF-MS 技術，IMS（イオン易動度スペクトロメトリー）に特色があります．

＊巻末の Appendix に各メーカーの歴史，規模，研究者数を纏めてあります．参考にして下さい．

Q27 質量分析で同位体はどの様な影響を与えますか,又,同位体の利用方法を教えて下さい.

同じ元素に属する同位体(isotope, アイソトープ)は本来その物理的,化学的性質が等しい筈ですが,実際には質量の差により挙動に僅かな違いを生じます.この違いは軽い元素の同位体ほど大きく,例えば,通常の水は1気圧の下では0℃で凍り,100℃で沸騰しますが,純粋の重水*は各々3.81℃及び101.42℃となります.この様な同位体の性質や挙動の差を同位体効果(isotope effect)と言います.同位体効果は,密度,気化熱,粘度,表面張力,反応速度や反応の平衡などにも現れます.発光スペクトルや吸収スペクトルも同位体効果によるスペクトルのずれを生じるので,同位体の検出,定量,分離が可能です.生物では軽い元素に対する同位体効果が大きく,例えばクロレラは,水素よりも重水素,重水素よりも三重水素を濃縮する傾向があります[1].

同位体で置換する事により質量の違い(シフト)が生じますが,この質量シフトをむしろ積極的に利用した分析も行われています.定性,定量への利用例の幾つかを以下に挙げましょう.

[1] 同位体希釈質量分析(isotope dilution mass spectrometry, IDMS)

特定の質量の同位体で標識した化合物の一定量を内標準(internal standard)として試料に加えて行う定量分析手法です[2].

プロテオミクスでの同位体希釈質量分析の利用例を見ましょう.MSは高感度,高選択性のメリットから,メタボロミクスにおいて最も多用される検出法です.しかし,夾雑物が存在すると「イオン化抑制」現象により定量性が損なわれる欠点もあります.イオン化抑制は,イオン化室に分析種が導入される時に同時に夾雑物が存在する場合,分析対象成分のイオン化効率が低下すると言う現象です.LCやGCなどのクロマトグラフィーによる分析種と夾雑物との完全な分離が根本的な解決策ですが,これが困難な場合,安定同位体希釈法による相対定量分析(内部標準として試料に添加した同位体標識物質のイオン強度を1として,各試料のイオン強度を比較する)が有効であるとして近年検討されています.安定同

---

* 普通の水 H_2O の水素原子 H を重水素原子 D(デューテリウム)で置き替えた化合物です.D_2O(酸化デューテリウム)と書かれ,普通の水より比重が大きいのでこの名前があります.1931年アメリカの H. C. Urey らによって重水素の研究と関連して見出されたものです.

位体標識化物と非標識化物とを MS によって分離し，それらのピーク面積比から相対的な定量を行います．各種フラボノイドをそれぞれ単体及び混合物で分析すると，各々のフラボノイドでイオン化効率が大きく異なる事が分かり，更に，^{13}C ラベルジメチル硫酸を用いてフラボノイドを in vitro ラベル化して MS 分析を行った結果，イオン化抑制による定量性の問題への対応に有効である事が示されています[3]．

[2] 同位体比質量分析（isotope ratio mass spectrometry，IRMS）

物質に含まれる特定の元素についての MS を用いた同位体の相対量計測法です．

質量のごく僅かな違いに基づく同位体元素の物理学的性質の差が，化合物や単体が物理学的，化学的，生物学的変化を受ける際に，その同位体の組成に僅かな変動を引き起こす原因となります．天然の試料で観測される多くの元素の安定同位体組成の変動は，これらの元素を含む系が過去に経験して来た種々の環境要因の変化の結果と解釈されます．そのため，これらの変動を MS 分析によって観測する事により，試料の特性などの情報を得る事が出来ます．又，放射性同位体元素と比較して取扱いが容易なため，トレーサーとして一般の実験室，野外で使用出来ます．惑星化学，環境化学を始め，食品，生物，薬物代謝研究などに幅広く応用されています．

高精度安定同位体比質量分析計のイオン光学系の一例を図1に示します．炭素，窒素，酸素，硫黄，水素の天然安定同位体比（炭素 13/12，窒素 15/14，酸素 18/16，硫黄 34/32，重水素 2/1）を高精度に測定可能です．測定に際しては，

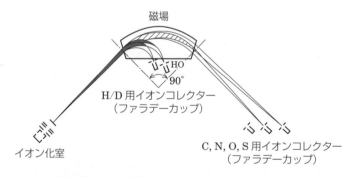

図1 高精度安定同位体比質量分析計（磁場形 MS）のイオン光学系の一例（引用文献 4）を改変

炭素及び酸素であれば二酸化炭素に，窒素であれば窒素ガスに，硫黄であれば二酸化硫黄に，水素であれば水素ガスに変更します．これをイオン源に導入し，各イオンを磁場で分離して複数の検出器で同時に測定します．例えば，二酸化炭素の場合は，質量数 44，45，46 を 3 個の検出器で同時に測定して，各イオンの強度比を計算します．その結果を標準試料値よりのずれ δ（デルタ値）又は，アトム％として表します[4]．

[3] フラグメンテーションの研究

　フラグメンテーション解析を単なる数合わせとして行うのではなく，水素，炭素，窒素などの安定同位体標識化合物を合成し，同位体標識されていない天然の化合物によるフラグメントの構造を確認すると言う地道な研究が行われて来ました．Stanford 大学の Carl Djerassi 教授らによる電子論に基づいた考察によるステロイド，天然物，抗生物質などの構造解析に関する研究発表論文が有名です（1962 〜 1986 年，266 編の「Mass Spectrometry in Structural and Stereochemical Problems」と題する論文）．

Q28 質量分析器(mass spectrograph)と質量分析計(mass spectrometer)は,どこが違うのでしょうか?

日本質量分析学会の用語集によれば,質量分析器(mass spectrograph)は,「イオンビームをm/zによって分離し,写真乾板などの焦点面検出器(focal plate detector)上にマススペクトルを結像させる装置.質量分析計(mass spectrometer)とは区別される」[1]と解説されています.一方,質量分析計(mass spectrometer)については,「気相イオンのm/z値と存在量を測定する装置」[2]との説明があるだけです.以下に,両者の違いについてもう少し詳しく解説します.

現在,mass spectrometryは「質量分析又はマススペクトロメトリーと訳され,質量分析計と質量分析器,及びそれらの装置を用いて得られる結果に関する全てを扱う科学の一分野」[2]と定義されています.歴史的には,先ず質量分析器が先に開発され,現在市販されている質量分析装置に専ら使用されている質量分析計の開発に繋がりました.即ち,トムソン(Sir Joseph John Thomson, 1856-1940)はカナル線(canal rays)の研究を進める過程で1912年に質量分析器を最初に開発し,ネオンの同位体(^{20}Ne, ^{22}Ne)を初めて発見しました.しかし,この分光器(spectroscope)タイプの装置の性能は,シグナルが蛍光スクリーンにぼんやりと映る程度のものでした.これに対して,デンプスター(Arthur Jeffrey Dempster, 1886-1950)は所謂デンプスター形質量分析計(Dempster type mass spectrometer)を開発しました.この装置では,二つの方式でイオンの検出が出来る様な工夫が凝らされていました.一つは,写真乾板を用いる通称"mass spectrograph"タイプの方式で,もう一つが磁場強度をスキャン(掃引)してイオンを質量分離し,検出器で連続検出する方式でした.その後,デンプスターが考案した後者の磁場掃引形質量分析装置に"mass spectrometer"と言う名称が一般に充てられる様になりました.

デンプスター形質量分析計は,パイ形質量分析計(π-type mass spectrometer)とも言われ,180°偏向形の磁場形質量分析装置でした.即ち,図1に示す様に磁場中でのイオンビームの軌道が180°の円弧を描き,入口スリット,円弧の中心,出口スリットが一直線上にあり,セクター形質量分析計と同じ配置になっています.この様な配置ですから,デンプスター形質量分析計は構成パーツの位置決めは容易です.しかし,イオン源とコレクターは磁場中に配置するのが一般的であ

るため，それらの設計には工夫が必要である事と，大きな磁石が必要であるため，装置が大形になる欠点があります．

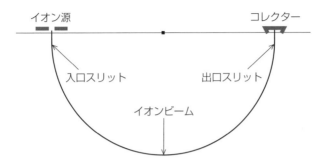

図1 デンプスター形質量分析計のパーツ配置

これに対して，現在一般に使用されている質量分析計では，直交加速形[3),4)]，多重周回タイプ[5)]，らせん軌道周回タイプ[6)] など，各種飛行時間質量分析計を除き，イオンビームはイオン源からほぼ直線状に飛行して質量分離され検出器に到達する設計になっています．

LC/MS に使用されている加熱装置の機構を教えて下さい．

 LC-MS 装置の MS 部で加熱装置を使用する箇所は，LC と MS の中間部分，即ちインターフェイス部と考えて差支えないでしょう．

これまで数多くの LC-MS インターフェイス（イオン化法）が研究開発されており，その加熱装置の機構には様々な種類のものがありますが，本節では APCI 及び ESI について解説します．これらのインターフェイスの加熱機構として基本的には以下の様なものがあります．

① LC 溶出液を噴霧（霧化）し，微細化するための噴霧器（nebulizer）又は脱溶媒器（desolvator），或いは両者を各々同時にもつ機構です．金属のブロックに棒状のヒーターが埋め込まれ，全体を加熱するなどの方式が用いられます．

② 噴霧された試料液滴を気化（溶媒を飛ばすと同時に，より小さい液滴とする乾燥の役割を果たす）させるための高温ガスを流す機構（例：シースガス）です．上記と同様に金属ブロックを加熱し，その中にガスを通して高温ガスにします．

③ MS 部でイオン源と直面する試料導入部分であるサンプリングオリフィス（sampling orifice），サンプリングコーン（sampling cone），又はアパーチャー（aperture）と呼ばれる部分で，一般的には直径 1 mm 以下のオリフィスの役目を果たす孔（ピンホール）をもつ円錐状のフランジ電極です．2 段目以降のフランジ電極は一般にスキマー（skimmer）と呼ばれ，通常，加熱せずに用いられます．サンプリングオリフィスは，試料液滴の気化及び溶媒や夾雑物質の付着を防ぐために加熱されます（表面に汚れが付着すると電場電位の低下やピンホールの詰まりなどにより感度が変動します）．サンプリングオリフィスは，試料イオンを質量分離部に導くレンズ電極の働きをもたせるために電圧が掛けられており，セラミックなどで絶縁したヒーターが用いられます．

上記の加熱装置（ヒーター）には熱電対が取り付けられ温度制御されています．

ここでは，APCI, ESI についてインターフェイスにおけるイオン化と加熱機能を考察します．

APCI インターフェイスの模式図を図 1 に示し，イオン化のプロセスを見てみましょう．

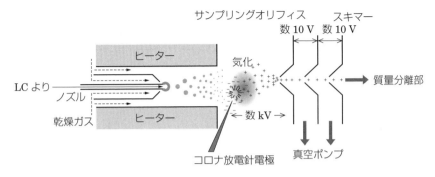

図1 APCIインターフェイスの模式図（引用文献1）を改変）

① LCから溶出する移動相溶液は，ヒーターと乾燥ガスにより気化されます．
② 溶媒及び分析種を含むガス中でコロナ放電を行うと，溶媒及び分析種がイオン化されます（イオン源付近の雰囲気大気中に含まれる分子（例えば，水分子）もイオン化されます）．イオン化の始まりは，気化したガスの主成分である溶媒分子のイオン化です．次に溶媒イオンと分析種の間でプロトンや電子などの電荷移行反応が起こり，分析種がイオン化されます．
③ 気化した溶媒を試薬ガスとする化学イオン化（chemical ionization, CI）法の一種であり，移動相溶液中で電離し難い低～中極性成分はイオン化され易く，移動相溶液中で電離する高極性成分は気化し難く，且つイオン化され難い性質があります．生成したイオンはコロナ放電針電極とサンプリングオリフィス間の電場によって導かれ，先端のピンホールを通過して質量分離部に導入されます．気化しなかった液滴がサンプリングオリフィスをはじめスキマーに付着してイオンを導く電場電圧が低下するのを避けるため，加熱装置を含む噴霧口とサンプリングオリフィスは向き合わない構造の装置が多くなっています．

ESIインターフェイスの模式図を図2に示し，イオン化のプロセスを見てみましょう．

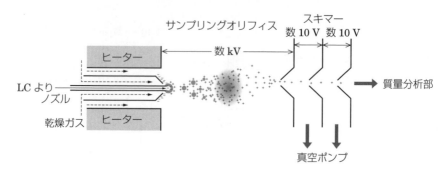

図2 ESIインターフェイスの模式図（引用文献1）を改変）

① LCから溶出する移動相溶液は，ヒーターで加熱された後，ノズル（金属キャピラリー）から液滴として噴霧されます．
② 移動相溶液はノズルとサンプリングオリフィス間に掛けられている数kVの電場によって電離しており，電荷をもった微細な液滴になります（イオン蒸発）．
③ これらの液滴は，加熱された乾燥ガス及び液滴のもつ電荷の反発により，更に微細化していきます（クーロン爆発）．液滴がもつ電荷は，溶媒と分析種の間でプロトンや電子などを伴って主に分析種に移動し，試料イオンが生成します．移動相中で電離し易い成分ほどイオン化し易い性質があります．

Q30 MSにおけるシースガスの種類,流量,流量制御法を教えて下さい.

　　現在のLC/MSのイオン化法として最も広く使用されているのはESI法です.ESI法は幅広い化合物の分析に利用出来,良好な感度を得る事が出来る確実な手法として確立されていますが,それでも生成された分析対象イオンのうちMSに導入されるイオンは1%を下回り,MS検出器で信号応答を生じさせるイオンの数は,10^3〜10^5個に1個の割合に過ぎないと言われています.従って,ESIを含めて大気圧イオン化法の課題は,大気圧中で生成した気相中のイオンを如何にして効率良く真空領域のMS部に導入するかに掛かっているとも言えます[1),2)].

　シースガス(sheath gas)のsheathには,鞘や覆いなどの意味があり,狭義ではESIなどにより大気圧で生成したイオンが電荷反発により広がるのを防ぎ,イオンをフォーカシングさせる[2)]役割を果たすガスを指すと考えられます.又,広義では,ESIにおいて帯電液滴の生成を補助するネブライザーガスや,イオン取込み細孔から中性粒子の混入を防いだり脱溶媒を促進したりするためのカウンターガスなども含めて考える事も出来ます.ここでは,ESIで使用されるこれらのガスについて,制御法の基本的な考え方を解説します.

　汎用やセミミクロLC/MSのインターフェイスでは,液体流量が0.2〜1 mL/min程度に設定されます.ESIにおける静電的な作用のみでは,この様な条件で安定したテイラーコーンを形成し帯電液滴を生成させる事は困難です.しかし,ESIイオン源のキャピラリー外周に沿って窒素ガスなどの不活性ガス(イオン化電圧が高い事が重要)を流し,噴霧を支援する事により帯電液滴を生成させる事が出来ます.このガスの事を,ネブライザーガスと呼びます.このガス噴霧支援ESIと呼ばれるイオン化法では,液体からの帯電液滴の生成が静電力だけではなく,ガス流によるせん断力も加わる事が特徴的です.代表的なガス噴霧支援ESIイオン源の構造を図1に示します.

　ガス噴霧支援ESIでは,安定したイオンを生成させるために,移動相流量に応じたネブライザーガスの流量設定が重要です.又,ネブライザーガスの温度を制御出来る機種では,その温度設定は移動相流量や溶媒組成に依存します.一般的には,移動相流量が多い程ネブライザーガスの流量も多く設定します.又,ネブライザーガスの温度は,移動相流量と溶媒組成として水の割合が多い程,高く設

81

定します．

典型的なガス支援 ESI インターフェイスを図2に示します．この例では，イオン取込細孔からイオンの流れに逆らう方向に噴き出すカウンターガスも用いられています．サンプリングオリフィスのイオン取込み細孔は内径が 0.4 mm 程度で，150 ℃ 程度に加熱されます．サンプリングオリフィスの加熱は，表面の汚染を抑制する効果があります．又，加熱されたカウンターガスを併用する事で，帯電液滴の脱溶媒を促進させたり，中性粒子の混入を防いだり，イオンのクラスター化を抑制させたりする効果もあります．カウンターガスの流量は，多くの機種でユーザーが設定可能です．イオンの流れに逆行する向きに流れるガスなので，高過ぎる流量に設定すると，イオン取込み細孔からのイオンの取込効率が低下してしまうので，注意が必要です．

鞘や覆いなど，sheath 本来の意味に最も近いガスは，アジレント・テ

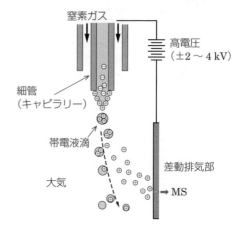

図 1　ガス噴霧支援 ESI イオン源の構造（引用文献 3）を改変）

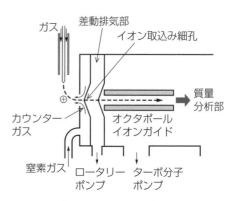

図 2　直交噴霧方式を用いたガス噴霧支援 ESI イオン源の構造（引用文献 3）を改変）

クノロジーズ社の一部の LC-MS に採用されている Jet Stream (AJS)[4],[5] で用いられているシースガスと考えられます．ネブライザーガスと静電的な作用で生成した帯電液滴を，高温・高速のシースガスで外側から包み込む事で，帯電液滴同士が電荷反発によって拡散するのを抑制する役割を果たします．

Q31 質量校正の実施法を具体的に教えて下さい．

質量校正とは，質量校正用標準試料を測定し，マススペクトルの横軸（m/z軸）を正しい位置に合わせる操作の事です．質量校正には，質量校正用リファレンスファイルの作成，質量校正用標準試料の調製，試料の導入・マススペクトルの測定，m/z軸の補正などの工程があります．又，機種によっては，測定モード毎に質量校正を実施する必要があります．

[1] 質量校正用リファレンスファイルの作成

質量校正用標準試料は，構造（精密質量）が既知であり，溶解・希釈溶媒やイオン源の各種パラメーターなど，ある定められた条件において，生成するイオン種が決まっている必要があります．構造が既知で生成するイオン種が決まっていれば，観測されるイオンの m/z 値は分かるため，それをリストにしたものが質量校正用リファレンスファイルです．

質量校正用標準試料は，殆どのメーカーで推奨品が指定されており，その試料に対する質量校正用リファレンスファイルは，予めデータシステムに登録されています．質量校正用リファレンスファイルは，ユーザーによる編集や新規作成が可能な場合もあれば，それらが制限されている場合もあります．その自由度は，メーカーや機種によって異なります．

[2] 質量校正用標準試料の調製

質量校正用標準試料の調製方法は，殆どの質量分析計において取扱い説明書に記載されており，それに従って調製します．メーカーによって推奨されている質量校正用標準試料は，ポリエチレングリコール，ポリプロピレングリコール，Ultramark 1621 と低分子化合物との混合物などが一般的です．

ポリエチレングリコール，ポリプロピレングリコール，Ultramark 1621 は何れもイオン源に残存し易いために，取扱い説明書に記載されている濃度を守る事が原則です．

[3] 試料の導入・マススペクトルの測定

［2］で調製した試料は，シリンジポンプなどによるインフュージョン導入やフローインジェクションによる導入によって MS に導入し，マススペクトルを測定します．試料の導入方法や，マススペクトル測定時の MS の各種パラメーターは，試料調製法と同様に取扱い説明書に記載されている場合が殆どですので，そ

れに従います．MSの各種パラメーターは，質量校正用リファレンスファイルに登録されているイオンが観測され易い設定値がメーカーによって規定されていますので，無暗に変更する事は避けた方が良いでしょう．

[4] m/z 軸の補正

[3] で取得されたマススペクトルで観測されているイオンに対して，質量校正用リファレンスファイルに登録されている m/z 値を当てはめ，m/z 軸の補正を行います．その結果は，質量校正データとしてデータシステムに保存されます．質量校正データは，例えば飛行時間質量分析計（time of flight mass spectrometer, TOF-MS）の場合，質量校正用リファレンスファイルに登録されている複数のイオンの m/z 値と飛行時間が1対1で対応しており，データポイントが無い m/z

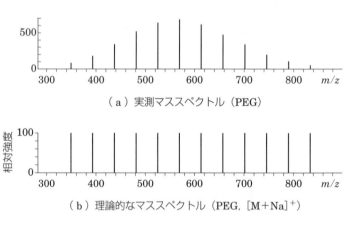

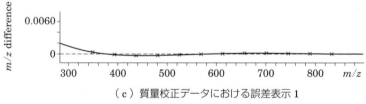

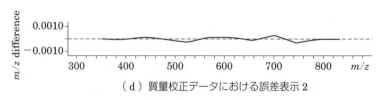

図1 質量校正結果の一例

範囲(飛行時間範囲)については,理論的な校正曲線により補間されます.実測マススペクトルで観測されている最低 m/z 値より下,及び最高 m/z 値より上の範囲に関しては,外挿法により補間されるため,誤差が大きくなる傾向があります.最近の装置では,[3] と [4] の操作はデータシステムによって管理され,自動で行われる場合が多いです.図1に,質量校正結果の一例を示します.

[5] 測定モードと質量校正

四重極-飛行時間質量分析計(Q-TOF-MS)における通常のマススペクトル測定の場合,Q は,全てのイオンを通過させ TOF でマススペクトルを測定します.又,MS/MS 測定時には,Q で特定の m/z のイオンを選択・通過させ,コリジョンセルで開裂して生成した断片化イオンのマススペクトルを TOF で測定します.メーカーや機種によって異なりますが,多くの場合,通常のマススペクトル測定用の質量校正と,MS/MS によるマススペクトル測定用の質量校正は,それぞれ個別に行う必要があります.

Q32 質量分析における構造解析に有益な人名反応を教えて下さい.

Answer 質量分析は，衝突誘起解離で生成するプロダクトイオンの構造を解析する事などにより豊富な情報を提供してくれますが，取り分け有機化合物の構造解析に有力な武器になります．その際，プリカーサーイオンとプロダクトイオンの m/z 値を比較する事が構造解析の第一歩になりますが，それから先は有機化学の知識が大いに役に立ちます．その様な時，解析を進めるのに有益なものが人名反応です．以下，質量分析で専ら使用される二つの人名反応を取り挙げ，それらの要点を解説します．

[1] マクラファティ転位（McLafferty rearrangement）

マクラファティ転位の反応式を図1に示します．ここで，図1に示す転移反応が起こる必要条件は表1に掲げる通りです．マクラファティ転位を端的に表現すると，「カルボニル基があり，γ位炭素上に水素原子を有する化合物」に選択的に起こる反応と言えます．即ち，表1の②にある原子Aが炭素，原子Bが酸素の場合です．その様な例として，例えば1-フェニル-1-ブタノンの場合には図2の様にエチレンが生成します．マクラファティ転位と言う用語は，元々はカルボニル化合物の電子イオン化（electron ionization, EI）で生成する分子イオンからオレフィン分子が脱離するフラグメンテーションに使用されていましたが，現在では図1や表1に記述された様に，カルボニル化合物以外にも拡張されたものとして理解されています．なお，マクラファティ転位は通常の有機化学反応では観察されず，質量分析におけるフラグメンテーションに特有の反応です．

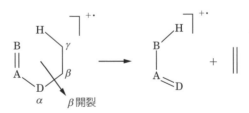

図1　マクラファティ転位

表1 マクラファティ転位の必要条件

①	原子A，B，Dは炭素又はヘテロ原子
②	原子Aと原子Bは二重結合で繋がっている
③	β位とγ位の原子は炭素で，γ位の炭素には1個の水素原子がある
④	γ位の水素原子が六員環の遷移状態を経て選択的に原子Bに転移する
⑤	原子Dと隣の炭素原子の間が開裂（β開裂）し，アルケンが脱離する

$$\text{C}_6\text{H}_5\text{COCH}_2\text{CH}_2\text{CH}_3\ ]^{+\cdot} \longrightarrow \text{C}_6\text{H}_5\text{C(OH)=CH}_2\ ]^{+\cdot} + \text{CH}_2=\text{CH}_2$$

図2　1-フェニル-1-ブタノンのマクラファティ転位

[2] 逆ディールスアルダー反応（retro-Diels-Alder reaction）

O. DieldsとK. Alderが1928年に報告したディールスアルダー反応（Diels-Alder reaction）は，共役二重結合をもつ化合物（1,3-ジエン）がオレフィン類と環状付加してシクロヘキセン骨格を生成する反応（図3）で，有機化学ではよく知られた反応です．逆ディールスアルダー反応は，見掛け上はディールスアルダー反応の逆で，シクロヘキセン骨格を有する分子が共役ジエンとオレフィンを生成する反応です．逆ディールスアルダー反応は，通常の有機化学では知られておらず，シクロヘキセン類の質量分析におけるフラグメンテーションでのみ観察されています．

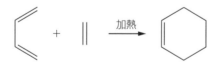

図3　ディールスアルダー反応

Q33 TOF-MS における飛行時間測定法を教えて下さい．

飛行時間（time-of-flight，TOF）形 MS は 1940 年代に開発されてから，余り活発に使用されない状態にありました．マトリックス支援レーザー脱離イオン化（matrix assisted laser desorption ionization，MALDI）法が開発され，生化学の分野などで関心がもたれ実用化された事によって急速に普及しました．

[1] TOF-MS の基本原理

TOF-MS では，レーザー照射などによりパルス状（或いはパケット状）に生成したイオンが，十分に高いパルス状の加速電圧の印加によって，イオン源から「用意ドン」で一斉に飛び出し，電場も磁場も無い真空領域（フィールドフリー領域）である飛行空間（フライトチューブ，飛行管などと呼ばれます）に導入され，この空間内を飛んで検出器まで到達します．パルス状の加速電圧を印加するタイミングで検出器の時間計測を開始します．

イオンがイオン源からパルス状に飛び出した時間と検出器に到達した時間との差が，イオンの飛行時間 t になります．

TOF-MS の概略図を図 1 に示します．イオンに与えられる初期エネルギー E は，式（1）で表されます．

$$E = zeV \tag{1}$$

ここに，z：イオンの電荷数，e：電気素量，V：加速電圧

イオンの速度が加速電圧によって一義的に決まるとすると，イオンの運動エネルギーは初期エネルギー E で近似されるため，式（2）で表されます．

$$\text{運動エネルギー} = mv^2/2 \tag{2}$$

イオンの飛行時間 t は，イオンの飛行距離を l とすると，式（3）で表されます．

$$t = l/v \tag{3}$$

式（1），式（2），式（3）から v を消去すると，m/z は式（4）で表されます．

$$m/z = 2eV\, t^2/l^2 \tag{4}$$

イオンの飛行時間 t は，イオンの加速電圧 V，飛行距離 l が一定であれば，質量 m で決まる固有の数値です．イオン加速器のバックプレートに高電圧が印加された時点で飛行が開始し，イオンが検出器に衝突した時点で飛行は終了します．

初期エネルギー E，即ち運動エネルギーが一定ならば，質量 m が小さいほど速

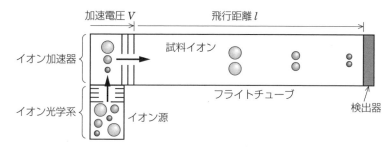

図1　各種の質量 m をもつイオンの飛行時間分析の概略図（引用文献2）を改変.
　　　直線飛行時間型質量分析計でイオンが単一電荷をもつ場合）

度 v が大きくなり，質量 m が大きいほど速度 v が小さくなる事が分かります．

　図1に示した様に，質量 m がより小さなイオンほど（○の大きさで示します）が検出器に早く到達します[1]．

[2] TOF-MS の飛行時間測定

　速度 v を求めるよりも，イオンが検出器に到達するまでの飛行時間 t の測定の方が容易です．初期エネルギー E と飛行距離 l が一定の場合，m/z はイオンの飛行時間 t の2乗に比例します．E と l の値が一定となる様に装置が設計されている場合，飛行時間 t を正確に測定すれば，m/z の値は高精度で得られます．TOF-MS の特長は高分解能なマススペクトルが得られる事ですが，高分解能マススペクトルを得るためには，検出器の時間分解能が高い事が重要です．最近の TOF-MS 用検出器の時間分解能は，1 ns が主流です．

　式 (4) の右辺の項の $2eV/l^2$ が一定の場合，これを一つの比例定数 A に纏めると，式 (4) は式 (5) で表されます．

$$m/z = At^2 \tag{5}$$

　式 (5) は，イオンの飛行時間 t とマススペクトルの横軸を示す m/z の関係を決定する重要な基本式になります．飛行時間 t と m/z は2乗の関係にあるので，観測されたイオンの飛行時間 t が2倍になれば，m/z は2倍ではなく4倍になります．質量 m が既知の物質の飛行時間 t を幾つか測定する事によりキャリブレーションカーブを作成し，比例定数 A を決定します．

　実際の測定においては，制御系回路が開始信号を入力してから高電圧がイオン加速器のバックプレートに印加されるまでに遅延が生じます．又，イオンが検出器の前面に到達してからイオンが生成する信号が信号取得回路でデジタル化され

るまでにも遅延が生じます．この様な遅延はごく僅かではありますが，高精度な測定のためには考慮すべき重要なものです．実際の飛行時間 t は測定する事が出来ないため，開始時及び終了時の遅延時間の合計を差引きし，測定時間 t_m を補正する必要があります．

遅延時間の合計を t_o で表すと，正味の飛行時間 t は式 (6) で表されます．

$$t = t_m - t_o \tag{6}$$

実際の測定に適用される m/z の基本公式は，式 (7) で表されます[2]．

$$m/z = A\,(t_m - t_o)^2 \tag{7}$$

Q34 市販装置は,マススペクトルの横軸 m/z に影響する因子をどの様に除去・低減しているのですか?

質量分析では,横軸に m/z を,縦軸に強度をプロットしたマススペクトルが得られます. m/z(エム・オーバー・ジー)の定義はイオンの質量を統一原子質量単位で割り,更にイオンの電荷数で割って得られる無次元量です.マススペクトルの横軸の量はイオンの質量をイオンの電荷で割った商ではないので質量電荷比と言う語は推奨されません[1].この定義を知ると「マススペクトルの横軸はイオンの質量(数)ではなかったのですか?」と言う読者の疑問や戸惑いの声が聞こえます.

ユーザーが求めるのは,①分析種のピークを正確に測定し,捕捉している事(違うピークを本物の目的のピークと間違えていない事,マススペクトルの解釈が正しく行える事),②そのピークの横軸(m/z)及び縦軸(強度)を許容誤差範囲の中で測定出来る事でしょう.

質量分析装置が測定した分析種由来のイオンの m/z(accurate mass)は,真値の m/z(exact mass)と寸分違わない値を与える事は出来ません.両者には必ず"ずれ"があります.MS の世界ではこのずれの大きさを質量確度(mass accuracy〔ppm〕)として表します.これらは MS の種類(特に質量分離部)や分析装置メーカーによって異なります.一般に,高分解能質量分析計により得られる精密質量情報は小数点以下 3〜4 桁の質量であり,これらを用いる事により候補となる分子の組成式は相当に限定されます.又,組成式を明らかにする事が出来れば,分析種を検出している事に確信をもてるだけでなく,未知化合物を同定するためのヒントになります[2].

分析装置メーカーは,自分たちが決めた装置の仕様の中にこの"ずれ"(mass torelance)を収めるため,或いはこのずれに起因する測定誤差に抑制するために以下の様な対処法をハードウェア,ソフトウェア或いはデータ処理を駆使して実現しています.

① 質量分離部を駆動制御する電気回路の安定性
② 装置の設置環境(温度,湿度,振動)
③ 質量校正(マスキャリブレーション)

など.

[1] 電気回路の安定性

電気回路の電源をONにしてから安定するまでには一定の時間が必要です．その間にマススペクトルを測定すると，観測されるイオンのm/z値は微妙なずれを伴います．メーカーや機種によっては，電気回路の電源をONにしてから質量校正や実際の測定を開始するまでの時間を規定し，ソフトウェアによって管理しています．経過時間を表示し，一定時間経過前に質量校正や実際の測定操作を行おうとすると，アラームが表示される機能などもあります．

[2] 装置の設置環境

質量分析計を設置する部屋は，温調設備によって一定の温度や湿度に保たれている必要があります．それらに求められる安定性は，メーカーや機種によって異なります．一般的に，TOF-MSやFT-MS（FT-ICR-MSやOrbitrap™）などの高分解能質量分析計には厳しい仕様が求められます．温度や湿度の急激な変化は，[1]で解説した電気回路の安定性を損なうため，イオンのm/z値の確度や精度を損なう原因になります．

又，TOF-MSでは，飛行管の長さが変わるとイオンの飛行時間が変わってしまうため，飛行管の長さは一定に保たれている必要があります．しかし，通常，飛行管はステンレスなどの金属製であり，金属は温度変化によって長さが変わります．TOF-MSが設置されている部屋の温度変化によって飛行管の長さが変わらない様に，飛行管の温度を一定に保つ工夫がなされている装置があります．

[3] 質量校正

質量校正を実施して質量校正データが作成，保存されると，それ以降の測定においては，その質量校正データに基づいてマススペクトル上に観測されるイオンのm/z値が決定されます（Q 31参照）．ここで，質量校正実施から測定までの時間が長くなると，m/z値の確度（質量確度）が低下し，真値からのずれが大きくなります．高分解能質量分析計ではm/z値の確度の高さが最も重要であり，その高さを一定の基準内で保つため，質量校正が実施されてからの時間がメーカーで決めた基準を超えるとアラームを発する機能を有する装置があります．又，TOF-MSでは，殆どのメーカーと機種において，高い質量確度を得るために，ロックマスの使用をデフォルト設定にしています．

ロックマスとは，測定とほぼ同時に質量校正を行う事です．一定回数の測定ごとに質量校正を実施し，直近の質量校正データを基にマススペクトルのm/z軸を補正する方法や，測定データの中に質量校正試料を混在させる方法などがあり

ます．例えば，Waters 社の Q-TOF-MS では，ロックスプレーと呼ばれる機能があります．ロックスプレーは，ESI や APCI のイオン源に付属しているロックマス専用のスプレーニードル（ESI）であり，測定中一定の間隔でロックスプレーから生成するロックマス用試料のイオンを取り込み，測定中に取得されたマススペクトルの m/z 軸をその前後に取得されたロックマス用イオンの m/z 値を使って補正する機能です．ロックスプレーが付属しているイオン源では，イオン取込み細孔付近に切替バルブが備えてあり，ロックスプレーからのイオンが取り込まれている時間（例えば 0.1 s），主スプレーから生成する試料イオンは取り込まれない様になっています．

Q35 Mason-Schamp 方程式とは何ですか？

Mason-Schamp 方程式（メイソン-シャンプ式）とは，イオンモビリティースペクトロメトリー（ion mobility spectrometry, IMS）において，イオン移動度と衝突断面積（collision cross section, CCS：Ω）の関係を表す理論式の事です．

IMS は，混合物試料中の成分を衝突断面積の違いによって分離する手法です．試料は，イオン源によって気体状のイオンとなり，パルス状に IMS のドリフト領域（セル，ドリフトチューブなどと呼びます）に導入されます．ドリフト領域は比較的高圧のバッファーガス（N_2 ガス又は空気）で満たされており，イオンの移動方向に印加された静電場によってイオンが移動する際，構造が嵩高い化合物ほどバッファーガス分子との衝突が頻繁に起こり，移動度が低下します．イオンがイオン源から検出器に到達するまでの時間は，ドリフトタイム（drift time）と呼ばれます．

このドリフトタイムのスペクトルで化合物の検出同定を行います．例えば，炭素原子 60 個から成るクローバー形 C_{60} イオンとフラーレン形 C_{60} イオンでは，嵩高いクローバー形 C_{60} イオンのドリフトタイムの方が遅くなります[1]．この様に，IMS は，従来の分離検出技術である MS に対して分子の構造に関する新たな情報与えてくれる分析手法として期待が高まっています．

図 1 に示す IMS の概念図でもう少し詳しく IMS の原理を解説しましょう．

試料中の分析種はイオン源でイオン化され，シャッターグリッドによりイオンが集まって電圧が印加され，ドリフトチューブ内を移動します．この時，電荷当たりのイオンの衝突断面積が小さいものほど速く移動しコレクターに到達します．この移動時間スペクトルから物質の識別を行います．正及び負に印加したドリフトチューブ中を負及び正のイオンが移動し分離されます．電場は比較的に弱く（数百 V/cm），数 cm のドリフトチューブ方式ならば 1 スキャンは数十 ms となる非常に高速な計測技術です．しかも，真空の維持が不要であり，装置の小形化が可能な利点があります．ドリフト領域のバッファーガスの種類は，N_2 ガス又は空気が一般的です．ドリフト温度も重要であり，室温又は百数十℃の高温まで様々な条件設定があります．移動中に水分子が存在すれば標的のイオンと結合し，分子形状が変化します（水クラスター生成）．そのため，乾燥ガスを電場と逆

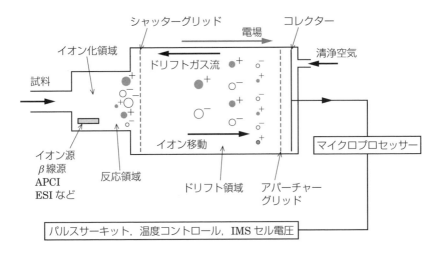

図1 IMSの概念図（引用文献2）を改変）

流させ，水分の影響を排除する必要があります．

　IMSでは，比較的高圧なバッファーガス中でイオンが気体分子との衝突を繰り返しながら移動するため，電場勾配があるのにも関わらず加速されずに一定速度で運動します．この平均的な速度は移動速度（drift velocity）と呼ばれ，一般的には v_d で表されます．イオン移動速度 v_d は電場 E が強いほど大きくなります．

$$v_d = KE \tag{1}$$

この比例定数 K を移動度（mobility）と定義します．但し，移動度ではなく全く同じ読み方で"易動度"と呼ばれる事もあります．

　ドリフト長を L〔cm〕，ドリフト電圧を V〔V〕，計測イオン移動時間を t_d〔s〕とすれば，移動度 K は式（2）で表されます．

$$K = v_d/E = L^2/(V \cdot t_d) \tag{2}$$

ここで，単位は，〔$cm^2 \cdot V^{-1} \cdot s^{-1}$〕となります．

　温度・圧力の異なる条件下における分析対象のイオン移動度の比較を行うために，大気圧，0℃条件下での K 値を換算イオン移動度（reduced ion mobility, K_0）として，物質間の比較が行える（標準化）様になっています．絶対温度を T〔K〕，気圧を P〔mmHg〕とすれば，$K_0 = K \times (273/T) \times (P/760)$ と補正が出来，理論的には式（3）から K 値が求まります．z を電荷数，e を電気素量，N をドリフト

ガスの数密度,k_B をボルツマン定数,μ を換算質量(reduced mass:$mM/(m+M)$,M:ドリフトガスの質量,m:分析対象イオンの質量),衝突断面積を Ω とすれば

$$K = (3ze/16N) \times (2\pi/\mu k_B T)^{1/2} \times (1/\Omega) \qquad (3)$$

となります.式(3)が Mason-Schamp 方程式です.

K 値は,温度,荷電,換算質量,衝突断面積に影響を受けますが,同一ドリフトガス,同一温度条件下で,分析対象イオンの質量がドリフトガス分子の質量よりかなり大きい場合(μ が1に近い)には,K は Ω に依存します.Ω は,t_d,m/z のみに依存し,その化合物に固有の値となります[2].

IMS-MS では,MS で推定した組成式と IMS による衝突断面積の情報により,分子量が同一の成分の分離分析や化合物立体構造についての解析が可能です.更に,LC と組み合わせた応用により,LC で分離出来ない構造異性体などの定性分析にも威力を発揮します.

Q36 MSを自製するには,どの位の材料費が掛かりますか？

LC-MSは,図1に示す様にLCユニット,イオン源,差動排気部,イオン光学系,質量分離部,検出部,データ処理部から構成されます.これらの用語は分析する側から装置を見た場合の各部の機能を表現したものと言えます.装置を製作する場合には,例えば,質量分離部は四重極を設置するための空間(筐体)及び真空状態に保つための真空ポンプ,配管類やシール材(排気系),駆動させるための電源,制御するための電気回路といった様な,製作側から見た部品の構成要素で分類した方が理解し易く,都合が良くなります.

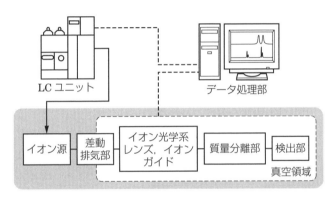

図1 LC-MS模式図(卓上形APCI(或いはESI)-シングルQMS)

APCI或いはESIのどちらかのイオン源を搭載した,オリジナルな設計の卓上形シングルQMSの構成要素及び,自製する場合の大まかな価格を表1に纏めます.LCユニット及びその制御ソフトは含まない事と,価格は刊行時の市況に基づく目安であり,保証するものではありません.又,以下の条件付きとします.

① QMS組立てキットの様に全ての部品が揃えられて,それらを組み立て,電源を入れれば直ぐ使用出来る様な形態ではなく,設計書,図面,仕様書から自分で作成したものであり(LC-MSとして正常に動作する確証のある事),部品が揃ったら組立て,調整,仕様性能の確認まで自分で行う事とします.

② 電圧,電流や真空度等の調整作業用の校正された計測器具や治具,例えばオシロスコープ,デジボル,電流計や真空計などは準備されて手元にあり,使用可能である事,又,調整用及び性能確認用標準試料,その他実験器具,

表1 卓上形シングルQMSに必要な機材，部品と目安となる価格

適用箇所	必要な機材及び部品	個数	価格〔円〕
MS本体	筐体（ベーキング，真空脱ガス処理済み）	1	400,000
MS本体	カバー（防錆塗装あり）	5	150,000
インターフェイス部	APCI（ESI）イオン源 （電源，電極，加熱装置，シースガス装置等）	1	1,800,000
イオン光学系	レンズ電極，イオンガイド	2	500,000
質量分離部	四重極（電源含む）	1	1,000,000
検出部	エレクトロンマルチプライア	1	150,000
排気系	ロータリーポンプ（粗引き用）	1	200,000
排気系	ターボ分子ポンプ（本引き用）	1	500,000
制御ソフト	MS制御用ソフト	1	800,000
データ処理装置	PC及びデータ処理ソフト	1	1,000,000
システム全体	上記全てを含む		6,500,000

試薬類，消耗品は準備されて手元にあるとします．

③ 金属部品を例に取ると，金属の切削加工のためには，フライス盤や旋盤，付着した切削油の脱脂や研磨，バリ取り，その他ベーキング，真空脱ガス装置などの極めて多くの専用設備や工具が必要となるため，専門業者に特注で作って貰うのが適当と考えられる部品は全て購入品とします．実際には何台同時に製作するかにより，納期，価格は大きく変わるものです．製作依頼する部品の材料，構造，寸法によって工程に差が生じますし，1個発注するのと100個発注するのでは価格は倍半分も違う事でしょう．

④ 四重極（電源付き）は購入品．m/zレンジ10〜1200を標準で考えます．

⑤ 配管（SUS配管，テフロンチューブ，ビニル配管），シール材（Oリングなど）やねじ，金具類は全て購入品とします．

⑥ データ処理装置（PC及びソフトウェア）は購入品とします．マススペクトルデータの取込み及び抽出イオンクロマトグラムの出力などの基本的な操作が可能でライブラリー検索などの機能は含まないとします．自作ソフトで賄う事は除外します．各種回路基板にはファームウェアインストール済みとします．

卓上形シングルQMS1台自作の材料費は，大凡650万円です．分析装置メーカーは，大量生産や製造作業の効率化により，性能，信頼性，コストを両立させながらユーザーが購入し易いプライスゾーンとする事に日々努力しています．

Q37 インソース衝突誘起解離とは何ですか？

インソース衝突誘起解離（in-source collision-induced dissociation, in-source CID）とは，大気圧のイオン源から真空の質量分離部にイオンが輸送される間に衝突励起により起こる解離の事を言います[1]．LC-MS（MS/MS）で汎用されているESI，APCI，APPIなどのソフトイオン化法では，$[M+H]^+$，$[M-H]^-$，$[M+Na]^+$，$[M+Cl]^-$，$[M+NH_4]^+$の様な分析種の分子量に係る情報が得られるイオンは生成し易いのですが，分析種の部分構造に係る情報が得られるプロダクトイオン（product ion）は生成され難いとされています．そのため，プロダクトイオンを検出するためには，CIDによりプリカーサーイオン（precursor ion）を強制的に解離させる必要があります．

CIDのメカニズムは，プリカーサーイオンに電圧を印加して加速させた後に，衝突ガス（collision gas）や大気などの気体に衝突させる事で，電子励起及び振動・回転励起を起こさせて，主に単分子解離（unimolecular dissociation）によるフラグメントイオン（fragment ion）を生成させるものです[2,3]．CIDを実現する手法には，MS/MS法とインソースCIDの2種類が存在します[4]．

MS/MS法は，衝突ガスを充填したコリジョンセル（collision cell）にプリカーサーイオンを導入しながら，又は衝突ガスを充填したポールイオントラップ内にプリカーサーイオンを閉じ込めた後，CIDによりプロダクトイオンを生成させる方法です．一方，インソースCIDは，大気圧イオン源を装着したLC-MS（MS/MS）において，ノズル（キャピラリー）とスキマー（オリフィス）の間の電圧を通常より高めに設定する事によって，大気圧のイオン源から真空の質量分析部にイオンが輸送される間にCIDを起こさせて，プロダクトイオンを生成させる方法です[5,6]．なお，同義語のコーン電圧解離（cone voltage dissociation）及びキャピラリー出口分解（capillary exit fragmentation）は，特定の装置に用いられる用語であり，インソースCIDを示す一般名称としては推奨されていません．

MS/MS法とインソースCIDを比較すると，測定条件の設定においては明らかにMS/MS法の方が簡便であり，印加する電圧値もインソースCIDの数分の1から十数分の1程度とフラグメンテーションの効率も遥かに高いです．又，MS/MS法はCIDの前段でプリカーサーイオンを選択しているためにプロダクトイオンスペクトルの再現性が高いのですが，インソースCIDではマトリック

ス共存下でのCIDであるため，スペクトルの再現性が悪く，マトリックス効果の影響を受け易いです．

ここで，LeeらによるMS/MS法とインソースCIDによるプロダクトイオンスペクトルを比較した研究[7]について紹介します．両者の間でプリカーサーイオンである[M+H]$^+$と[M+Na]$^+$の生成比率が異なる場合があり，これがプロダクトイオンのスペクトルパターンに影響を与える事がある様です．シプロフロキサシン（ciprofloxacin）とオキシテトラサイクリン（oxytetracycline）では両者の間で比較的類似したスペクトルが得られましたが，アンピシリン（ampicillin）では図1に示した様に両者の間で観測されるプロダクトイオンのm/z値は大きく異なりました．この研究結果の重要性は，分析種によってMS/MS法とインソースCIDで得られるプロダクトイオンのm/z値が異なる場合があると言う所にあり，この性質は定性・定量分析に応用する事が出来ます．つまり，定性分析において，この2種類の方法を組み合わせて測定する事で，分析種の部分構造に係る情報がより多く得られる可能性があります．又，定量分析においても，規格試験や限度試験では偽陽性判定は厳禁であるため，通常の分析はMS/MS法により行い，分析種を検出した時，或いは基準値に近い値が得られた時にはインソースCIDによる確認測定を行うと言うのが有効な手法と考えられます．

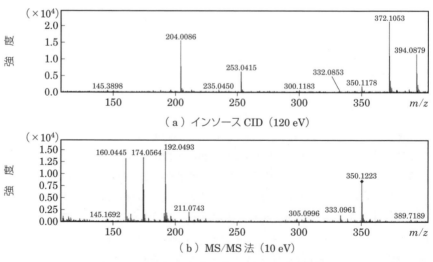

図1　アンピシリンのプロダクトイオンスペクトル[7]

Q38 イオンゲートの役割と構造について教えて下さい．

イオンゲート（ion gate）とは荷電粒子の軌道を偏向させるためのパルス電場を発生する平板状，又はグリッド状の電極群の事を言います．或る一定の m/z 範囲のイオンを通過させるためのイオンゲートを特にマスゲート（mass gate）と呼びます．イオンゲートはイオン移動度スペクトロメトリー（ion mobility spectrometry）或いはTOF-MSなどで用いられます[1]．

初めてイオンゲートとして発明されたのは，Bradbury-Nielsen gate（BN gate，1936年）です．BN gateは，数本の同じ半径のワイヤーが等間隔で配置された構造をしています．ワイヤーには各々高周波電圧が印加されます．BN gateの基本原理を図1に示します．

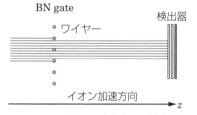
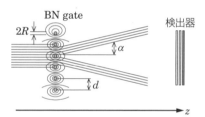

R：ワイヤーの半径，d：隣接するワイヤー間の距離，α：イオンの偏向角度

（a）高周波電圧の印加で発生するワイヤー間の電位勾配が等しい位相の時

（b）高周波電圧の印加で発生するワイヤー間の電位勾配が異なる位相の時

図1　BN gateの基本原理（引用文献2）を改変）

BN gateでは，ワイヤー一つおきに同じ極性の高周波電圧が180°の位相差で印加され，隣接するワイヤー同士は異なる極性の電圧が印加されます．特定の位相差ではワイヤー間の電位が等しくなり，イオン群はBN gateを真っ直ぐ通り抜けて飛行し，検出器に到達します（図1(a)）．一方，それ以外の位相差では隣接するワイヤー間に電位勾配が生じ，イオン群は電界の作用によって或る角度（α）で偏向されて軌道が曲がり，検出器には到達しなくなります（図1(b)）．BN gateの特性は，イオンの加速電圧，ワイヤーに印加する電圧の大きさ，ワイヤー構造のディメンジョンによって決まります．イオンゲートはこの様にイオン群の検出器への到達に関してシャッターの役割を果たすため，質量に応じてシャッ

ターを開閉する事により特定の m/z のイオンを通過させ，その他の m/z のイオンを排除する操作が可能になります．

イオンゲートの応用例として，MALDI-TOF-MS での MS/MS 適用例を見てみましょう．TOF-MS で行う MS/MS の操作はポストソース分解（post-source decay, PSD）の原理に基づきます．PSD は，MALDI-TOF-MS においては，レーザー照射直後に生成したイオン種が，イオンの加速場領域を出てからのフィールドフリー領域（field-free region）を飛行する間にイオン種自身の過剰内部エネルギー又は残留ガスとの衝突によって分解する現象の事です．この時，イオン種はイオン源から出る迄分解せず，検出器に到達する間に分解します．このため，PSD は準安定イオン分解（metastable ion decay）に分類されます．上記の BN gate の様なイオンゲートをイオン加速場領域と検出器の間のフィールドフリー領域に配置する事により，プリカーサーイオンを選択的に通過させ，励起分解して生成したプロダクトイオンを検出し，プロダクトイオンスペクトル（product ion spectrum）を取得する事が出来ます．

MALDI-TOF-MS での MS/MS プロセスとプロダクトイオンスペクトルのイメージを図2に示します．生成されたイオン M1, M2, M3（質量の小さい順）は加速され，フィールドフリー領域を飛行します．イオンゲートを閉じておき，プリカーサーイオンとして選択した M2 が通過するタイミングでイオンゲートを開きます．M2 の質量のイオンはその後 PSD を起こしてプロダクトイオンが生成され，リフレクターにより質量分離されて検出器に到達します．

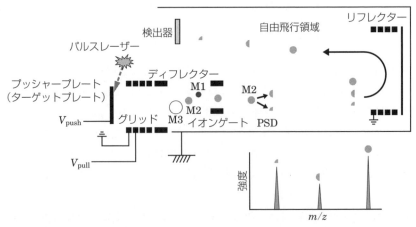

図2 MALDI-TOF-MS での MS/MS プロセスとプロダクトイオンスペクトルのイメージ図

Q39 イオントラップにはどの様なものがありますか？

質量分析計の質量分離部には，四重極，イオントラップ，飛行時間，イオンサイクロトロンなどが利用されています．イオントラップは，真空中で電場や磁場を単独若しくはこれらの組合せから成るポテンシャル作用によって，イオンを三次元的に閉じ込めて保持する装置の事を言います．イオントラップには，ポールイオントラップ（Paul ion trap），ペニングイオントラップ（penning ion trap）及びキングドントラップ（Kingdon trap）が知られています．

ポールイオントラップは，1953年にV. W. Paulにより考案されたもので，図1に示す様な一対のエンドキャップ電極とリング電極から成ります．三次元的双曲面電極に高周波電圧を印加させてイオンを安定的に振動させる事によりトラップする事が出来ます．トラップされたイオンは，高周波電圧を徐々に変化させる事で，不安定に振動するイオンがトラップの外へ導かれ，検出器に到達します．適切な高周波電圧を選択する事により，特定のm/zのイオンをトラップし，そのイオンをガスに衝突させる事や，レーザー照射する事で多段階質量分析（MS^n）が可能であるため，定性分析や構造解析に利用されています．図1に示す三次元的双曲面を有するポールイオントラップは，イオンをトラップする容量に限りがあります．一方，イオンのトラップ容量を増大させ，ダイナミックレンジが広いと言われている双曲面をもつ4本の電極を用いたリニアイオントラップ（linear ion trap, LIT）では，その点が改善されています．

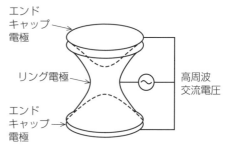

図1　ポールイオントラップの模式図

ペニングイオントラップは，静電場と静磁場によりイオンをトラップする手法を利用しており，フーリエ変換イオンサイクロトロン共鳴分離部（Fourier transform ion cyclotron resonance, FT-ICR）として用いられています．図2にFT-ICRの模式図を示します．イオンは超伝導マグネットにより形成される強い磁場中において，フレミングの左手の法則によって，イオンの運動方向と磁場の

方向の両方に対して垂直な方向から力（ローレンツ力）を受け，磁場方向を軸として回転運動（サイクロトロン運動）する事が知られています．パルス電場が与えられると，イオンはより大きな軌道半径のコヒーレントな運動をし，共鳴したイオンが検出電極上に生じ，周期的に誘導電

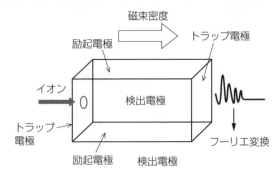

図2　FT-ICRの模式図

流が発生します．この誘導電流は周波数の合成波として記録され，この波形をフーリエ変換する事により，マススペクトルが得られます．FT-ICRをMSの質量分離部として用いると，極めて高い質量分解能と質量真度を有する事が知られており，詳細な構造解析などに用いられています．又，FT-ICR MSでは，FTセル内でプリカーサーイオンを選択し，不活性ガスとの衝突により得られるプロダクトイオン，更には，その一つのイオンを選択してMS^n測定が可能です．

キングドントラップは，図3[1)]に示す様な構造から成り，Orbitrap™としてサーモフィッシャーサイエンティフィック社から販売されています．キングドントラップは，マススペクトロメトリー用語集には，「紡錘形の曲面をもつ電極とその外側に同軸に配置した樽状の電極とで構成され，電極間に直流電圧を印加する事により，半径方向についての対数関数項を含む四重極電位分布の静電場を発生する．イオントラップ内で紡錘形電極の周りを回転しながらトラップされるイオンは，イオントラップの軸に沿って調和振動運動する．その周波数はイオン速度に無関係且つ，m/zの平方根に反比例するので，振動するイオンによって誘導されたイメージ電流を検出して得た時間軸上の波形データをフーリエ変換で周波数解析すれば，質量分析部（mass analyzer）として機能する[2)]」と記述されています．非常に高い質量分解能及び質量真度が得られます．

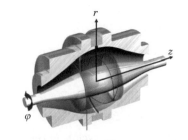

図3　キングドントラップの模式図

Q40 第二法則処理，第三法則処理とは何ですか？

nswer　第二法則処理（second law treatment）とは，高温質量分析計（high temperature mass spectrometer）を用いて絶対蒸気圧を求めた後，蒸気圧の対数値を絶対温度の逆数に対してプロットし，その傾きから標準蒸発エンタルピーの平均値 $\Delta H_v°$ を求める手法[1] です．熱力学第二法則に由来するために，この名前が付いています．同様に熱力学第三法則に基づいて，各蒸気圧点について自由エネルギー関数の文献値又は推定値を用いて，標準蒸発エンタルピー $\Delta H_v°$（298 K）を求める手法を第三法則処理（third law treatment）と呼びます．第二法則処理に比べ，測定温度毎に独立に $\Delta H_v°$ が求められるので精度が高いと言う利点がありますが，自由エネルギー関数のデータが必要となります[2]．

　高温質量分析とは，高温で熱平衡状態に或る試料から蒸発した種々のガスの分圧をそれぞれの質量に応じて分け，温度の関数として求める事により，凝縮相と蒸気相との間の蒸発平衡に関する熱力学的量（化学活量，反応定数，生成エンタルピー，ギブズエネルギー，部分モル量，過剰量など）を求める方法[2] です．装置の構成としては，蒸発したガスの種類を同定するための質量分析部と，平衡蒸気圧を測定するためのクヌッセン（Knudsen）セルと呼ばれる部分の組合せになっており，電子衝撃又は輻射によりセル内の試料を加熱して発生させた試料蒸気を質量分析計で測定します．この手法は所謂蒸気圧測定法に属しますので，高温質量分析法を用いる事により蒸気種の種類とその分圧の他，分圧の温度・時間変化に関するデータを求める事も出来ます．更にこれらの値から活量，反応定数，各種熱力学的エネルギーや，場合によっては分子構造や反応機構に関する情報を得る事も出来ます．高温での蒸気圧測定法には，この他にもラングミュアー自由蒸発法やトランスピレーション法などがありますが，これらの手法では多種類の蒸発ガス種が共存する場合に蒸発平衡を求める事は困難です．又，熱容量測定法や起電力（electromotive force，EMF）法などは，適用範囲が比較的低・中温域の場合に限られるため，高温条件下で熱力学データを得る手法としては，高温質量分析法がほぼ唯一のものです．

　高温質量分析計で検出されるイオン電流 I_i は，蒸発種 i に対する分圧 P_i との間に気体分子運動論から，式（1）の様な関係をもつ事が知られています．

$$P_i = \frac{k l_i T}{a_i b_i S_i \Delta E} = C_i I_i T \tag{1}$$

k：装置定数，T：絶対温度，a：イオン化断面積，b：同位体存在比，
S：二次電子増倍管の感度係数，ΔE：イオン化電圧と出現電圧の差

実測値として求める事が困難な装置定数 k は，蒸気圧が温度の関数で正確に測定されている Ag などの標準物質を試料と同一セルに入れて両者のイオン強度を測定する事でキャンセル出来ます．そのため，他の実験値や理論値，文献値などから求めたパラメータにより，イオン電流 I_i から分圧 P_i が求められます．

蒸発に関与する平衡定数 K が分圧 P_i を用いて表せる時，熱力学第二法則から温度 T におけるギブズエネルギー $\Delta G°_T$，エンタルピー $\Delta H°_T$，エントロピー $\Delta S°_T$ との間で式 (2) が成り立ちます．

$$\Delta G°_T = RT \ln K = \Delta H°_T - T\Delta S°_T \tag{2}$$

この式を変形して得られるファント・ホッフの式を用いて平衡定数の対数と温度の逆数をプロットすると，その傾きは $\Delta H°_T/R$ になります．これを第二法則処理と呼びます．又，蒸発に関与する化学種が 1 種類の場合は，K を P_i で置き換える事が出来ます．この手法は蒸気圧の絶対値を求める必要がなく，装置定数 k の値も無視出来るために容易に結果を得る事が出来ます．しかし，温度測定の不確かさが傾きの不確かさに大きく影響を与える事や，標準蒸発熱の値に換算する際に測定平均温度と標準状態温度との間の正確なエンタルピー差が必要になるなどの弱点があります．これに対し，式 (3) を用いて表される蒸発反応の自由エネルギー関数 fef を用い，或る温度（例えば 298 K）における蒸気圧からその温度での標準エンタルピーとその変化値 Δfef から，その温度での標準蒸発エンタルピー $\Delta H°$(298 K) を求める事が出来ます（式 (4)）．

$$fef(T) = \frac{G°(T) - \Delta H°(298)}{T} \tag{3}$$

$$H°(298) = G°(T) - T\Delta fef(T) = -T(R \ln K + \Delta fef(T)) \tag{4}$$

これを第三法則処理と呼び，一般的には第二法則処理よりも正確な値が得られるとされています．又，第二法則処理では複数の温度における平衡定数（若しくは分圧）を求める必要がありますが，第三法則処理においては，原理的にある一つの温度の蒸気圧の値だけで $\Delta H°$ を算出する事が出来ます．そのため，複数温度における $\Delta H°$ を比較したり，第二法則処理により得られた値と比較する事などにより，実験結果の信頼性を見積もる事が出来ます．

Q41 タイムラグフォーカシングとは何ですか？

nswer　タイムラグフォーカシング（time lag focusing, TLF）とは，飛行時間質量分析計（time-of-flight mass spectrometer, TOF-MS）で用いられるエネルギー収束（energy focusing）の方法[1]です．気相中でのイオン生成と加速電圧パルス印加の間に遅延時間をもたせる事で，高分解能での質量測定を実現します．狭義では，希ガスからの原子又は分子の電子イオン化又はレーザーイオン化によって生成されるイオンを対象とした場合のみ「タイムラグフォーカシング」と呼ばれ，マトリックス支援レーザー脱離イオン化法（matrix-assisted laser desorption/ionization, MALDI）などの脱離イオン化法により試料表面から脱離生成されるイオンの場合には，「遅延引出し（delayed extraction, DE）」と呼ばれています．現在では，TOF-MS用インターフェイスはMALDIが一般的であるため，後者の方が広く知られています．又，メーカーによって異なる呼称が用いられている場合もありますが，原理的には同一のものです．

　TLFが最初に発表されたのは1955年で，その後，幾つかのグループによりMALDI-TOF-MSへ適用されました．TLFは，一般的に質量分析計のドリフトチューブ内において，イオン化とイオン源外部のイオン抽出の間に遅延時間を導入します．イオンは，一定の遅延時間後に加えられた電位（電圧）によってイオン源から抽出され，加速してドリフトチューブ内を飛行します．適切な遅延時間や電位を設定する事により，初期エネルギーをもっていたり，時間差をもって発生したイオンも，到達時間を一定に収束させる事が出来るので，高分解能での質量分析が可能となります．

　TOF-MSでは，イオン源若しくはサンプルプレート上において発生したイオンに電位差 V_0 を与える事で一定の運動エネルギーを与えます．これにより発生するイオンの移動速度 v は電荷 q（$=ze$, z：電荷数，e：電気素量）と質量 m の比の平方根に比例する（式（1））ため，検出器への到達時間の差を測定する事で m/z を求める事が出来ます．

$$v = \sqrt{\frac{2qV_0}{m}} = \sqrt{2eV_0} \times \sqrt{\frac{z}{m}} \tag{1}$$

　しかし，それぞれの分子がもつ初期エネルギーには或る程度のばらつきが或るため，同一の m/z をもつ分子でも移動速度にばらつきが生じ，質量分解能が低下

します（図1）．又，移動速度が同一であったとしても，イオン化するタイミングにばらつきが生じていれば，到着時間にもばらつきが生じ，質量分解能の低下を引き起こします．

TLF 及び DE では，加速領域内に電位を印加する部分（引出しリング（extraction ring））を設置します．イオン化直後はサンプルプレートと同じ電位が印加されているため，この空間内では加速電圧が加わらず，イオンは初期エネルギーによって移動します（図2）．

遅延時間後に加速電圧を印加すると，初期エネルギーが大きかったり，発生時間が早かったりする事で，より引出しリングに近付いていたイオンほど加速される電位差が小さく，初期エネルギーが小さく，発生時間が遅かったイオンほど大きく加速されます（図3）．これにより，検出器に到達する迄の時間差が抑制され，高い質量分解能が得られます．

しかし，m/z により最適な遅延時間や電位差が異なるため，一定条件下では質量分解能が極大となる m/z が存在し，そこから離れれば離れるほど質量分解能は低下します．又，遅延時間を変化させる事で，m/z のキャリブレーションも変化するために適切な校正が必要となるなど，使用する際には幾つかの注意が必要です．

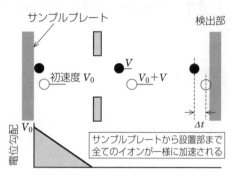

図1　従来の加速法

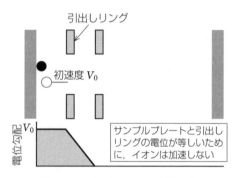

図2　TLF（DE）における初期加速

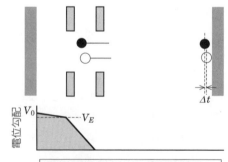

図3　TLF（DE）における加速後

Q42 質量分析における感度の定義は，どうなっているのでしょうか？

Answer 質量分析における感度は，試料の導入量を変化させた時のイオン信号強度の変化量として定義[1]されています．液体試料の場合は，イオン源における試料の流量変化に対するイオン電流値の変化量として，固体試料の場合は試料の導入量の変化に対するイオン電流値の変化量を測定する事で，感度を求めます．又，気相試料の場合には，イオン源における試料の分圧変化に対するイオン電流値の変化量を測定する事で感度を算出します．イメージ電流検出によりイオンを間接的に検出する質量分析計については，イオン電流値はそれぞれイメージ電流値に読み替えられます．

或る特定の化合物の絶対量に対する S/N や定量下限（limit of quantitation, LOQ），検出限界（limit of detection, LOD）などが感度と同様の意味で用いられる事がありますが，用語としての「感度」の定義は前述した内容を指し，検量線の傾きから求められる値になります．但し，JIS K 0211 : 2013 では「a）或る量の測定において，検出下限で表した分析方法又は機器の性能」「b）検量線の傾きで表した分析方法の性能」とされているため，検出限界（検出下限）と同義とするのも間違いとは言い難い状況になっています．しかし，旧版の JIS K 0211 : 1987 迄は，b）の意味でのみ定義されていたので，元々の言葉の意味としては b）を指す事及び「感度」「検出限界」「定量下限」はそれぞれ異なる概念である事は理解しておいても良いと思います．又，「定量限界」「検出下限」と言う語を使用すべきではない，と言う議論もあります．これは，定量には物質量（或いは濃度）に対するシグナルに直線性が保てなくなる「定量上限」と「定量下限」により定義される「定量範囲」が存在するために，「定量限界」ではどちらを指すのかが分かり難いと言う意見です．これに対し，検出には「検出上限」は本来存在せず「検出限界」=「検出下限」である事が明らかである，と言うものです．実際には JIS K0211 : 2013 において「検出下限」と言う用語の使用も容認されていますが，これらの用語を漫然と使用するのではなく，意識的に使い分ける事で，より分析値や定量に関する意識を鋭敏なものにする事が出来ると思います．

「感度」は，元々の意味としては「物質量の変化に対する被測定量（電流など）の最小量」を表します．これは前述した通り，「検量線の傾き」を意味します．検量線の作成には「絶対検量線法」や「標準添加法」などがありますが，現在では

実験で得られた測定値から最小二乗法などの回帰分析を用いてその傾きを決定するのが一般的です．最小二乗法の詳細や実際の計算方法については参考文献 2) を参照して頂きたいと思いますが，この際，横軸 x に物質量或いは濃度を，縦軸 y には電流値などの信号量を置きます．これは，最小二乗法の計算が x 軸方向にはばらつきなどの不確かさが含まれていないものとし，y 軸方向のみに不確かさを想定しているためです．現実には x 軸方向の値にも何らかの不確かさが含まれていますが，一般的には標準物質などを用いた調製値で示される値の方が，測定値よりも不確かさが小さい事が期待出来ますので，実用上もこの方が影響は小さくなります．

「検出限界」は，有意な信号として検出出来る最低量を意味しており，一般的にバックグラウンドノイズの信号値のばらつき（標準偏差）を σ とした時，ブランクの平均値＋3σ の値を検出限界とするケースが多く見られます．しかし，この場合判定に過誤が生じる確率は約 7 ％程度となるため，現在では正規分布の片側 95 ％点を基準においてブランクの 1.64σ を基準とし，3.29σ の値を検出限界とする[2] 事になっています．

「定量下限」は分析値として定量し得る最低量です．本来は，どの程度の信頼性を定量値に求めるかによって異なる値となる筈ですが，一般的にはブランクの 10σ の値を用いる事が多いです．しかし，この時の正味の信号量 10σ で σ を除した値である 1/10 は相対標準偏差（RSD）に等しい事から，定量下限における正味の信号量の RSD として 10 ％程度が見込まれている事に注意が必要です．もし定量下限付近においても 3 ％以下の RSD が必要であれば，30σ 以上の値を定量下限とすべきです．

Q43 スキマーは，どのタイプの質量分析計にもあるのでしょうか？

スキマーは，どのタイプの質量分析計にもある訳ではありません．現在，様々なタイプの質量分析計が市販されていますが，オンラインで分離分析装置と組み合わせた質量分析計はガスクロマトグラフ-質量分析計（GC-MS）と液体クロマトグラフ-質量分析計（LC-MS）に大別出来ます．現在，市販されているGC-MSは，カラムと質量分析計が直結されていてGCで分離した化合物は真空内のイオン源でイオン化されるのに対して，LC-MSはカラムを質量分析計に直結する事が出来ずインターフェイスを介して接続されています．これまで様々なインターフェイスが開発されて来ましたが，近年は大気圧でLCからの化合物及び移動相を噴霧し化合物をイオン化させる大気圧イオン化法と移動相蒸気と化合物イオンを分離させて真空系に導入するインターフェイスを組み合わせたイオン源が広く使用されています．このイオン源を用いたLC-MSには，スキマーレンズと呼ばれるレンズが使用されています．このスキマーの役割は大気圧で生成したイオンを真空部に導入するためのフォーカスレンズの役割とイオン化部の大気圧から質量分離部の高真空に差動排気する隔壁の役割をもっています．市販されている装置の典型的なイオン源を図1に示しました．図1(a)のイオン源は，キャピラリーと呼ばれるイオン導入部や脱溶媒ラインなどが搭載

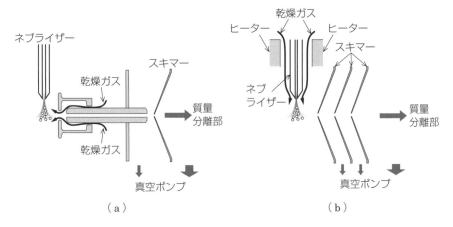

図1 LC-MS用イオン源

されているイオン源で，このイオン源ではスキマーは1個です．一方，図1 (b) に示したイオン源は大気圧であるイオン化室と真空部の隔壁がスキマーのみであり，スキマーが2枚以上組み合わされているイオン源です．

スキマーは大気圧のイオン化室と質量分離部の高真空部の中間部分に搭載され，ロータリーポンプで差動排気されており，その内部圧力は1〜3 Torr 程度です．この様な領域で加速電圧などによりイオンが加速されると，そこに存在する乾燥ガスなどの中性分子と多数衝突を繰り返す事で衝突誘起解離（collision induced dissociation, CID）が起きる事もあります．その結果，フラグメントイオンを生成します．この方法はイオン源内でCIDを起こす事からインソースCIDと呼ばれています[1]．このインソースCIDを使用する事で生成するフラグメントイオンから構造解析を行う事が出来ます．しかし，トリプル四重極型質量分析計のCIDで生成するプロダクトイオンと比較して，インソースCIDで生成するフラグメントイオンは必ずしも特定のイオンから生成するイオンのみとは限らないために，マトリックスの多い試料では解析が複雑となり，構造解析が困難となります．

Q44 探針エレクトロスプレーイオン化質量分析計（PESI-MS）の構造や特徴を教えて下さい．

エレクトロスプレーは，金属キャピラリー先端で起こる電気化学反応によって，液体試料を帯電液滴としてスプレーする技術です．LC-MS のインターフェイス ESI もこのエレクトロスプレー技術を応用しています．ESI では金属キャピラリー内部を流れる移動相や分析種のイオン化を行います．Mann らは，金属キャピラリーの内径をより小さくする事により，より微細な帯電液滴を形成させる事が出来，イオン化効率が上がる事を理論解析・実証しました（nanoESI の始まり）[1]．しかし，金属キャピラリー内径の微小化，低流量の送液，微量の試料注入には限界があります．平岡賢三（山梨大学）は，金属キャピラリーと極微量の送液ポンプを用いる事なく，金属探針（probe）の先端表面でエレクトロスプレーを行う方法を開発しました[2]．これが，探針エレクトロスプレーイオン化（probe electrospray ionization, PESI）です．PESI を装備した質量分析計（PESI-MS，DPiMS-2020®）は，島津製作所により販売されています．図1に，探針エレクトロスプレーイオン化質量分析計（PESI-MS，DPiMS-2020®）の外観及び PESI イオン化部の写真を示します．

 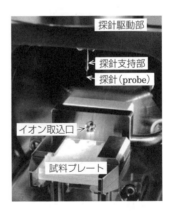

図1 探針エレクトロスプレーイオン化質量分析計（PESI-MS，DPiMS-2020®）の外観とそのイオン化部

PESIイオン源の模式図を図2に示します．探針は上下運動出来る様に探針駆動部に取り付けられています．試料は大気圧下で探針の真下に置きます．探針が下端に位置する時，試料を捕捉し，上端に位置する時，探針に高電圧が印加されエレクトロスプレーが起こります．探針に先端径700 nmの鍼灸針を用いた場合，試料捕捉量は数百 fL ～数 pL の範囲です[3]．nanoESI の送液量より少ないので，より高いイオン化効率が期待出来ます．LC-MS のインターフェイスと違って，試料は連続して供給されないので，再現性の高いマススペクトルを得るためには探針の上下運動を繰り返し，通常20回程度積算します．

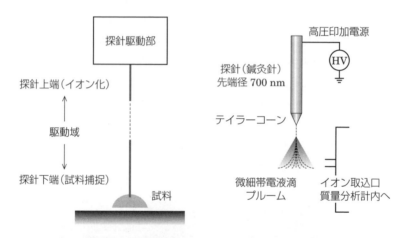

図2　探針エレクトロスプレーイオン化（PESI）イオン源の模式図

　大気圧下に置かれた試料を直接イオン化して質量分析を迅速に行う事が出来るのがPESIの特長です．液体試料は勿論，生体組織片（数 mm 角程度）や水分を含んだ固体試料も直接測定出来ます．一例を挙げると，摘出した組織片が癌であるか否か判定するには，検鏡による病理学的組織診断を行わなければなりません．しかし，PESIを用いれば摘出組織を直接・迅速に分析する事が出来ます．又，この結果を機械学習による解析にかける事で，癌診断を支援する装置の開発も進められています[4]．

Q45 チャージリモートフラグメンテーションとは何ですか？

　チャージリモートフラグメンテーション（charge remote fragmentation, CRF）とは，見掛け上の荷電部位とは隣接していない結合が開裂するフラグメンテーション（fragmentation）[1]の事です．[M − H]⁺や[M − Na]⁺などの閉殻イオン，つまり偶数電子イオン（even-electron ion）の高エネルギー衝突誘起解離（high-energy collision-induced dissociation）においてしばしば起こる現象で，分子構造情報を反映する事が多いため構造解析に利用されます．長いアルキル鎖の同定やアルキル鎖中の不飽和結合の位置決定に有用であり，リモートサイトフラグメンテーション（remote site fragmentation）と呼ばれる事もあります．

　これに対し，チャージメディエイテッドフラグメンテーション（charge mediated fragmentation）は見掛け上の荷電部位に隣接した結合が開裂するフラグメンテーション[1]です．この両者はフラグメンテーションを考える上で，よく対比されます．

　質量分析におけるフラグメンテーションがどの様に起きるかについては，電子イオン化（electron ionization, EI）や化学イオン化（chemical ionization, CI）といったGC/MSで利用される気相中で起きるフラグメンテーション，特にチャージメディエイテッドフラグメンテーションについてはかなり理解が進んでいます．しかし，高速電子衝撃（fast atom bombardment, FAB）やエレクトロスプレーイオン化（electrospray ionization, ESI），マトリックス支援レーザー脱離イオン化（matrix-assisted laser desorption/ionization, MALDI）などイオン生成の際にマトリックスや溶媒を使用するイオン化法の場合には，イオン源で直接生成されるフラグメントイオンが実際にどの様な結合の開裂がどこで起きて生成したのか，又，結合の開裂にマトリックスや溶媒が関与しているのかいないのかもはっきりしません．そのため，これらのイオン化ではイオン源で直接生成するフラグメントイオンに対して，気相下で成立する様々な結合開裂の規則を厳密に適用する事が困難です．勿論CRFが起きている場合も同様です．しかし，1999年に中田が提案したマスシフト則[2]は，EI, CIは勿論の事，FABイオン化やESI, MALDIなどの各種イオン化法によるスペクトルやイオン源でのフラグメンテーションだけではなく，CRFを始めとする衝突活性化によるフラグメン

テーションについても，1価の偶数電子イオンの生成と言う限られた範囲ではあるものの，高い有用性をもつ理論として知られています．

　奇数電子イオン（odd-electron ion）のフラグメンテーションは，奇数又は偶数電子イオン（even-electron ion）のどちらも生成出来るのに対し，偶数電子イオンのフラグメンテーションは，一般的に偶数電子イオンのみを生成する所謂「偶数電子ルール（even-electron rule）」と言う法則が知られています．しかし，特に高いエネルギーによりフラグメンテーションが引き起こされた場合には，このルールに反するフラグメントイオンが観測される事が知られています．マスシフト則では，プリカーサーイオンの構造から開裂される結合を類推してフラグメントを推定するのではなく，生成されたフラグメントイオンの構造安定性からフラグメンテーションを理解すると言うアプローチを行います．或る有機イオンがフラグメントイオンとして観測されるほど十分に安定化される構造は，幾つかのパターンに限られます．この事から，更にそれぞれの開裂パターンを想定する事により，結果として或る一定の規則[3]が導かれます．この規則をマスシフト則と呼びます．この規則では，プロトンが付加する場所や元々のプロトンがどこから来たのかなどを考える必要が無いために，イオン化前の電荷をもたない元の分子の構造式からフラグメントイオンを式（1）から容易に計算する事が出来ます．

　　　　［ピークとして出現するイオンのノミナル質量］
　　　　＝［試料化合物の構造式における構造部分のノミナル質量］
　　　　＋［マスシフト］　　　　　　　　　　　　　　　　　　　　　（1）

　式（1）における［マスシフト］の値は，①対象としているイオンの電荷の正負，②開裂する結合の数と種類，③開裂後に生成する二つのフラグメントのうちのどちら側が電荷をもつかと言う三つの要因によって決まります．但し，MS/MSの様な二次的なプロダクトイオンの生成などの様に，既に電荷をもつイオンからの開裂に対してマスシフト則を適用する場合，開裂後のプロダクトイオンがプリカーサーイオンの電荷部分を含む様な場合には，マスシフトの値として基本的に正イオンでは−1，負イオンでは＋1の補正が必要となります．

Q46 マイク法とは何ですか？

Answer マイク法（MIKE法）とは，磁場セクター（magnetic sector）と電場セクター（electricsector）をそれぞれ一つ以上備えた逆配置（reverse geometry）の磁場セクター形質量分析計（sector mass spectrometer）によりイオンの並進運動エネルギースペクトルを得る技法の一つ[1]で，mass-analyzed ion kinetic energy spectrometry（MIKES）とも呼ばれます.

実際には，加速電圧Vと磁束密度Bを一定にしてm/zによるプリカーサーイオンの選択を行い，セクター間のフィールドフリー領域（field-free region）でプリカーサーイオンの解離又は反応を行います．プロダクトイオン（product ion）によって異なる並進運動エネルギーと電荷の比を電場セクター（electric sector）の走査（scan）により分析する事で，選択されたプリカーサーイオンのプロダクトイオンスペクトル（product ion spectrum）を得る事が出来ます．プロダクトイオンスペクトルのピーク幅は，解離過程の運動エネルギー放出分布（kinetic energy release distribution）を反映しています．以前は娘イオン直接分析（direct analysis of daughter ions，DADI）とも呼ばれていましたが，現在ではこの呼称は推奨されていません[2].

又，MIKE法を用いた衝突誘起解離（collision-induced dissociation）において，衝突ガス（collision gas）のイオン化などによるプリカーサーイオン（precursor ion）の並進運動エネルギーの損失が，プロダクトイオン（product ion）の並進運動エネルギーの減少を引き起こし，その結果MIKEスペクトルにおけるプロダクトイオンのピーク位置がシフトする現象をデリックシフト（Derrick shift）と呼びます．

MIKE法により得られるスペクトルは，イオンエネルギーロススペクトル（ion energy loss spectrum）の一種とされています．これは，中性種との反応により失った並進運動エネルギーの関数としてイオンの相対強度（relative intensity）をプロットしたスペクトルの事で，イオン運動エネルギースペクトロメトリー（ion kinetic energy spectrometry，IKES）からも得られます．IKESでは，電場セクター（electric sector）の走査（scan）によりイオンビームを並進運動エネルギーと電荷の比によって分離し，準安定イオン（metastable ion）を検出します．

MIKE法で用いられる二重収束質量分析計（double-focusing mass spectrometer）は，高感度の定量と高い質量分離能が特徴です．イオン源から出射するイオン群に対し，方向収束（direction focusing）及び速度収束（velocity focusing）を行わせるために，電場セクター（electric sector：E）と質量分析部で或る磁場セクター（magnetic sector：B）を組み合わせた構造をもつ事から「二重収束」と言う名前がついています．方向収束とは，或る1点から入射された同じm/z値と運動エネルギーをもちながらも入射角度が異なるイオンの流れを再び1点に収束させる事を言い，磁場セクターにおいて収差補正が行われます．又，速度収束とは，或る1点から入射された同じm/z値でありながら少し異なる速度を有するイオンの速度を収束させる事であり，電場セクターにより収差補正されます．E-Bの順に配置した正配置又は順配置（forward geometry，EB geometry）と，B-Eの順に配置した逆配置（reverse geometry，BE geometry）があり，MIKE法では前述の通り逆配置が用いられます．

　イオン源において生成された電荷数zのイオン（質量m）は加速電圧Vで加速され，磁場セクターに入射されます．磁場セクターは垂直方向に一様な磁場（磁場強度B）をもっているため，その磁場に垂直方向，即ち水平方向に入射したイオンはローレンツ力と遠心力が釣り合う様に，半径rの円軌道上を等速運動するため式（1）が成り立ちます．

$$\frac{m}{ze} = \frac{r^2 B^2}{2V} \sqrt{\frac{z}{m}} \tag{1}$$

　この時，加速電圧が一定の場合は磁場強度を変化させるとm/zの異なるイオンを検出する事が出来ます．通常は磁場セクターにおいて質量分離を行いますが，磁場強度を一定にして電圧を変化させる事でも異なるm/zのイオンを検出する事が出来ます．磁場強度を変化させる磁場掃引法は広いm/z範囲の測定に適していますが，磁場強度の直線性が低いために高い質量精度を求める場合には，多くの内部標準イオンを用いた補正が必要となります．これに対して，電圧を変化させる電圧掃引法では限られたm/z範囲（一般には，設定した開始m/zから2倍のm/zまで）の測定しか出来ませんが，電圧の直線性が高いためにより高い質量精度を得る事が可能です．そのため，精密質量測定による組成推定などの目的では分子イオンやプロトン付加分子などに対する精密質量測定が可能な電圧掃引法がよく用いられます．

Q47 質量分解度と質量分離能とは違うのですか？

質量分解度（mass resolution）とは，或るマススペクトルについて観測されたピークの m/z の値をスペクトル上でこのピークと分離されて観測される仮想的なピークの m/z 値との差の最小値 $\Delta(m/z)$ で割った値[1]の事です．関心の対象としている質量 m/z と，ピーク高さに対する特定の割合におけるピーク幅として定義される質量差 $\Delta(m/z)$ を用いると質量分解度 R は式（1）の様に表され，無次元の値として求められます．

$$R = \frac{m/z}{\Delta(m/z)} \tag{1}$$

これに対し，質量分離能（mass resolving power）は，或る特定の質量分解度の値を得る事が出来る質量分析計の能力[2]を言います．質量分離能を示す場合には，質量分離能の値を求めるのに用いた m/z の計測値と $\Delta(m/z)$ の値の決め方を示す必要がありますが，これは質量分解度を表示する際も同様です．通常はピークの高さに対する一定の割合の高さで求めたピーク幅を $\Delta(m/z)$ の値とし，その際のピークの高さに対する割合を示します．又，$\Delta(m/z)$ は，強度が等しい2本のピーク間の谷がピークの高さに対して一定の割合になる様な条件で与えられるピーク間の間隔としても定義されます．

二つの極大値の間に出来る谷の信号強度が極大値の10％まで減少した場合，隣接したピークは充分に分離したと見做す時の分解能を10％谷定義による分解能（10％ valley definition of resolution, $R_{10\%}$）と呼びます．ここで注意が必要なのは，$R_{10\%}$を求める際に使うピーク幅は極大値の10％の部分ではなく，5％の部分であると言う事です．図1の模式図に示した通り，同一の高さをもつ2本のピーク間における谷の部分でのシグナル値は両方のピークから影響を受けています．そのため，それぞれのピークから極大値の5％ずつ影響を受けている時の谷の高さがピーク極大値の10％にあたります．そのため $R_{10\%}$ は，極大値の5％高さにおけるピーク幅 $\Delta(m/z)$ として求められます．

しかし，最近では質量分析計の性能を示すパラメーターとして，ピークの半値幅（full width at half maximum, FWHM）が用いられる事が多くなっています．この定義は四重極イオントラップ形や飛行時間形においても広く用いられており，FWHMから得られる分解能 R_{FWHM} と $R_{10\%}$ の比は，ガウス形のピークにお

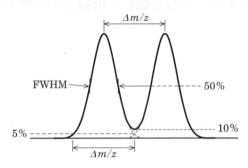

図1　10％谷定義とピーク半値幅（FWHM）定義による分解能模式図

いては 1.8 である事が知られています．

　一般的に「高分解能」と言う表現は $R > 5\,000$ 以上において用いられる事が多いですが，特に明確な定義はありません．目的の精度を得るために必要な質量分離能は，式（1）を用いる事で容易に得る事が出来ますが，分解能の設定を必要以上に高くしすぎるとノイズが増加して質量確度が低下する場合があります．十分に大きな信号強度と良い波形が得られる限りは，可能な限り質量分解能を高くする事が望ましいのは勿論ですが，一般的には，質量分解能を向上させるために分析部の透過率が犠牲にされる場合が多く，結果的に信号の絶対強度が減少してしまいます．そのため，前述の通りノイズの多いスペクトルになりがちですので，目的に応じた適切なパラメーターを設定する事が重要です．

Q48 八重極(オクタポール)は,四重極と何が違うのですか?

八重極(octapole,オクタポール)は,8本の柱状電極を円周上に等間隔で,且つ中心軸に沿って平行に配置したもので,通常,イオンガイド(ion guide)として使用されています.4本の柱状電極から構成された四重極(quadrupole)とは柱状電極の本数が異なる他,イオンの集束能力や同時に輸送可能なイオンの m/z 範囲が異なります.

八重極をイオンガイドとして使用する場合,隣接する各電極に180°ずつ位相の異なる交流電圧を掛け中心軸の回りに誘起した振動電場により,中心軸に沿って入射したイオンの動径方向の運動を封じ込め,これによりイオンが散逸する事なく出口まで導きます[1].4本以上の偶数本の柱状電極であればイオンガイドとして機能しますので,後段に配置する質量分離部の種類に応じて,四重極や六重極(hexapole)も使用されています.

多重極の内部のポテンシャル $U(r)$ を式 (1) に示します.

$$U(r) = \frac{n^2 z^2 e^2 V^2}{4 m r_0^2 \omega^2} \left(\frac{r}{r_0} \right)^{2n-2} \tag{1}$$

ここに,n:柱状電極対の数,z:価数,e:電気素量,V:交流電圧,m:イオンの質量,r_0:多重極内半径,ω:交流電圧の周波数,r:イオンの中心からの半径方向の距離

イオンが多重極の中心から何れかの柱状電極に向かって移動するにつれて,電位が上昇して行き柱状電極の表面で最大値に達します.四重極($n=2$)の場合,ポテンシャルは $(r/r_0)^2$ に応じて変化しますが,六重極($n=3$)と八重極($n=4$)はそれぞれ $(r/r_0)^4$ と $(r/r_0)^6$ に応じて変化します.そのため,図1に示した様に四重極ではイオンの半径方向の動きに対して直ぐにポテンシャルが上昇しますが,八重極ではより柱状電極に近付かないとポテンシャルは上昇しません.この様なポテンシャルの形状によって,四重極は他の多重極よりもイオンを軸に集束させる能力に優れていると言う事が出来ます.

又,式 (1) からは,同じ条件であれば n が大きくなるほどポテンシャルが大きくなる事が分かります.つまり,八重極は他の多重極よりも広い m/z 範囲に渡ってイオンを集束する能力に優れていると言う事が出来ます.上述した多重極の特性を表1に纏めました.

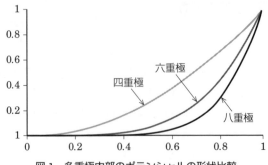

図1 多重極内部のポテンシャルの形状比較

表1 多重極の特性

種類	イオンの集束能力	同時輸送可能なイオンの m/z 範囲
四重極	高	狭
六重極	中	中
八重極	低	広

　四重極はイオンの集束能力が高い反面，同時輸送可能なイオンの m/z 範囲が狭いと言う特性があります．多重極を質量分離部として使用する場合，スキャンにより質量分離を行うため，同時に広い m/z 範囲のイオンを輸送する能力は必要ありません．従って，多重極の中ではイオンの集束能力に最も優れた四重極が質量分離部として広く使われています．又，後段に配置する質量分離部が四重極の場合，イオンガイドは質量分離部のスキャンのタイミングに合わせて交流電圧を変化させて広い m/z 範囲における輸送効率を最適化する事が出来るため，イオンガイドにも四重極が使用されています．一方，後段に配置する質量分離部がスキャンを行わない飛行時間（time of flight，TOF）やイオンサイクロトロン（ion cyclotron resonance，ICR）などの場合，イオンガイドは同時に広い m/z 範囲のイオンを輸送する必要がありますので，八重極又は六重極が使われています．

　交流電圧を掛けるだけで機能する多重極は，低真空から高真空に至る迄，輸送するイオンの軸方向の運動エネルギーに大きな影響を与える事がなく，中心軸に向かって効率的にイオンを集束する事が出来ますので，衝突ガスを内部に充填するコリジョンセルとしても使用されています．

Q49 空間電荷効果とは何ですか？

質量分析装置内での荷電粒子（イオン又は電子）の密度が高く，クーロン相互作用が荷電粒子の集団運動に影響を及ぼす場合，この荷電粒子集団を空間電荷（space charge）と言い，集団運動への影響を総称して空間電荷効果（space charge effect）と言います[1]．一般的に，空間電荷効果によって感度（sensitivity），質量分解能（mass resolving power），質量確度（mass accuracy）などの質量分析装置の基本性能は低下します．

質量分析装置内で空間電荷効果が発生する場所は，イオン源で生成したイオンが検出器（質量分離部が検出器を兼ねる装置もある）に到達する迄の経路，つまりイオンガイド（ion guide）と質量分離部です．

イオンガイドには，大気圧下で生成されたイオンを圧力が漸減する条件で集束させながら，質量分離部まで効率的に輸送する事が求められます．しかし，イオンが残留ガス分子に衝突する事による消失や空間電荷がクーロン反発力によって膨張する事による輸送効率の低下は避ける事が出来ません．クーロン反発力は，誘電体中の電荷に働く力ですが，大気（比誘電率：1.00059）は勿論の事，真空（比誘電率：1）も誘電体ですので，イオンが一定の空間領域に分散して存在する限り，クーロン相互作用を取り除く事は出来ません．

質量分離部はイオンの m/z 値に基づき分離を行う装置ですので，質量分離部内部では少なくとも同じ m/z 値のイオンが空間電荷を構成します．質量分離部には，四重極（quadrupole），イオントラップ（ion trap），飛行時間（time of flight），イオンサイクロトロン共鳴（ion cyclotron resonance）など，様々な種類が存在します．空間電荷効果は，質量分離部の種類によって現れる影響が異なります．

ポールイオントラップ（Paul ion trap）質量分析計では，イオントラップ電極内に導入されるイオン量が多すぎると，内側にあるイオンに対して外側にある空間電荷が遮蔽体として働きます．その結果，内側にあるイオンに作用する電場が歪み，図1に示す様にポールイオントラップでは最も重要なマシュー安定性ダイアグラム（Mathieu stability diagram）第1安定領域の形状が変化します．破線は，空間電荷効果に起因して安定領域が q_z 軸方向にシフトする様子を表しています．安定領域がシフトした後では，安定限界（$q_z = 0.902$）に達するためには，シフト前よりもより高い交流電圧 V になるのを待たなければなりません．つま

り，検出されるイオンの m/z 値がシフト前よりも大きくなります．市販されている装置では，空間電荷効果によって質量確度が低下する事を防ぐために，一度にトラップ電極内に取り込む事が出来るイオン量を制限する機構が備わっています．しかし，この様な機構が備わっている装置であっても，適切な試料前処理を行わないと，m/z 値の変動による質量確度及び感度の低下だけでなく，分析種のピークが全く観測されない場合もあります．

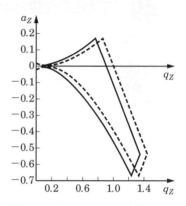

図1　ポールイオントラップにおける安定性ダイアグラム第1安定領域のシフト[2]

飛行時間質量分析計では，生成したイオン量が多すぎるとマイクロチャンネルプレート（microchannel plate，MCP）に到達するまでの間，空間電荷にクーロン反発力が働きスペクトルの質量分解能が低下します．図2には，イオン数280個と2 800個で数値シミュレーションを行い描画したスペクトルを示しました．イオン数が十分低い時は，空間電荷効果が無視出来るため，スペクトルは初期分布を反映した鋭い形状を示しますが，イオン数が比較的高くなるとスペクトルの形状は歪み，扁平な分布を示す事が分かります．又，m/z 値の異なる複数のイオンが混在した場合，そのうちの一つでも空間電荷効果によって波形が崩れると他のイオンも必ず同程度に波形が崩れる事も分かっています．

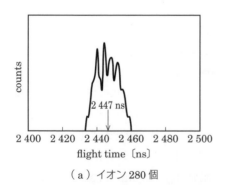

図2　TOFシミュレーションスペクトル[3]

引用文献

Q23
1) 日本質量分析学会用語委員会編：マススペクトロメトリー関係用語集（第3版），p. 120, 国際文献印刷社（2009）．
2) 日本質量分析学会用語委員会編：マススペクトロメトリー関係用語集（第3版），p. 29, 国際文献印刷社（2009）．
3) 日本質量分析学会用語委員会編：マススペクトロメトリー関係用語集（第3版），pp. 111-112, 国際文献印刷社（2009）．
4) 日本質量分析学会用語委員会編：マススペクトロメトリー関係用語集（第3版），pp. 53-54, 国際文献印刷社（2009）．
5) K. H. Kingdon, *Phys. Rev.*, 21, p. 408（1923）．
6) 日本質量分析学会用語委員会編：マススペクトロメトリー関係用語集（第3版），p. 85, 国際文献印刷社（2009）．
7) 中村 洋企画・監修，公益社団法人日本分析化学会液体クロマトグラフィー研究懇談会編：LC/MS, LC/MS/MS Q＆A 龍の巻, pp. 156-157, オーム社（2017）．

Q25
1) European MassBank ウェブサイト（2017年12月現在）
https://massbank.eu/MassBank/
2) KOMICS（Kazusa Metabolomics Portal）ウェブサイト（2017年12月現在）
http://www.kazusa.or.jp/komics/ja/database-ja/21-komicmarket.html
3) KNApSAcK ウェブサイト（2017年12月現在）
http://kanaya.naist.jp/KNApSAcK/
4) Metabolomics.jp ウェブサイト（2017年12月現在）
http://metabolomics.jp/wiki/Main_Page

Q26
1) 渡辺 淳, *Journal of the Mass Spectrometry Society of Japan*, 65, pp. 48-52（2017）．
2) 田村 淳, *Journal of the Mass Spectrometry Society of Japan*, 65, pp. 34-38（2017）．
3) 吉岡信二, 照井 康, 平林由紀, *Journal of the Mass Spectrometry Society of Japan*, 65, pp. 39-47（2017）．
4) アジレント・テクノロジー（株）ウェブサイト（2017年12月現在）
http://www.agilent.co.jp/newsjp/companyinfo/
5) 伊藤信靖, 駿河谷直樹, ぶんせき, pp. 424-426（2011）．
6) ウォーターズウェブサイト（2017年12月現在）
http://www.waters.com/waters/home.htm?locale=ja_JP
7) ウィキペディア フリー百科事典ウェブサイト，サーモフィッシャー・サイエンティフィック（2017年12月現在）
https://ja.wikipedia.org/wiki/サーモフィッシャー・サイエンティフィック
8) サイエックスウェブサイト（2017年12月現在）
https://sciex.jp/about-us/our-history

Q27
1) コトバンクウェブサイト, 日本大百科全書（ニッポニカ）の解説, 同位体効果と同位体交換反応（2017年12月現在） https://kotobank.jp/dictionary/nipponica/
2) マススペクトロメトリー関係用語集, 日本質量分析学会, pp. 57-58, 国際文献印刷社（1998）．
3) 馬場健史, 生物工学会誌, 89, pp. 102-108（2011）．

4) 大槻　晃, 高精度安定同位体比質量分析装置, 国環研ニュース 8 巻, 1 号, p. 15（1990）. ウェブサイト（2017 年 12 月現在）
http://www.nies.go.jp/kanko/news/8/8-1/8-1-19.html

Q28
1) 日本質量分析学会用語委員会編：マススペクトロメトリー関係用語集（第 3 版）, p. 69, 国際文献印刷社（2009）.
2) 日本質量分析学会用語委員会編：マススペクトロメトリー関係用語集（第 3 版）, p. 70, 国際文献印刷社（2009）.
3) 中村　洋企画・監修, 公益社団法人日本分析化学会液体クロマトグラフィー研究懇談会編：LC/MS, LC/MS/MS のメンテナンスとトラブル解決, p. 156, オーム社（2015）.
4) 中村　洋企画・監修, 公益社団法人日本分析化学会液体クロマトグラフィー研究懇談会編：LC/MS, LC/MS/MS Q＆A 虎の巻, pp. 222-223, オーム社（2016）.
5) T. Matsuo, M. Toyoda, T. Sakurai, M. Ishihara, *J. Mass Spectrom*., 32, p. 1179（1997）.
6) T. Satoh, *Mass Spectrom. Soc. Jpn*., 57, p. 363（2009）.

Q29
1) 環境省総合環境政策局環境保健部環境安全課, 環境と測定技術 / 日本環境測定分析協会編, LC/MS を用いた化学物質分析法開発マニュアル, pp. 12-16（2001）. ウェブサイト（2017 年 12 月現在）
http://www.env.go.jp/chemi/anzen/lcms/index.html

Q30
1) アジレント・テクノロジー（株）カタログ, ©Agilent Technologies, Inc. 2010, Printed in Japan, May 21, 2010 5990-5891JAJP.
2) 埜　昌彦, LC-MS の最新技術, TMS 研究, 2010（2）, pp. 21-24（2010）.
3) 平林　集, 高エネルギー加速器セミナー OHO '07, 種々のビーム源, 分子のイオン化法（2007）.
4) アジレント・テクノロジー（株）カタログ, ©Agilent Technologies, Inc. 2017, Printed in Japan, May 2, 2017, 5991-7873JAJP.
5) アジレント・テクノロジー（株）ウェブサイト（2018 年 5 月現在）
https://www.chem-agilent.com/contents.php?id=1000428.

Q33
1) 土屋正彦・横山幸男共訳：有機質量分析イオン化法, pp. 17-19, 丸善（1999）.
2) アジレント・テクノロジー（株）資料 ©Agilent Technologies, Inc., 2011, Printed in Jpnan, October 13, 2011, 5990-9207JAJP.

Q34
1) マススペクトロメトリー関係用語集, 日本質量分析学会, pp. 57-58, 国際文献印刷社（1998）.
2) 佐藤貴弥, 高原健太郎, 近藤友明, 小笠原亮, 野上知花, 日本農薬学会誌, 42, pp. 203-215（2017）.

Q35
1) 菅井俊樹, *Journal of the Mass Spectrometry Society of Japan*, 58, pp. 47-73（2010）.
2) 瀬戸康雄, 2017 年第 1 回 TMS 研究会講演会要旨集, pp. 31-41（2017）.

Q37
1) 吉野健一, 内藤康秀, 窪田雅之, 川崎英也, 岩本賢一, 絹見朋也, *Journal of the Mass Spectrometry Society of Japan*, 65, p. 82（2017）.
2) 日本質量分析学会用語委員会編：マススペクトロメトリー関係用語集（第 3 版）, p. 26, 国際文献印刷社（2009）.

- 3) 日本質量分析学会用語委員会編：マススペクトロメトリー関係用語集（第3版），p. 88, 国際文献印刷社（2009）.
- 4) JIS K 0136：2015 高速液体クロマトグラフィー質量分析通則, p. 17, 日本規格協会（2015）.
- 5) JIS K 0214：2013 分析化学用語（クロマトグラフィー部門），p. 4, 日本規格協会（2013）.
- 6) 日本質量分析学会用語委員会編：マススペクトロメトリー関係用語集（第3版），p. 50, 国際文献印刷社（2009）.
- 7) S. H. Lee, D. W. Choi, *Toxicol Research*, 29, pp. 107-114 (2013).

Q38
- 1) マススペクトロメトリー関係用語集，日本質量分析学会, p. 52-68, 国際文献印刷社（1998）.
- 2) T. Brunner, A. R. Mueller, K. O'Sullivan, M. C. Simon, M. Kossick, S. Ettenauer, A. T. Gallant,. Mane, D. Bishop, M. Gooda G. Gratta, J. Dilling, *Int. J. Mass Spectrom.*, 309, pp. 97-103（2012）.

Q39
- 1) 坂本　茂, TMS研究会ウェブサイト（2018年4月現在） http://www.tms-soc.jp/journal/05_Sakamoto.pdf
- 2) 日本質量分析学会用語委員会編：マススペクトロメトリー関係用語集（第3版），p. 60, 国際文献印刷社（2009）.

Q40
- 1) 日本質量分析学会用語委員会編：マススペクトロメトリー関係用語集（第3版），p. 99, 国際文献印刷社（2009）.
- 2) 日本質量分析学会用語委員会編：マススペクトロメトリー関係用語集（第3版），p. 108, 国際文献印刷社（2009）.

Q41
- 1) 日本質量分析学会用語委員会編：マススペクトロメトリー関係用語集（第3版），p. 109, 国際文献印刷社（2009）.

Q42
- 1) 日本質量分析学会用語委員会編：マススペクトロメトリー関係用語集（第3版），p. 101, 国際文献印刷社（2009）.
- 2) IUPAC Commission on Analytical Nomenclature, L. A. Currie, *Pure & Appl. Chem.*, 67, 1699 (1995).

Q43
- 1) A. P. Bruins, Mass Spectrometry Reviews, 10, 1991, 10, pp. 53-77, 10 (1991).

Q44
- 1) M. S. Wilm, M. Mann, *Int. J. Mass Spectrom. Ion Process*, 126 (2-3), pp. 167-180（1994）.
- 2) 特願 2008-513335/US2009140137/EP2017610,「エレクトロスプレーによるイオン化方法および装置」（WO2007126141）, 出願人：国立大学法人山梨大学
- 3) K. Hiraoka, K. Nishidate, K. Mori, D. Asakawa, and S. Suzuki, *Rapid Commun. Mass Spectrom.* 21 pp. 3139-3144（2007）.
- 4) 竹内　扇, 吉村健太郎, 出水秀明, 平岡賢三, 谷畑博司, 田邉國士, 中島宏樹, 堀　裕和, 島津評論, 69, pp. 203-209 (2013).

Q45
- 1) 日本質量分析学会用語委員会編：マススペクトロメトリー関係用語集（第3版），p. 22, 国際文献印刷社（2009）.
- 2) H. Nakata, *Eur. Mass Spectrom.*, 5, pp. 411-418 (1999).
- 3) H. Nakata, *J. Mass Spectrom*. Soc. Jpn., 63, pp. 31-43 (2015).

Q46 1) 日本質量分析学会用語委員会編：マススペクトロメトリー関係用語集（第3版），p. 71, 国際文献印刷社（2009）.
2) 日本質量分析学会用語委員会編：マススペクトロメトリー関係用語集（第3版），p. 32, 国際文献印刷社（2009）.
Q47 1) 日本質量分析学会用語委員会編：マススペクトロメトリー関係用語集（第3版），p. 68, 国際文献印刷社（2009）.
2) 日本質量分析学会用語委員会編：マススペクトロメトリー関係用語集（第3版），p. 69, 国際文献印刷社（2009）.
Q48 1) 日本質量分析学会用語委員会編：マススペクトロメトリー関係用語集（第3版），p. 52, 国際文献印刷社（2009）.
Q49 1) 日本質量分析学会用語委員会編：マススペクトロメトリー関係用語集（第3版），p. 103, 国際文献印刷社（2009）.
2) Edmond de Hoffmann, Vincent Stroobant, Mass Spectrometry: Principles and Applications, p. 119, Wiley-Interscience（2007）.
3) 水谷由宏，三宅川弘明，岡村秀樹，分光研究，52, pp. 281-285（2003）.

■ 参考文献

Q26 [1] B. A. Thomson, W. R. Davidson, and A. M. Lovett, Environmental Health Perspectives, 36, pp. 77-84 (1980).
[2] 合田竜弥，ぶんせき，pp. 434-436（2013）.
Q27 [1] コトバンクウェブサイト（2017年12月現在），世界大百科事典 第2版の解説，重水 https://kotobank.jp/word/重水
[2] 中川有造，*J. Mass Spectrom. Soc. Jpn*., 63, pp. 81-82（2015）.
[3] ウィキペディア（フリー百科事典）ウェブサイト，カール・ジェラッシ（2017年12月現在）
https://ja.wikipedia.org/wiki/カール・ジェラッシ
[4] 中野孝教，ぶんせき，pp. 2-8（2016）.
Q33 [1] W. E. Stephens, *Phys. Rev*., 69, p. 691（1946）.
[2] M. Karas and F. Hillenkamp, *Anal. Chem*., 69, p. 2299 (1988).
[3] 志田保夫，笠間健嗣，黒田定，高山光男，高橋利枝：これならわかるマススペクトロメトリー，東京化学同人（2001）.
Q34 [1] 吉野健一，*J. Mass Spectrom. Soc. Jpn*., 56, pp. 27-32（2008）.
[2] 山本慎也，中山泰宗，福崎英一郎，生物工学会誌，91, pp. 101-104（2013）.
Q35 [1] 田沼 肇，原子衝突学会誌，11, pp. 18-32（2014）.
[2] （株）UBE科学分析センターウェブサイト（2017年12月現在），IMSによる化合物の分離・分析
http://www.ube-ind.co.jp/usal/documents/o516_141.htm
Q38 [1] K. Nagato, *J. Aerosol Res., Jpn*., 5, pp. 110-115（2000）.
Q40 [1] 日本熱測定学会編：熱量測定・熱分析ハンドブック，丸善（1998）.
[2] J. H. Gross, Mass spectrometry 2nd Edition, p. 128-130, Springer (2011).
Q41 [1] J. H. Gross, Mass spectrometry 2nd Edition, p. 128-130, Springer (2011).

Q42 [1] 上本道久, ぶんせき, pp. 216-221 (2010).
　　 [2] 田中秀幸：分析・測定データの統計処理　分析化学データの扱い方, 朝倉書店 (2014).
　　 [3] 丹羽　誠：これならわかる化学のための統計手法——正しいデータの扱い方——, 化学同人 (2008).
Q46 [1] J. H. Gross, Mass spectrometry 2nd Edition, Springer (2011).
Q47 [1] J. H. Gross, Mass spectrometry 2nd Edition, Springer (2011).
Q48 [1] Edmond de Hoffmann, Vincent Stroobant, Mass Spectrometry: Principles and Applications, Wiley-Interscience (2007).

Chapter 3

質量分析における
イオン化・イオン分離・検出

Q50 難イオン化物質のイオン化法はあるのでしょうか？

質量分析計はイオンの質量/電荷数（m/z）を計測する分析機器であるため、何らかのイオン化法によって、目的とする分析種をイオン化する必要があります。LC/MSで用いられる一般的なイオン化法としては、エレクトロスプレーイオン化（ESI），大気圧化学イオン化（APCI），大気圧光イオン化（APPI）が知られていますが，図1に示した様に，各々のイオン化には分析種の極性や分子量によって，守備範囲が異なります。現在，新しいイオン化法が開発されていますが，様々な難イオン化物質を的確にイオン化する手法はない様です。ここでは，上述のイオン化法の特徴を述べ，最近市販された UniSpray™ について紹介をします．

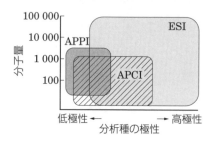

図1　イオン化法の選択

ESIはソフトなイオン化法として知られており，低極性から高極性まで比較的広い範囲の分析種に対して有用です。低分子有機化合物，脂質，糖，ペプチドやタンパク質などの高分子迄の広範な領域で測定が可能です。ヘキサン，シクロヘキサン，ベンゼンなどの無極性溶媒はエレクトロスプレーが出来ない事が知られており，これは，電気化学反応によってイオンを殆ど生じないため，電場を掛けても液体に力が加わらない事によります。

APCIは，ESIではイオン化し難い，低極性を有する分析種に適しています。ヘキサンやクロロホルムなどの低極性溶媒にしか分析種が溶解しない様な低極性化合物のイオン化に利用出来ます。溶離液は，水100％から無極性溶媒まで用いる事が出来ます。APCIでは，溶媒と分析種をヒーター中で気化させ，溶媒分子はコロナ放電によってイオン化される事により反応イオンが生成します。この反応イオンと分析種の間でプロトン授受が生じて，イオン化します。なお，熱に不安定な化合物では，分解する恐れがあるため，注意が必要です。

APPIは，ESIやAPCIではイオン化し難い非極性物質のイオン化が可能です。例えば，多環芳香族の様な化合物をイオン化する事が出来ます。APPIのイオン源はAPCIと類似しており，コロナ放電の代わりに，光のエネルギーを用いて分

析種をイオン化する方法となっています．光源であるクリプトンランプを利用し，光照射により分析種を直接イオン化する方法と，分析種と共にトルエンやアセトン，2-プロパノールといったドーパントをイオン源へ導入し，ドーパントから分析種が電荷を受け取る事でイオン化する方法の二つがあります．

最近，Waters 社が開発したイオン源として UniSpray が市販されています．UniSpray は幅広い化合物に対して，高いイオン化効率を有するため，更なる高感度化が期待出来ます．図2に示す様に，研磨されたステンレス製のターゲットロッドに電圧が印加され，高速で噴霧されたスプレーがターゲットロッドと衝突をします．二次的に，液滴の細分化と脱溶媒が促進され，ネブライザーからのスプレーは，ターゲットロッドの表面を曲線を描く様にオリフィスの方向へと流れ，イオンを効率的に巻き込み，液滴の脱溶媒と気相へのイオン蒸発効率を向上させます．

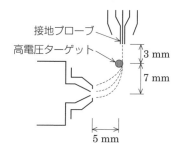

図2　UniSpray の模式図[1]

図3に示す分析種において，図4に示す様に ESI, APCI, APPI よりも高い感度が得られているので参考にして下さい[1]．

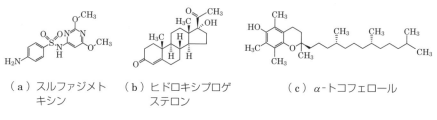

（a）スルファジメトキシン　（b）ヒドロキシプロゲステロン　（c）α-トコフェロール

図3　化学構造式

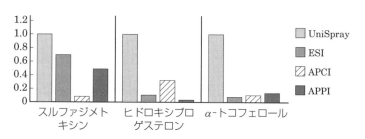

図4　UniSpray, ESI, APPI による感度比較[1]

Q51 質量分析の対象に出来ない物質を,質量分析する工夫はあるのでしょうか？

Answer 質量分析計で化合物を測定する場合,その化合物がイオン化しない限り測定する事は出来ません．LC-MSに限定すれば,現在広く使用されている大気圧イオン化法であるエレクトロスプレーイオン化（electrospray ionization, ESI）法や大気圧化学イオン化（atmospheric chemical ionization, APCI）法でイオン化しない化合物は質量分析計で測定で出来ません．この様な化合物を質量分析計で測定するためには何らかの方法でイオン化する必要があります．そこでイオン化する方法について解説します．一般的にイオン化しない化合物をイオン化するには誘導体化法が広く用いられています．その例としてアルデヒド類について述べます．アルデヒド類はESIやAPCIではイオン化しません．従って,誘導体化が必要ですが,アルデヒド類をHPLCの蛍光検出器で高感度に測定が可能な誘導体化法である2,4-ジニトロフェニルヒドラジン（2,4-dinitrophenylhydrazine, 2,4-DNPH）を用いた方法があります．図1にその反応式を示しました．

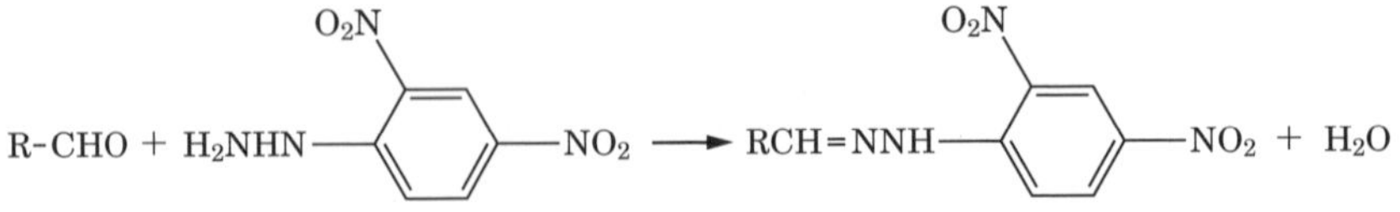

R-CHO + H$_2$NHN-C$_6$H$_3$(O$_2$N)-NO$_2$ → RCH=NNH-C$_6$H$_3$(O$_2$N)-NO$_2$ + H$_2$O

図1 アルデヒド類の2,4-DNPHによる誘導体化

この反応で生成したアルデヒド-DNPHのマススペクトルの例をアセトンの例と共に図2に示します．全てのアルデヒドでプロトン化分子 [M+H]$^+$ がベースピークイオンとして観察されています．この方法を用いて高感度分析が可能です．

この誘導体化法はオフラインで試料を誘導体化する方法ですが,オンラインでESIやAPCIでイオン化しない化合物をイオン化させる方法があります．多環芳香族化合物（polycyclic aromatic hydrocarbon, PAH）は炭化水素であり,ESIやAPCIでは測定が困難です．しかし,PAHは平面構造を有しており,カチオン類の親和性が非常に高い化合物です．この特性を利用した方法として硝酸銀水溶液をイオン源に導入してイオン化させる方法があります．図3にその装置の構成

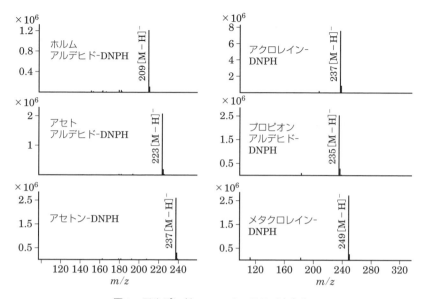

図2 アルデヒド-DNPH のマススペクトル

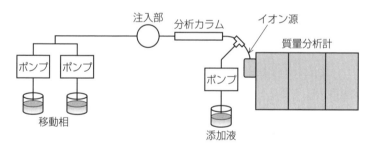

図3 ポストカラム添加法を用いた LC-MS システム

を示します．非常に簡単で LC カラムとイオン源の間に T-コネクターを介して追加ポンプを接続し，硝酸銀水溶液をイオン源に導入するだけです．

この方法で測定した PAH のマススペクトル例を図4に示しました．この方法による PAH のマススペクトルは M^+ がベースピークイオンとして観察されていますが，銀イオンが付加した $[M+Ag]^+$ も観察されています．イオン化の過程では $[M+Ag]^+$ が生成しますが，このイオンは不安定でイオン源内のインソース CID で銀が脱離して M^+ が生成して図4の様なマススペクトルが観察されます．

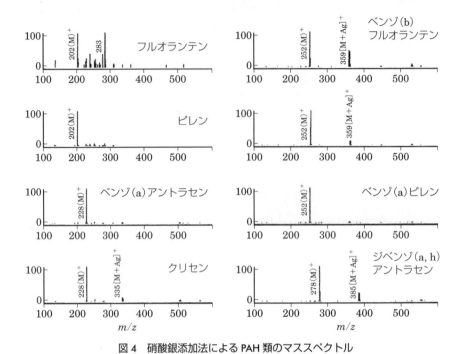

図4　硝酸銀添加法によるPAH類のマススペクトル

オンラインでイオン化させる別の方法として，APCIを用いた方法もあります．農薬であるクロロタロニル（図5）は，LC-MSで測定困難な化合物です．この化合物は作物や環境中で代謝され，4-ヒドロキシクロロタロニル（図5）に変化します．この代謝物はESIやAPCIで水酸基のプロトンが脱離してイオン化するため，測定が可能です．クロロタロニルはAPCIのイオン源を使用すると図5

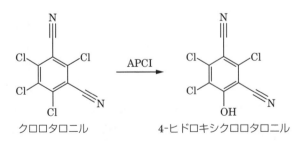

図5　クロロタロニルのAPCIによる変化

の通り，イオン源の気化器の熱で容易に代謝物である 4-ヒドロキシクロロタロニルに変化します．従って，クロロタロニルは 4-ヒドロキシクロロタロニルとして測定が可能となります．更に，HPLC のカラムで分離して溶出する迄はクロロタロニルですので，試料中に存在する代謝物である 4-ヒドロキシクロロタロニルとの識別は可能です．この様に，APCI の気化器の熱で測定が困難な化合物を変化させてイオン化が可能な化合物にする事によって測定が可能な方法もあります．

Q52 イオン化を目的とした誘導体化試薬には，どの様なものがありますか？

LC/MS における誘導体化の目的は，構造解析においては，特徴的なフラグメンテーションを観測出来る事，又，定量分析においては，分析種の分離の改善や飛躍的に感度を向上させる事にあります．具体的には，エレクトロスプレーイオン化では，分析種自身にカルボキシ基やアミノ基，更には積極的に電荷をもたせる様な誘導体化を施す事に依り，感度を向上させる事が出来，近年，多くの報告がなされています．

分子種がフェノール性水酸基やアルコール性水酸基しかもたない様な場合，図1及び図2に示す方法で誘導体化を行う事により感度の向上が期待出来ます．例えば，ステロイド骨格を有する 5α-dihydrotestosterone（DHT）を誘導体化試薬である 2-fluoro-1-methylpyridinium p-toluenesulfonate と反応させる事により，17位のアルコール水酸基に N-methylpyridinium 基が導入され，正イオンモードで前立腺中の DHT を 5 pg/tube で高感度に分析した例が報告されています[1]．

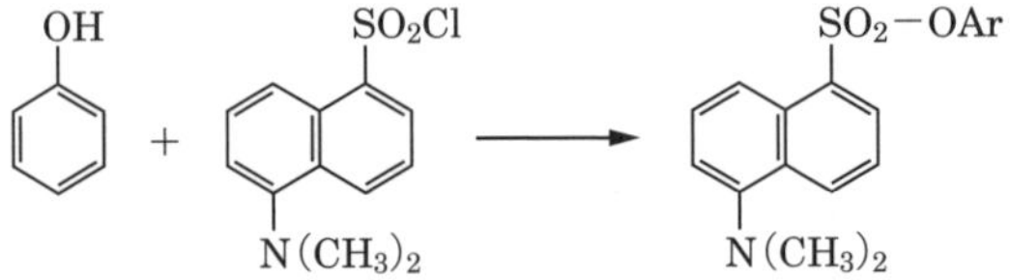

図1 フェノール性水酸基の感度付与のための誘導体化

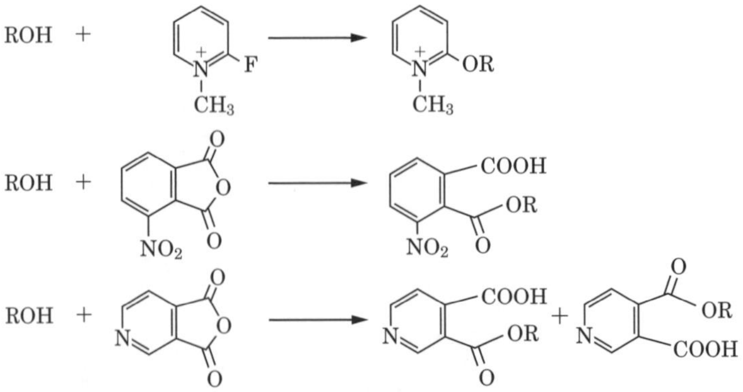

図2 アルコール性水酸基の感度付与のための誘導体化

チオール基を有する分析種は，容易に酸化してジスルフィドを生成する事が知られています．酸化防止剤を添加して酸化を抑える事が出来ますが，同時に，誘導体化する事により，エレクトロスプレーイオン化で感度の向上が期待出来ます．図3にチオール基を有する分析種の誘導化法を示します．

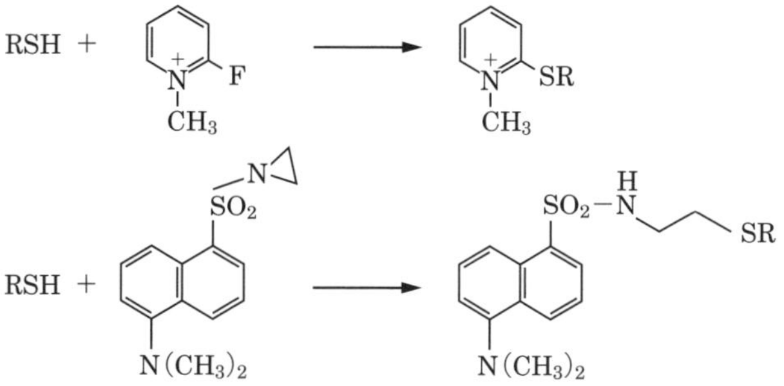

図3　チオール基の感度付与のための誘導体化

近年では，図4に示すLC/MS誘導体化試薬が開発され，高感度化が図られています．胆汁酸の一種であるコール酸と誘導体化試薬 KPA-CA01 を反応させる事により，電荷をもつ四級アミンを有する誘導体化物が生成し，pmol オーダーの試料の検出が報告されています[2]．又，アミノ酸と誘導体化試薬 TAHS を反応させる事により，同様に，amol オーダーの高感度検出が可能となっています[3]．特徴的な事は，全ての TAHS アミノ酸誘導体のプロダクトイオンが選択的に m/z 177 を与える点にあります．

その他に，MS 検出用の誘導体化試薬が試薬メーカーから市販されているのでメーカのウェブサイトを参照して下さい．

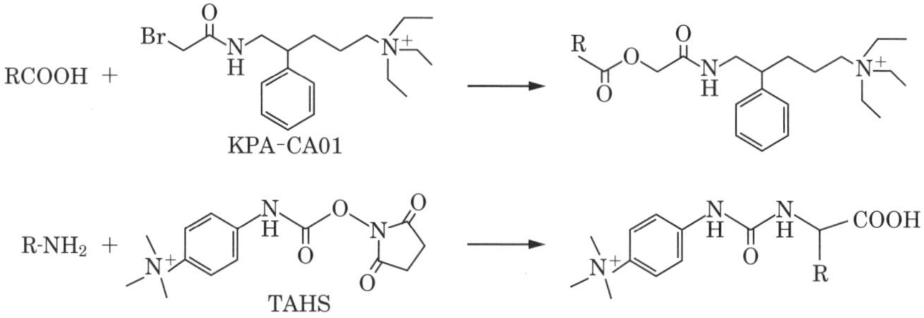

図4　カルボキシ基やアミノ酸の感度付与のための誘導体化

Q53 質量分析計のパーツの位置関係が，イオン化効率に及ぼす影響について解説して下さい．

Answer LC-MS（MS/MS）における質量分析計は，高速液体クロマトグラフによって分離された成分をイオン化し，m/z 値に応じて分離した後，これを検出する装置です．質量分析計を構成するのは，インターフェイス・イオン化部，質量分離部，検出部及び真空排気部です．この中で分析種のイオン化に関わるのはインターフェイス・イオン化部です．ここでは，カラム溶出液の気化，溶出液中分析種のイオン化，生成した分析種イオンの脱溶媒化，分析種イオンの質量分離部への輸送を行います．イオン化は大気圧イオン化（API）法によって行われますが，その中でも，主にエレクトロスプレーイオン化（ESI）法と大気圧化学イオン化（APCI）法が使われています．図1及び図2に，ESI及びAPCIのインターフェイス部の一例を示しました．

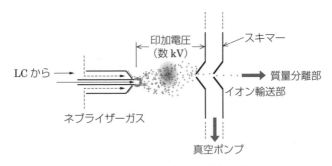

図1　ESIインターフェイス部の一例[1)]

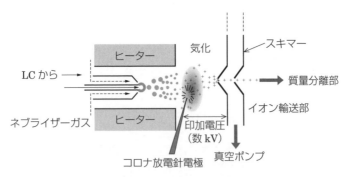

図2　APCIインターフェイス部の一例[1)]

ESI 法では，カラム溶出液を数 kV の高電圧が印加されたキャピラリーチューブに通すと，イオンの状態にある分析種がキャピラリー先端のテイラーコーンに導かれ，帯電液滴として噴霧されます．この帯電液滴は何れも同じ符号の電荷をもっているため，クーロン反発力により急激に拡散していきます．帯電液滴中のイオンが気体として飛び出すためには，脱溶媒とそれに続く液滴の分裂が必要です．この脱溶媒と気相イオンの生成は，スキマー（オリフィス）からイオン輸送部に取り込まれる前に完了している必要はなく，質量分離部に到達する迄に完了していれば測定感度に影響はありません．従って，イオン化効率を最大化するためには，帯電液滴が拡散して分析種の濃度が下がり過ぎない様に，プローブの位置を極力スキマーに近付けながらも，スキマーから取り込んだ帯電液滴が大き過ぎて質量分離部にそのまま到達する事が無い様に，プローブの位置をスキマーから遠避けます．最適なプローブの位置は，分析種，移動相組成，移動相流量，ネブライザーガス流量，温度などにより影響を受けますが，一般的に，移動相流量の影響が最も大きいとされています．そのため，図 3 に示した様な移動相流量に応じてプローブの位置を簡単に調整出来る様に工夫されたイオン源も販売されています．なお，プローブの位置をスキマーに近付け過ぎると ESI ニードル先端で放電し，青く光る事があります．この場合，ピーク強度が変動，低下する事が多いため，プローブ位置の最適化をやり直す必要があります．

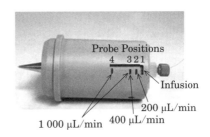

図 3　プローブ位置の調整が容易なイオン源[2)]

　APCI 法では，カラム溶出液をイオン化部に導入し，ヒーター及び乾燥ガスの加熱によって気化した後，コロナ放電によって生じる溶媒イオンと分析種とがイオン分子反応を起こして分析種がイオン化されます．APCI 法は，気相での化学イオン化反応によるイオン生成法ですので，イオン化に関しては移動相の種類による影響は ESI 法に比べて小さいとされています．ESI 法と同様，最適なプローブの位置は，移動相流量の影響を大きく受けますので，移動相流量に合わせて調整する必要があります．又，キャピラリー先端の位置もイオン化効率に影響を与えますので，最適な位置に調整する必要があります．

Q54 コールドスプレーイオン化とは，どの様な手法でしょうか？

Answer　コールドスプレーイオン化（cold-spray ionization, CSI）[1]は，従来のエレクトロスプレーイオン化（electrospray ionization, ESI）や大気圧化学イオン化（atmospheric pressure chemical ionization, APCI）では測定困難な，水素結合などの弱い力で結合した不安定化合物に有効なイオン化法であり，山口健太郎教授（徳島文理大学香川薬学部）らが千葉大学分析センターに勤務していた頃，科学技術振興機構（JST）からの資金援助を受けて2003年に開発した成果です．CSIは，ESIなどと同じく大気圧イオン化（atmospheric pressure ionization, API）ですが，ESIやAPCIが室温又は加温してイオン化するのに対し，冷却した窒素ガスを用いてスプレーしてイオン化させる事により，不安定化合物の質量分析が可能であるのが特長です．CSIの原理を概念図（図1）を使って説明します．

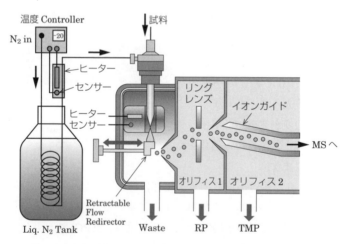

図1　コールドスプレーイオン化の概念図（日本電子(株)提供）

HPLC溶出液などの試料溶液をスプレーする部分には，ESI用又はイオンスプレーイオン化用のものが使用され，イオン化と脱溶媒を行うチャンバーは乾燥したN₂ガスで－20℃以下に温度制御されています．そこで大量の液体は排出されますが，残った液体はロータリーポンプ（rotary pump, RP）による粗引きでオ

リフィス1から除去し，それでも除去し切れなかった微量の液体は，本引き用のターボ分子ポンプ（turbo molecular pump, TMP）による高真空下において，オリフィス2から除去されます．一方，生成したイオンはリングレンズ（ring lens）とイオンガイド（ion guide）を経て質量分離部へ導かれます．

それでは，何故スプレーイオン化部を冷却するかと言うと，冷却により式（1）に従って試料溶液の誘電率（dielectric constant, ε_p）を増大させるためです．

$$\varepsilon_p = \varepsilon_0 \, e^{-T/\theta} \tag{1}$$

ここに，T は絶対温度〔K〕，ε_p は絶対温度 T における誘電率，ε_0 は真空の誘電率（vacuum permittivity），θ は定数

この様に誘電率が増大すると，式（2）に従って分極率（dielectric polarization, P）が増大しイオン化を促進するためと解釈されています（E は電場）．

$$P = \varepsilon_0 \, (\varepsilon_p - 1) \, E \tag{2}$$

上記の因果関係については，例えば水などの溶媒を冷却すると，溶媒分子の分子運動が抑制され，双極子が接近して整列されるため誘電率が増大する事が知られており，溶媒和によるイオン解離が促進されるためと説明されています[2]．

さて，CSIを装着した質量分析計（MS）の外観を図2に示しますが，一般に普及しているエレクトロスプレーイオン化（ESI）-MSとよく似ています．市販の製品（JMS-T100CS，日本電子）では，－80℃から15℃の範囲で温度制御が可能です．

繰り返しになりますが，CSIの特長はESIやAPCIではイオン化が困難な化合

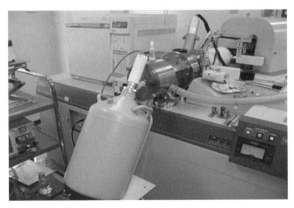

図2　コールドスプレー質量分析計[2]

143

物のイオン化が可能になる点にあり，水のクラスターイオン，アミノ酸，糖類，脂質，核酸などの生体物質にも適用出来ます[2]．一例として，図3にデオキシアデノシン（dA）のCSI（図(a)）とESIマススペクトル（図(b)）を示します．スプレー・イオン化時に100 ℃以上に加熱されるESIではdAのダイマーが検出されているだけですが，低温スプレー・イオン化のCSIでは溶液中でのクラスター構造を反映したと思われる多数のポリマーが検出されています．

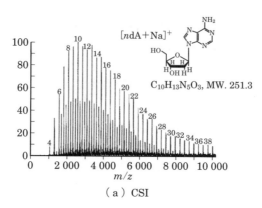

(a) CSI

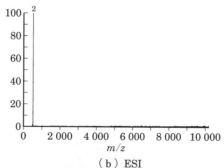

(b) ESI

図3　デオキシアデノシン（dA）のCSI及びESIマススペクトル[3]

Q55 ソニックスプレーイオン化の特徴を教えて下さい．

ソニックスプレーイオン化（sonic spray ionization, SSI）法により，新たな分析手法が提案されつつあります（SSIイオン源を搭載したMSは1995年（株）日立製作所において実用化されました）．本節では開発の背景，経緯を含めて，SSIの特徴を解説します．

[1] 新たなイオン源開発の背景及び経緯

タンパク質やペプチドなどの生体関連物質は，殆どが生体から極微量な液体として抽出されます．これらの物質は難揮発性（蒸気圧が低い），且つ熱不安定性（加熱した時，熱分解し易い）の傾向が強く，加熱して気化させイオン化を行うプロセスが困難になります．そこで生体関連物質のMS分析ではソフトなイオン化法の開発が重要なポイントになります．LC/MS, LC/MS/MS分析に適した高効率なイオン化法の開発は多くの研究開発者が目指す所であり，様々な手法が提案されて来ました．しかし，分析種の範囲が非常に狭いか，或いはコスト，堅牢性や安定性の側面から，論文での研究報告は行われても，限定した利用に止まるか或いは装置として商品化に至らないイオン化法も見られます．

コロナ放電を利用する大気圧化学イオン化（APCI）法，高電界中に液体を噴霧するエレクトロスプレーイオン化（ESI）法，パルスレーザー光照射を利用するマトリックス支援レーザー脱離イオン化（MALDI）法などの大気圧下でのイオン化法が現在主流となり一般に用いられています．現在の所，1種類のイオン化法で全ての物質が測定可能な万能性をもったイオン化法は残念ながら無く，極性や分子量によって選択の制約があります（揮発性物質の分析にはAPCIが有効な場合が多いですが，不揮発性化合物や難揮発性化合物の分析にはESIやMALDIがより有効な場合が多いなどの事例）．大気圧下でのイオン化のプロセスや原理の全解明はまだ研究の途上です．LC/MSインターフェイスの研究開発実験では，溶媒による現象の違い，夾雑成分の影響（マトリックス効果，イオン化抑制，イオン化促進），装置感度の変動などの多岐の課題に対処しながら行う必要があります．他の新たなイオン化法と同様に産みの苦しみの中で，SSIは産声を上げました．

[2] SSIの生立ち

広範囲の用途に適用可能な新原理に基づくイオン化法を提案するため，従来の

イオン化のプロセスが詳細に調べられました．高電圧を印加しない限りイオン化は起こらないとの想定に反して，大気圧下で液体をガス流で噴霧するだけで（電圧を印加しなくても）微量ではありますがイオンが生成する現象が観測されました．具体的には，液体に高電圧を印加するESI法にガス流（窒素ガス）を併用し，生成される帯電液滴の気化を促進するイオン化過程を調べる中で，ガス流速をESIで設定する流速よりも遥かに高く設定した結果，電圧を印加しない場合にもイオンが観測されました．分析パラメーターを詳細に調べた結果，このイオン化の現象はガス流速に強く依存し，ガス流速が音速の場合にイオン量が最大となる事が見出されました．又，様々な生体関連物質に対してイオン化効率が高く，実用性のある事が確認されました．この音速イオン化現象の原理を解明していくと同時に，新たなイオン化法としてSSIが提唱されました．

[3] SSIの特徴

SSIによるイオン生成過程の概念図を図1に，SSIインターフェイスの断面図を図2に示します．SSIでは，試料溶液を細管に導入し，細管末端において音速のガス流で噴霧する事により，気体状のイオンが大気圧下に多量に生成されます．代表的な細管サイズは，内径100 μm，外径200 μm程度です．細管の末端近傍では噴霧により最初に帯電液滴が生成され，次に帯電液滴からの溶媒の蒸発によって気体状のイオンが生成されます．帯電液滴は液滴の粒径が小さい程，速やかに溶媒が蒸発します．ガス噴霧により生成される液滴は，ガス流速が速いほど小さくなる傾向があるため，高速ガス流によって速やかに微細液滴を生成する事が重要です．一方で，ガス流速が音速を超え超音速領域に達すると，衝撃波（shock wave）が形成される事が分かっています．衝撃波を伴ったガス流ではガスの過圧縮と過膨張が繰り返され，過膨張時には微細化された液滴同士が凝集する現象も随伴して起こります．

SSIでは，噴霧の初期段階でサブμm程度の極微細な粒径の揃った液滴が多量

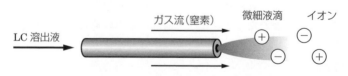

図1　SSIによるイオン生成過程の概念図（引用文献1）を改変）

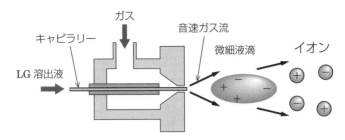

図2 SSIインターフェイスの断面図（引用文献2）を改変）

に生成されます．これは従来の噴霧技術で生成される液滴の粒径（10～100 μm程度）と比較して2桁以上小さい事になり，とてもユニークな噴霧技術です．これらの微細液滴は蒸発に伴って帯電し，気体状のイオンを生成します．

　液滴の帯電原理は，液体と気体との界面電位差により説明されます．即ち，水面が無限遠と見做せるバルク水中では正イオンと負イオンが均一に分布して存在しますが，水面では空気との接触により界面で電界が発生します．この電界に従って水面近傍には負イオンがシート状に集まり，その下に正イオンがシート状に集まります．この様な正負イオン密度分布の不均一さは水面から深さ方向に約0.1 μm程度の領域に生じます．粒径がサブμm程度の液滴中では，水面の影響が顕著であり，正負イオン密度分布は全体的に不均一となります．この様な液滴が音速ガス流に晒されると，液滴表面から微量な液体が剥ぎ取られ，更に小さな液滴となります．こうして，より微細化された液滴は正負イオンの電荷が平衡せず，正負どちらかの電荷に帯電します．元の液滴は反対の極性に帯電するため表面近傍に，今度は正イオンがシート状に集まり，ガス流により更に粒径の小さな液滴が生成します．

　この様なプロセスを繰り返す事により，極微細な帯電液滴が生成すると考えられます．従来のイオン化法は高電圧，レーザー光，加熱などのエネルギーを分析種に供給する事によりイオン化を行いますが，SSIは試料液体に対してガス流のもつ「せん断力」によりイオン化を行います．即ち，分析種に過剰なエネルギーを直接供給しないと言う点で，よりソフトなイオン化法と言えるでしょう．

　難揮発性，熱不安定性により従来法では測定が困難であった物質のイオン化が可能である事も分かって来ました．例えば，多糖類や配糖体など（細胞間の情報伝達に重要な役割を果たすと考えられています）には，従来は適切なイオン化法

が有りませんでした．又，カテコールアミン類（脳科学分野で重視される神経伝達物質の一つ）の分析感度の向上が見られ，ラット脳髄液の直接分析なども可能になりました．その他，医薬品及びその代謝物，農薬や貝毒の分析にも応用されています．

SSIではイオン源で試料液体の噴霧を行いますが，従来のイオン化法の様に「試料液体の電気伝導度，表面張力や流量によってはイオン化されない」と言う制約は殆どありません．このため，LCやセミミクロLC，マイクロLC，キャピラリー電気泳動（CE）等の分離手段をMSの前段に結合する事も容易となりました[1),2)]．

なお，SSIのイオン化について更に詳しく勉強したい読者は，ESIのイオン化の「帯電残渣機構」及び「イオン蒸発機構」と対比して考えてみると，興味深いと思います[3)]．

Q56 マッシブクラスター衝撃イオン化とは,どの様な手法でしょうか?

マッシブクラスター衝撃イオン化(massive-cluster impact ionization, MCI)とは,表面の衝撃により二次イオンを生成する方法の一つで,粒径がサブミクロン(〜0.01 μm)程度,質量が10^7 u 以上,プロトン付加数が数十〜数百のグリセロール多価クラスターイオンを 10〜20 kV で加速し,金属ターゲット板に塗布した液体マトリックス試料に衝突させる事によりイオンを生成させる手法[1]です.この時用いる多価クラスターイオンは,グリセロールの電解質溶液,例えば 0.75 mol/L の酢酸アンモニウムを含むグリセロールを用いたエレクトロハイドロダイナミックイオン化(electrohydrodynamic ionization, EHI 又は EHDI)により生成されます.EHI は揮発性の低い電解質溶液,例えばグリセリンにヨウ化ナトリウムや酢酸アンモニウムなどを溶解させた電解質溶液や液体金属を,真空中に導入した 10 kV 以上の高電圧を印加した金属キャピラリーの先端から流出させ,スプレーイオン化(spray ionization)する技術です.キャピラリー末端の液体メニスカスと電場の相互作用で生じる現象であり,電荷を帯びた μm オーダーの液滴が真空中へ音速でスプレーされ,ESI と同様に溶媒の気化により収縮した液滴表面の電荷密度がレイリー(Rayleigh)極限を超えて分裂する際にイオンが気相に単離されます.ESI との違いは,真空中でのイオン化である点と,低揮発性の有機溶媒を用いなければならないと言う点ですが,液滴からイオンが生成される過程は非常によく似通っています.

EHI は多価のクラスターイオン(cluster ion)を生成させるのに適しているため,前述の通り,MCI の一次イオン生成に利用されています.EHI で生成された約 10^6 個のグリセロール分子から成るクラスターは,平均で 200 程度の電荷をもち,加速される事によって MeV レベルの運動エネルギーをもちます.しかし,単一核子当たりの運動エネルギーは 1 eV 程度と小さいため,同様に表面の衝撃により二次イオンを生成する高速原子衝撃(fast atom bombardment, FAB)法とは異なるイオン化機構が提唱されています.FAB では大きく分けて化学イオン化モデルと前駆体モデルと呼ばれるイオン化機構が提唱されていますが,MCI では衝撃波モデルが提唱されています.これは,衝突に際して入射するクラスターとバルク表面,又はマトリックスに溶解された試料との間に発生した数 GPa の圧力により,イオンが生成されると言うモデルです.クラスター中の電解質に含ま

れる陽イオンが付加したイオンが観測される事から，分析種と入射されるクラスターとの間に混入も起きている様ですが，一般的には入射したグリセロールに由来するマトリックス効果は無視出来るとされています．又，FAB とは異なり，マトリックスの無いドライな試料でも良好な結果が得られる事が知られています．

MCI は FAB と比較すると，衝突させるクラスターがもつ巨大な運動量により大きな信号強度が得られる事と，前述した単一核子当たりの運動エネルギーが小さい事からフラグメンテーションが少ない事が特徴として挙げられます．又，タンパク質などの分析においても多価イオンを生成する事が知られていますが，現在ではマトリックス支援レーザー脱離イオン化（matrix-assisted laser desorption/ionization，MALDI）やエレクトロスプレーイオン化（electrospray ionization，ESI）などの普及により用いられる事は少なくなっています．

しかし，近年になって Williams らが MCI を TOF-MS と接続し，ペプチドのパターン試料において走査形ではなく結像形のイメージ取得方式を使う事で，面分解能が約 3 μm の分子イメージ像を僅か 1 分間で取得する事に成功しています[2]．前述の様に，残念ながら MCI はこれまで質量分析におけるイオン化法としてはあまり普及しませんでしたが，この様に高空間分解能イメージングなど，別の分野においては未だまだ研究する余地が残されている様ですので，今後の展開が期待されます．

アンビエントイオン化法と大気圧イオン化法とは，違うものですか？

　類似点は色々ありますが，違うものとして理解するのが良いでしょう．

　R. G. Cooks らにより開発された DESI[1]（desorption electrospray ionization, 脱離エレクトロスプレーイオン化），R. B. Cody らにより開発された DART[2]（direct analysis for real time, リアルタイム直接分析）など，ユニークなイオン源が 2000 年代初めに開発されました．アンビエント質量分析（ambient mass spectrometry）と言う言葉は，2006 年の R. G. Cooks の論文[3]から，広く認知され使用される様になりました．アンビエント質量分析のイオン源に関する論文は非常に多く報告されています．その一部を表 1 に示します．しかし，これらの略号は必ずしもイオン化法を表している訳ではなく，これを用いた分析の特長や試料プローブ（器具）の名を表しているものもあります．ここでは，略号（イオン源）として表記します．

表 1　アンビエント質量分析に用いられるイオン源

略号	英名 和名（参考）
DESI[1]	desorption ESI 脱離エレクトロスプレーイオン化
DART[2]	direct analysis in real time リアルタイム直接分析
ASAP[4]	atmospheric pressure solids analysis probe 大気圧固体分析プローブ
ELDI[5]	electrospray-assisted laser desorption/ionization ESI 支援レーザ脱離イオン化
LAESI[6]	laser ablation ESI レーザアブレーションエレクトロスプレーイオン化
DBD[7]	dielectric barrier discharge 誘電体バリア放電
LTP[8]	low temperature plasma probe 低温プラズマプローブ

DESI（イオン源）の模式図を図1に示します．可動式試料台に試料を固定し，ESIプローブから溶媒を噴霧します．帯電液滴を試料表面に衝突させる事で，試料に含まれる分析種が脱離イオン化，又は，溶媒噴霧による抽出と気相中でのイオン化などが起こります．生成したイオンはイオン取込口から質量分離部に導入され質量分析を行います．質量分析における通常の直接試料導入（direct inlet DI）は，試料を高真空下の質量分析計の中に試料を搬送するためDIプローブ（細長い棒状の器具）を用いますが，大気圧でイオン化出来れば，DIプローブを利用する事無く，より簡単・迅速に質量分析を行う事が出来ます．更に，試料の大きさの制限も緩和され，例えば，トマトそのものを試料として質量分析する事が出来ます．通常必要とされるトマトからの分析種の抽出などの前処理は必要ありません（直接分析）．この様な簡便・迅速・前処理不要の直接分析がアンビエント質量分析の特長です．又，可動式試料台を用いる事でイメージング分析を行う事が出来ます．実際の測定では，試料からの分析種の脱離・抽出，イオン化に適した溶媒を選択するのは勿論の事，スプレーインパクト角（α）やコレクション角（β）の最適化も必要です．

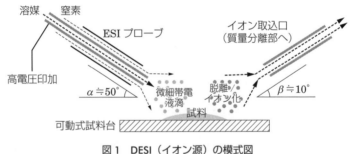

図1　DESI（イオン源）の模式図

DART（イオン源）の模式図を図2に示します．DARTプローブ内のニードル電極の放電（グロー放電）によりヘリウム（He）ガスを励起させます（励起ヘリウム，He*）．この際発生する帯電粒子は接地電極により除去され，励起ヘリウムだけをヒーターで加熱して試料に噴霧します．加熱ガスにより試料表面から分析種の熱脱離や気化が行われます．一方，励起ヘリウムは大気成分である窒素や水などと反応しヒドロニウムイオン（H_3O^+）などの反応イオンを生成させます．次に反応イオンと気相に放出された分析種のイオンのイオン・分子反応により，分析種がイオン化されます．これをイオン取込口から取り込み，質量分析します．

DART（イオン源）も，比較的大きな試料をそのまま質量分析する事が出来ます．例えば，ネクタイや紙幣（繊維）を直接分析し，それに付着した危険物（薬物・爆発物）の質量分析を行う事が出来ます．噴霧する励起ヘリウム加熱ガスは，イオン化だけでなく試料に付着した分析種を熱脱着（抽出）しているため，この様な分析を行う事が出来ます．DARTにおいても，ガス流速や温度は勿論，試料とDARTプローブやイオン取込口の角度は重要なパラメーターです．同じ角度で測定するための器具や試料支持台など，様々なオプションもあります．

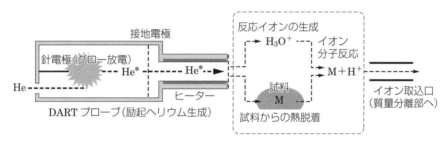

図2　DART（イオン源）の模式図

　従来の質量分析技術では，野菜試料や繊維試料をそのまま質量分析する事は出来ないので，何らかの抽出など前処理が必要でしたが，大気圧下で瞬時に抽出・脱離・イオン化を行うこれらの方法により，革新的な質量分析が可能になりました．アンビエント質量分析と言う言葉にはこの革新性が含まれています．イオン化自体は，ESI, APCI, LD, 放電（グロー放電，コロナ放電，誘電体バリア放電）を単独又は複合して用い，試料からの分析種の脱離・抽出工程とイオン化工程を両立させています．非常に多くのイオン源が報告されているのは，このバリエーションが多いからです．しかし，全てのイオン源が広く利用されている訳ではありません．次第に淘汰され，名称についても整理されて行くと思います．

Q58 両性化合物のイオン化に際し，正イオン化/負イオン化のどちらを選択するかの基準はありますか？

Answer　現在，広く使用されている LC-MS のイオン化法であるエレクトロスプレーイオン化（electrospray ionization, ESI）法や大気圧化学イオン化（atmospheric pressure chemical ionization, APCI）法は，測定化合物からプロトンを付加或いは引き抜く事によってイオン化する手法です．従って，化合物の酸性，塩基性によって測定するモード（正イオン，負イオン）が決まります．

化合物をイオン化する場合，古い世代の ESI の場合には移動相の pH が測定化合物の酸性度（pKa）より高いか低いかで化合物の解離状態が決まる事から，正イオンで測定すべきか，負イオンで測定すべきかを判断出来ました．この考え方は現在の ESI でも同じですが，最新の ESI は移動相中で解離していなくても共存するイオンとのプロトンの移動によってイオン化モードが決まります．

又，APCI の場合は，使用する移動相が試薬イオンになる事からメタノールや水のイオン〔$(CH_3OH)H^+$，H_3O^+〕と測定化合物との分子-イオン反応でイオン化されます．従って，化合物のプロトン親和力が重要で，プロトン親和力の高い化合物が正イオンでイオン化し易いです．一方，負イオンモードでは溶媒の反応イオン（OH^-）のプロトン親和力と測定化合物の酸性度が重要で，酸性度の高い化合物ほどイオン化し易い事になります．

両性化合物とは，図1に示すアミノ酸の例の様に，一つの分子中に正の電荷をもつ陽イオンと，負の電荷をもつ陰イオンの異なる電荷のイオン基が存在します．

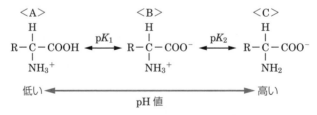

図1　アミノ酸を例にした両性化合物の解離状態

この二つのイオンの濃度が等しい時に総電荷が0になります．AとBの濃度が等しい時の pH 値は pK_1 で，BとCの濃度が等しい時の pH 値は pK_2 です．多く

のアミノ酸のpK_1は2前後，pK_2は9前後です．従って，LC-MSでこれらの化合物を分析する場合は，移動相のpHを下げると正イオンモードの感度が高くなり，pHを上げると負イオンモードの感度が高くなります．しかし，一般に負イオンモードで観察されるイオン強度は，正イオンモードのそれと比べ弱い傾向があります．更に，移動相のpHを下げる場合には使用するカラムや装置の制約は少ないですが，pHを上げる場合にはカラムの選択が限られたり，装置の部品の交換などが必要です．従って，一般的には正イオンモードで測定する場合が多いです．しかし，負イオン検出はバックグランドのイオン強度も正イオンより遥かに低い傾向があるため，S/Nで見れば高い感度が得られる場合がありますので，必ず両イオンオードでの確認が必要です．

図2は，構造の類似した両性化合物であるベンゾイルフェニル尿素系殺虫剤の正/負イオンモードでのクロマトグラムを示しました．

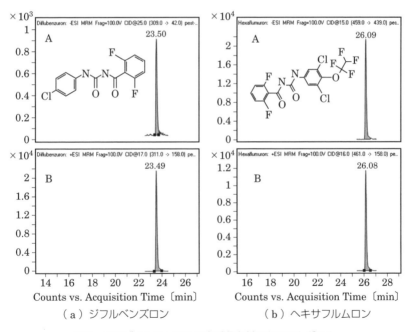

図2　ベンゾイルフェニル尿素系殺虫剤のクロマトグラム

ベンゾイルフェニル尿素系殺虫剤は両性化合物ですが，アミノ酸の様な双性イオンには解離せず，アミド結合の窒素元素にプロトンが付加するかプロトンが引

き抜かれるかで正，負両イオンが生成します．ジフルベンズロンとヘキサフルムロンは構造的には類似していますが，ジフルベンズロンは正イオン（B）が負イオン（A）の10倍以上の強度で検出されていますが，ヘキサフルムロンは負イオン（A）が正イオン（B）の2倍程度の強度で検出されています．この様に，ベンゾイル基とフェニル基に置換しているハロゲン元素の種類や数により，類似した化合物においても正，負イオンの強度が異なると考えられます．

　以上の様に，両性化合物の場合，その化合物の特性や構造がイオン化モードに大きく依存するため，測定する前に対象化合物の特性や構造を調べる事が重要です．

Q59 プロトン親和力がイオン化に影響するのは，どの様な場合でしょうか？

　　　　龍の巻 Q39 に，「質量分析でプロトン親和力が問題となるのは，どの様な場合でしょうか？」に記載[1]しましたが，もう少し平易に説明してみます．

　分析種をイオン化出来なければ，質量分析する事が出来ません．又，どの様なものでもイオン化出来ると言うイオン化法もありません．そのため質量分析を行う場合，目的成分はイオン化され易いが，妨害成分はイオン化され難いイオン化法を選択します．分析種毎にイオン化のし易さは違うので，分析者はその程度を理解したいと考えます．単純に，分析種のイオン化に必要なエネルギーを，その分析種の「イオン化エネルギー（仮）」とし，「イオン化エネルギー（仮）」が小さいほどイオン化し易く，大きいほどイオン化し難いと考えられると便利です．しかし，既に「イオン化エネルギー（正）」と言う用語は，基底状態にある孤立した原子や分子から1個の電子を無限遠に引き離すのに要するエネルギーと定義されています．分子を M で表すと，イオン化エネルギー以上のエネルギーを与えれば，分子 M は，式（1）に示す様にイオン化されます．この式は，電子イオン化（EI）によるイオン化を表しており，$M^{+\cdot}$ を分子イオン（molecular ion）と呼びます．気相中での熱電子（e^-）の衝撃によりイオン化のためのエネルギーを与えるので，式（2）の様に表す事があります．EI の熱電子はイオン化エネルギー以上のエネルギーをもたせているので，分子イオンだけでなく，分子イオンの開裂によるフラグメントイオンも観察されます．

$$M \rightarrow M^{+\cdot} + e^- \tag{1}$$

$$M + e^- \rightarrow M^{+\cdot} + 2e^- \tag{2}$$

　ESI や APCI などの大気圧イオン化法は，主にプロトン付加分子 $[M+H]^+$ を生成させるため，イオン化エネルギー（正）とは違う考え方が必要です．これを「プロトン付加分子の生成に必要なエネルギー（仮）」とします．この場合は，分析種単独ではなく，プロトン受容体（proton accepter）とプロトン供与体（proton donor）の関係を考えなければいけません．もし，「プロトン付加分子の生成に必要なエネルギー（仮）」が A＜B の場合は $[A+H]^+$ が生成し，A＞B の場合は $[B+H]^+$ が生成します．実は，新たに「プロトン付加分子の生成に必要なエネルギー（仮）」をもち出す迄もなく．式（3）の様に化合物 A と B がプロ

トンを奪い合い，どちらがプロトンを奪い易いかを考えても良い訳です．このプロトンを奪い合う力は，プロトン親和力（proton affinity）と言う物理定数を用いて議論する事が出来ます．

$$A \cdots H^+ \cdots B \tag{3}$$

厳密には，プロトン親和力は「絶対温度 298 K における，分子やイオンにプロトンを付加させた時の反応熱，エンタルピー変化の負値（$-\Delta H$）」や「気相におけるプロトンと電気的に中性な化学種間のエンタルピー変化の負の値（結果としてその化学種の共役酸が生成する）」と定義されています．代表的な化合物（共役塩基）のプロトン親和力を表1に示します[2]．

表1　代表的な化合物（共役塩基）のプロトン親和力

共役塩基 (B)	プロトン親和力 $PA(B)$ [kJ/mol]	共役塩基 (B)	プロトン親和力 $PA(B)$ [kJ/mol]
H_2	422.3	CH_3OH	754.3
N_2	493.8	C_2H_5OH	776.2
CO_2	540.5	CH_3COOH	783.7
CH_4	543.5	CH_3CN	779.2
$iso\text{-}C_4H_{10}$	677.8	CH_3COCH_3	812.0
H_2O	691.0	$iso\text{-}C_4H_8$	824.0
CF_3COOH	711.7	NH_3	854.3
$HCOOH$	742.0	CH_3NH_2	899.0
C_6H_6	750.4	$(CH_3)_2NH$	929.5

分析種 M にプロトン H^+ が移動する過程を式（4）に示します．イオン化が起こる場合，M はプロトン受容体です．式（4）では，H^+ だけで示していますが，実際はプロトン供与体として存在しています．例えば，H_2O の共役酸であれば H_3O^+ はプロトン供与体として機能します．分析種のプロトン親和力 $PA(M)$ が H_2O のプロトン親和力より大きければ（> 691.0），式（5）の様にプロトン付加分子を生成する事が出来ます．逆に，分析種のプロトン親和力 $PA(M)$ が H_2O のプロトン親和力より小さければ（< 691.0），式（6）の様に分析種はイオン化される事はありません．化学イオン化（CI）の様に，試薬ガスを導入してプロトン供与体を選択出来る場合は比較的理解し易いですが，移動相溶媒を利用してプロ

トン供与体生成する場合は，様々なプロトン供与体を考えなければなりません（別の分析種・夾雑成分がプロトン供与体になる事もあります）．

$$M + H^+ \rightarrow [M+H]^+ \tag{4}$$

$$PA(M) > PA(H_2O) \text{ の場合，} M + H_3O^+ \rightarrow [M+H]^+ + H_2O \tag{5}$$

$$PA(M) < PA(H_2O) \text{ の場合，} M + H_3O^+ \leftarrow [M+H]^+ + H_2O \tag{6}$$

当然，分析種のプロトン親和力の大きさを知りたいのですが，残念ながら殆どの場合，その正確な値を知る事は出来ません．しかし，凡その値を推測するは出来ます．H_2O（共役酸 H_3O^+）と NH_3（共役酸 NH_4^+）のプロトン親和力を基準とし，プロトン受容体である分析種が，① H_2O よりプロトン親和力が小さい（$PA(M) < 691.0$），② H_2O よりプロトン親和力が大きいが NH_3 のそれより小さい（$691.0 < PA(M) < 854.3$），③ NH_3 のプロトン親和力より大きい（$PA(M) > 854.3$）のどれに相当するかを把握します．水よりメタノール，エタノールの方がプロトン親和力は大きい．アンモニアより二級アミン，三級アミンの方がプロトン親和力は大きい．TFA よりギ酸，ギ酸よる酢酸の方がプロトン親和力は大きい等から分析種のプロトン親和力を推測します．又，溶液中では，分析種の塩基性度が高いほどプロトンを引き付け易く共役酸を作り易いので，プロトン親和力の差 ≒ 塩基性度の差として考える事も出来ます．従って，表1に示したプロトン親和力を基準（定規）として，相対的に分析種を捉える事が出来れば，正確な数値が分からなくともイオン化のし易さを理解出来ます．質量分析でプロトン親和力と言う場合，正確な値を利用していると言うより，むしろ相対的な大きさ関係を用いている事が多いと思います．この観点から言えば，汎用されるイオン化法で EI 以外のイオン化は，プロトン授受が関係するので，相対的なプロトン親和力（≒塩基性度）の関係がイオン化に影響します．

Q60 インビーム法とは何ですか？

Answer　LC-MSを使用している本書の読者にとっては，「大気圧下で分析種をイオン化出来る」「難揮発性物質をイオン化し質量分析出来る」「LCから試料を導入して分離分析を行いながら質量分析を行う」などは当然だと思うでしょう．「質量分析のイオン化は，高真空下で行う」「試料は直接試料導入プローブ（direct inlet probe, DI probe）を用いて質量分析計内に導入する」「揮発性が低い化合物は質量分析するのが困難（＝工夫して，より高極性・難揮発化合物の質量分析を行う）」など，従来の常識は常識では無くなったのかも知れません．インビーム（in-beam）法は，質量分析で普通に利用出来るイオン化法が電子イオン化（EI）と化学イオン化（CI）であった頃，そして，DIプローブを用いて質量分析を用いていた頃に，より高極性・難揮発性化合物の質量分析を行うために用いられた手法です．

電子イオン化（EI）と化学イオン化（CI）イオン源の模式図を図1に示します．EIは，高真空下でガス状の試料にフィラメントから放出される電子ビーム（熱電子流とも呼ばれる）を衝突させる事で，分子イオンや多数のフラグメントイオンを生成させます．CIは，メタン，イソブタン，アンモニアなどの試薬ガスに電子ビームを衝突させる事で，プロトン供与体として働く反応ガスを生成させ，更にこれがガス状の試料とイオン・分子反応（CI反応）する事で，プロトン付加分子と若干のフラグメントイオンが得られます．これらのイオンはリペラー

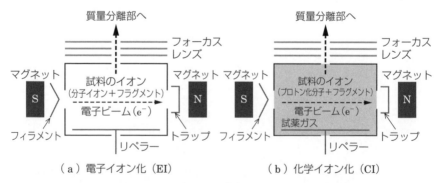

図1　電子イオン化（EI）と化学イオン化（CI）イオン源

やフォーカスレンズなどによりイオン源から質量分離部に送られます．インビームのビームは，電子ビームのビームを指します．

イオン源と直接試料導入（DI）プローブの模式図を図2に示します．通常のDI（図（a））は，先端に試料をセットしたDIプローブを，イオン源（イオン化室）の外側まで搬送します．インビーム法（図（b））ではDIプローブの先端試料を，イオン源（イオン化室）の中の電子ビームの近傍まで搬送出来ます（インビームと言いますが，電子ビームの中に試料を入れるのではありません）．DIプローブの先端を加熱する事で，試料は気化します．揮発性化合物であれば熱分解する事無く気化出来ます．難揮発性化合物であれば，気化する前に分解が起こり分子イオン種を確認出来ません．これらの中間に当たる化合物は，分解より気化を優先させる事が出来れば，分子イオン種を確認する事が出来ます．インビーム法は，①ガス状の試料がイオン化が行われる電子ビームの領域に到達する迄に分解したり，イオン源の内壁との接触で分解してしまう割合を低減出来ます．②電子ビームの近傍で気化を行う事で，気化させるための熱量が少なくて済みます．ちょっとした工夫ですが，これにより，通常のDIプローブでは上手く質量分析が出来なかった化合物が，インビーム法を用いる事で出来る様になりました．勿論，EIやCIは試料の気化が必須なので，難揮発性化合物，熱分解性化合物を分析するには，後に開発されるイオン化法を待たねばなりません．先達は色々工夫して質量分析の適用範囲を少しずつ広げていました．試料の熱分解より気化を優先させる手法としての急速加熱や電子ビームのエネルギーを低くしてフラグメンテーションを抑制する手法はインビーム法にも取り込まれています[2]．

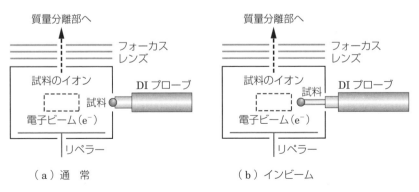

図2　イオン源と直接試料導入（DI）プローブ

インビーム法を有名にしたのは，1975年のDell, Williamsらの論文です[1]．電界脱離（field desorption, FD）は，同時期に開発された難揮発性化合物を分解する事なく気相に脱離・イオン化させる革新的なイオン化法ですが，開発されたばかりで利用する事も難しかった様です．又，既存の質量分析計に簡単にFD（イオン源）を取り付けて使用する事は出来ません．そんな時，FDでしか質量分析出来ないと言われたEchinomycin（図3）をインビームEIで質量分析を行い，構造の間違いを訂正したと言う論文です．当時の質量分析研究者が，比較的簡単な改造で利用出来るインビーム法に興味をもったのは当然です[2]．

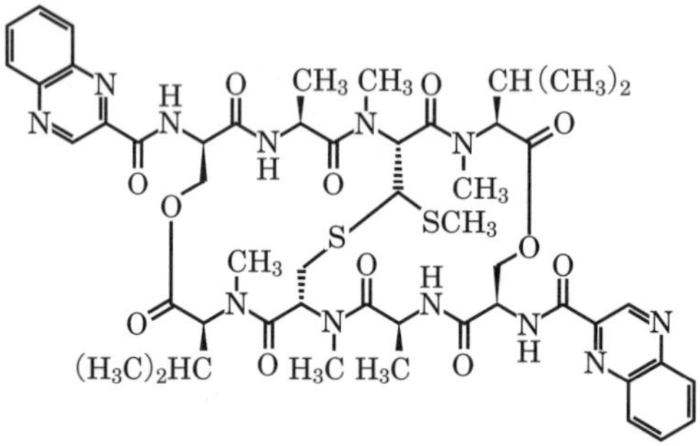

図3 Echinomycinの構造

現在では，FDやインビーム法に代わるイオン化法（FAB・SIMS, ESI, MALDIなど）を用いる事が出来るので，インビーム法を利用する事はありません．大橋　守先生（電気通信大学）がインビーム法の研究を精力的に行っていました．分子量情報，フラグメントイオン情報の両方を得る事が出来るインビーム法は，定性・構造解析の有効な手法として利用されました[3]．

Q61 新しいイオン化法に関する研究動向を紹介して下さい．

エレクトロスプレーイオン化（electrospray ionization, ESI）の登場以来，LC/MSのイオン化として際立った新しい方法は開発されていないのが現状です．ESIと大気圧化学イオン化（atmospheric pressure chemical ionization, APCI），或いはESIと大気圧光イオン化（atmospheric pressure photo ionization, APPI）などの既存のイオン化を組み合わせた，所謂，コンビネーションタイプのイオン化法は複数開発されてきましたが，これといった画期的な新しいイオン化法は開発されておらず，混迷を極めている状況と言えます．

その様な状況ではありますが，新しいイオン化法としてWaters社が開発した「UniSpray™」を紹介します．UniSprayの概略とイオン源の写真を図1に示します．

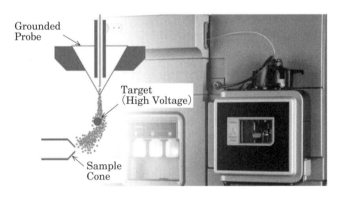

図1 UniSpray™の概略図とイオン源写真[1]

スプレープローブがグラウンド電位であり，イオン導入孔の近くに高電圧が印加されたピンが配置されているため，一見するとAPCIに似た構造ですが，イオン化としてはESIに近いものになります．プローブにおいて高圧ガスによって噴霧された中性液滴は，高電圧が印加されたターゲットピン表面で電圧を供給され，帯電液滴となります．ターゲットピンとイオン導入孔であるサンプルコーンは加熱されているため，帯電液滴は脱溶媒されてイオンがサンプルコーンから質量分析計内部に導入されます．

UniSpray の一般的なコンベンショナル ESI に対するメリットは，"帯電液滴からのイオン生成効率（脱溶媒効率）の高さ"にあると考えられます．コンベンショナル ESI の概略図を図 2 に示します．コンベンショナル ESI では，図 2 に示す様に，高電圧の印加による噴霧と高圧ガスによる噴霧は同時に起こるために，プローブ先端で生成する帯電液滴のサイズは大きく，電荷密度は低くなります．一方，UniSpray では，高圧ガスの噴霧によって生成した中性液滴（サイズは ESI で生成する帯電液滴と同等）が，ターゲットピンに衝突して粉砕されると同時に電荷が与えられるため，帯電液滴のサイズは ESI より遥かに小さくなります．コンベンショナル ESI の帯電液滴のサイズが数十〜数百 μm に対して，UniSpray では 1 μm 程度以下と推測されています．この事により，UniSpray は，コンベンショナル ESI よりも帯電液滴からのイオンの生成効率が高いと考えられています．

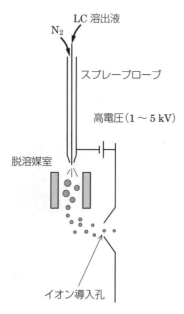

図 2　コンベンショナル ESI の概略図

Q62 リペラー電圧は質量分析に必須なのでしょうか？

リペラー電圧の必要性は，イオン化法（イオン源）によって，又，求める性能（感度）によって異なります．又，パラメーターの名前としては"リペラー電圧"でなくても，リペラー電圧の役割を果たすパラメーターもあります．

質量分析のイオン化法の中で最も伝統的であり，現在も GC/MS では最も一般的な電子イオン化（electron ionization，EI）源（EI イオン源とも言う）の概略図を図1に示します．

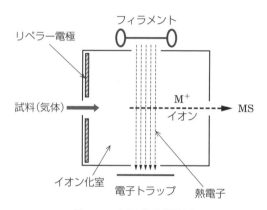

図1　EIイオン源の概略図

EI は，加熱・気化させた試料成分に対してレニウムなどのフィラメントに電流を流して放出される熱電子線を照射し，分子から電子を一つ弾き飛ばして正イオンを生成させる方法です．EI イオン源は，その特性上真空中でのみ用いられます．GC-MS に用いる場合，質量分析計の高真空を確保するために，GC カラムにはキャピラリーカラムが用いられます．真空中では，イオンは電圧のコントロールで自由に軌道を制御可能です．EI では，イオン源で生成したイオンは質量分離部（図1では MS）に送られて m/z 分離されますが，MS への導入効率を高めるためにリペラー電圧が用いられます．リペラー電極は，イオン化室の内部，MS への出口の反対側に配置され，イオン化室と絶縁されています．EI では通常，正イオンが生成しますので，リペラー電極に正の電圧を印加する事で，イオンは

165

イオン化室の出口に向かって移動し，MS へ導入されます．

LC/MS に用いられている ESI や APCI の LC-MS インターフェイスにおいても，リペラー電圧と同じ役割を果たすパラメーター（部品）はあります．LC-MS インターフェイスの概略を図 2 に示します．

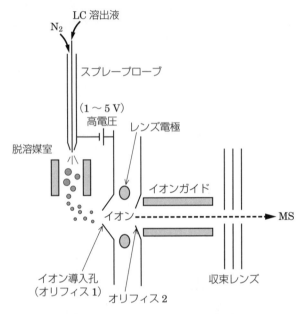

図 2　LC-MS インターフェイスの概略図

イオン導入孔（オリフィス 1）→オリフィス 2 →イオンガイド→収束レンズには，それぞれ僅かに印加電圧に勾配が掛けられています．これにより，イオンは押出し効果で後段の部位を効率良く通過する事が出来ます．即ち，各部位における電位差は，リペラー電圧と同様な役割を果たしています．

リペラー電圧に限らず，イオンの挙動を電圧によって操作する事は，真空中では容易ですが，大気圧中では困難です．因って，LC/MS に用いられている大気圧イオン化法では，大気圧下においてはリペラー電圧に相当するパラメーターは採用されていません．

Q63 飛行距離が最大の TOF は何ですか？

Answer 同一軌道を複数回飛行するマルチリフレクティング形（多重反射形）やマルチターン形（多重周回形）イオン光学系を有する TOF が該当します．理論上では無限大の飛行距離を実現出来ます．例えば，日本電子株式会社のガス分析装置 JMS-MT3010HRGA INFITOF 多重周回飛行時間質量分析計の場合，図1に示すイオン多重周回技術を用いており，イオンを 8 の字状に何度も周回させる事で飛行距離を稼いでおり，僅か 20 cm 四方の分析部で最長約 200 m ものイオン飛行距離を実現しています．

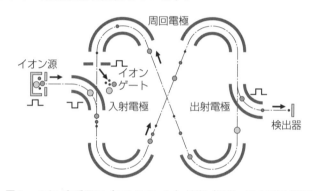

図1　イオン多重周回（マルチターン）技術（提供：日本電子(株)）

　分解能の向上を目的として長い飛行時間を確保するための現実的な方法は飛行長を伸ばす事になりますが，フライトチューブを直線状に延ばした場合，装置が大形化してしまう事に加えてイオン軌道の拡散による損失が大きくなると言った問題が発生します．イオン多重周回技術は，これらの問題点を同時に解決して，装置のコンパクト化と高い質量分解能での測定を実現しています．

　JMS-MT3010HRGA INFITOF の場合，装置サイズは一見デスクトップ PC にも見える大きさです（図2）．

　又，装置重量は約 40 kg と極めて軽いため，容易に移動や設置が出来ると言う

図2　JMS-MT3010HRGA INFITOF
（提供：日本電子(株)）

特徴があります．そのため，例えば実験室への持運びが困難な試料であっても，装置を現場に持って行って分析する事も出来ます．

一方，長い飛行距離から得られる高い分解能として，窒素分子（m/z 28.0062）の様な低質量領域においても最大 30 000（FWHM）以上が得られます．この性能により，一酸化炭素（m/z 27.9949）と窒素分子（m/z 28.0062）や二酸化炭素（m/z 43.9898）と亜酸化窒素（m/z 44.0011）などのイオンを質量分離する事が出来ます．しかし，同一軌道を複数回飛行させるために，速度の大きいイオン（m/z 値の小さいイオン）が速度の小さいイオン（m/z 値の大きいイオン）を追い越してしまわない様に質量範囲を制限する必要があります．JMS-MT3010HRGA INFITOF の場合，測定可能な質量範囲は m/z 1 ～ 1 000 となっていますが，図3に示す様に，水素分子イオン（m/z 2.0157）だけでなく水素原子イオン（m/z 1.0078）も測定出来る特徴があります．他の元素に比べて非常に軽く高速で飛行する水素イオンを飛行時間質量分析計で測定する事は従来困難とされていましたが，イオン多重周回技術により安定して測定出来る様になり，電解反応や触媒反応などの様々な先端材料研究で活用されています．

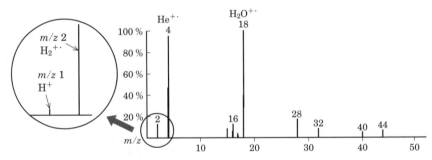

図3　JMS-MT3010HRGA INFITOF で得られるスペクトル例（提供：日本電子(株)）

JMS-MT3010HRGA INFITOF のその他の特徴としては，内部標準法で 3 mDa，外部標準法で 5 mDa の質量精度を有しており，又，イオン周回数を調整する事で分解能を変更出来ます．例えば，2 ターンだと約 700 の分解能が，20 ターンで約 6 000，60 ターンで約 13 000，120 ターンで約 30 000 の分解能が得られます．

以上の様に，イオン多重周回技術は，コンパクト化と高い質量分解能を実現した画期的な TOF であり，未知物質の解明や水素原子イオンの検出を必要とする次世代エネルギー開発に向けた先端材料研究など様々な研究の場で活用されています．

Q64 Spiral MS は特許性がどこにあるのか，又その限界を教えて下さい．

  Spiral MS の特許性は，独自のらせん軌道を利用したイオン光学系（らせん軌道形イオン光学系）にあります．飛行時間質量分析計（TOF-MS）で用いられているイオン光学系には，飛行長を伸ばすためにマルチリフレクティング（多重反射）形やマルチターン（多重周回）形が用いられますが，同一軌道を複数回飛行させるために速度の大きいイオン（m/z 値の小さいイオン）が速度の小さいイオン（m/z 値の大きいイオン）を追い越してしまう「追越し」問題が存在します．しかし，らせん軌道形イオン光学系は，イオンを周回させつつ，その軌道面を垂直方向に移動させて行くため，「追越し」問題が発生しません（図1）．

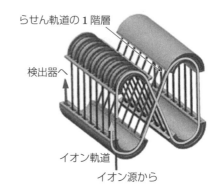

図1 SpiralTOF™ のらせん軌道形イオン光学系（提供：日本電子（株））

　らせん軌道は，円筒電場の中に9枚の松田プレートと呼ばれるプレートを組み込んだ階層状トロイダル電場4組により実現されています．これには，大阪大学で開発されたパーフェクトフォーカシング技術とマルチターン技術が利用されており，イオンパケットを一定距離ごとに収束出来る特徴があります．これにより，飛行距離を延長しても検出面においてイオンパケットが広がらないため，高い質量精度と同時に高いイオン透過率を実現可能とします．

　実際に，日本電子(株)の JMS-S3000 マトリックス支援レーザー脱離イオン化飛行時間質量分析計（図2）に採用されている SpiralTOF 形イオン光学系では，限られた空間内で 17 m のらせん状のイオン軌道を実現しています．この飛行距離は，従来のリフレクトロン形イオン光学系より 5～10 倍程度長い飛行距離であり，TOF として世界最高レベルの 75 000 以上の質量分解能（FWHM）を可能にしています．

　TOF-MS の質量分解能を向上させるために，通常遅延引出し法が用いられていますが，この方法には，高い質量分解能を達成出来る質量範囲が局所的である

図2　JMS-S3000 マトリックス支援レーザー脱離イオン化飛行時間質量分析計（MALDI-TOFMS）（提供：日本電子(株)）

と言う課題もあります．この課題は，図3に示す収束位置までの距離 L_1（0.3 m）と，運動エネルギー収束性をもつイオン光学系の距離 L_2（従来の MALDI-TOF-MS の場合 2〜3 m）の比（L_2/L_1）を大きくする事により解決出来ます．らせん軌道形イオン光学系では，1桁程度長い飛行距離（$L_2 = 17$ m）が得られるために，幅広い質量範囲で従来の TOF の限界を超える高い質量分解能を実現出来ます．

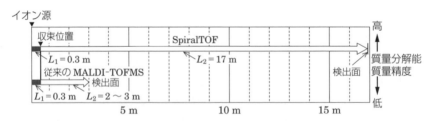

図3　遅延引出し法におけるイオン光学系の距離と質量分解能との関係（提供：日本電子(株)）

この様に，らせん軌道形イオン光学系は，広い分子量範囲での高質量分解能と高質量精度の点で，リニア形やリフレクトロン形のイオン光学系を凌駕するイオン光学系です．高質量分解能，高質量精度が必要となる合成高分子，タンパク質の酵素消化物分析等の様々な研究において活用されています．

Q65 松田プレートとは何ですか？

Answer 松田プレートは，偏向電場を発生する平板コンデンサーの事であり，電場の方向に収束作用をもつと定義されています[1]．大阪大学名誉教授であった故・松田　久先生（1924-2011）の発明でその名前が冠されています．

松田先生が率いる大阪大学質量分析グループは，TOF-MSの質量分解能を上げるため，狭いスペースの中で飛行距離を長くする工夫を凝らし，線形のイオン光学系（リニアフライトチューブ）に代わって，イオン軌道が交わらずに長い飛行距離が得られる渦巻き形或いはらせん形の軌道のイオン光学系を考案しました．イオンが入射後，飛行空間を走るごとに軌道半径が短くなりながら出射される蚊取り線香形（渦巻き形，図1）及び僅かの入射角をもって入射したイオンがらせん階段を降りる様に飛行する原理を利用したらせん階段形（らせん軌道形，図2）の2種類の装置を提案しました[2]．

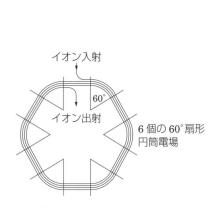

図1　渦巻き軌道形イオン光学系
　　　（引用文献2）を改変）

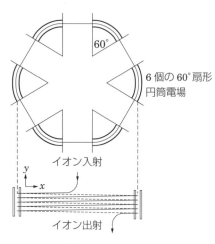

図2　らせん軌道形イオン光学系
　　　（引用文献2）を改変）

ここで，TOF-MSの質量分解能Rについて考察しておきましょう．質量分解能Rは同一のm/z値をもつイオン群（イオンパケット）の検出面での飛行時間の分布Δt（検出面での飛行方向のイオンパケットの空間的な広がり）とその飛

時間分布の重心値 t を用いて，$t/(2\varDelta t)$ で表現する事が出来ます（Q 66 を参照）．TOF-MS は 1964 年に発明されて以来，飛行時間 t を大きくする事及び $\varDelta t$ を小さくする事により質量分解能の向上が図られて来ました．

1955 年にはイオン源での初期条件の分布を飛行軸方向に収束させる加速方法が開発され（Wiley と McLaren による 2 段加速法とタイムラグ収束法），$\varDelta t$ を小さくする事が可能となり質量分解能が向上しました．又，1970 年初頭には加速方法による収束位置を始点とし，イオンミラー（Mamyrin ら，1973 年）や扇形電場（W. P. Poschenrieder, 1972 年）で構成されるイオン光学系を後段に配置する方法が発明されました．これにより $\varDelta t$ を増加させずに飛行時間 t の増加が可能となり，質量分解能が向上しました．現在の市販装置の殆どはイオンミラーを利用しており，その飛行距離は 1〜3 m 程度です．更なる質量分解能の向上ために，同一軌道を複数回飛行するマルチリフレクティング形（H. Wollnik ら 2003 年，M. Yavor ら 2008 年）やマルチターン形（豊田岐聡ら 2000 年）のイオン光学系も提案されています．マルチリフレクティング形やマルチターン形のイオン光学系はコンパクトな空間内に理論上無限大の飛行距離が実現出来る長所をもちますが，同一軌道を複数回飛行させるため，速度の大きいイオン（m/z 値の小さいイオン）が速度の小さいイオン（m/z 値の大きいイオン）を追い越す事があり（速度の小さいイオンにとっては周回遅れです），測定質量範囲が限定される問題があります[3]．

さて，図 2 のらせん階段形イオン光学系では x 方向（軌道平面上）には位置，方向，イオンエネルギーに関して収束性をもち，何周もの長い距離を飛行しても空間的にも時間的にも広がらない事が軌道計算から分かっています．しかし y 方向（軌道面に垂直な方向）には空間的収束性がなく，飛行距離が長くなると広がって，周回数の異なるイオン種が混ざる恐れがあります（はみ出し追越しを想像して下さい）．

そこで，図 3 の様に 2 組の偏向電場を配置し，互いに反対方向に僅かの偏向を与えると，イオンビームを平行移動させる事が出来ます．この様な偏向電場として，平行平板コンデンサーを用いるのが最も簡単です．平行平板コンデンサーは電場方向に収束作用をもつ事，及びこの場合の様に互いに反対方向に等角度の偏向を与える時は電場によるエネルギー分散は打ち消される事から，更に都合が良くなります．

従って，この様なイオン光学系を通過するイオンビームは，x と y の両方向共

に広がらないで飛行する事が考えられます．この平行平板コンデンサーを松田プレートと呼びます．

上記の様に松田プレートを用いたらせん軌道形イオン光学系は構造が簡単で，しかも狭い空間で長い飛行距離が得られ，イオン軌道のオーバーラップやイオンの損失がないため，小形高分解能の MS の応用に多用されています[4]．

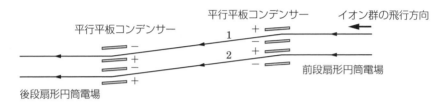

図3　平行平板コンデンサー（松田プレート）によるイオン軌道の平行移動（引用文献3）を改変，周回数2の場合）

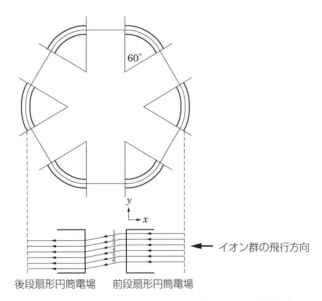

図4　らせん軌道形イオン光学系（引用文献4）を改変，松田プレートは記載省略）
　　上図：軌道の正中面，下図：軌道面に垂直方向の運動（周回数6の場合）

Q66 遅延引出しとは何ですか？

遅延引出し（delayed（又は pulse）extraction）とは，MALDI-TOF-MS でイオンの運動エネルギーの差異を最小にして飛行時間の広がりを抑制する技術の事を言います[1]．

TOF-MS は，1946 年に Stephens らによって発明された技術であり，イオンのフライトチューブ内の飛行時間がイオンの m/z によって異なる原理を利用した MS です[2]．

フライトチューブを飛行するイオンの速度 v は式（1）で表されます（Q 33 参照）．

$$v = (2zeV/m)^{1/2} \tag{1}$$

ここに，m：イオンの質量，z：イオンの電荷数，e：電気素量，V：加速電圧

イオン源で試料はイオン化されますが，m/z ごとに或る纏まった形，大きさのイオン群が形成されます（パルス状，或いはパケットと呼ばれます）．イオン群は一定の加速電圧で加速され，距離 l だけ離れた検出器に到達するまでの飛行時間の差によって分離されます．この時，m/z の小さなイオンから順に検出されます（図 1）．

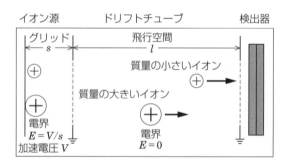

図1 TOF-MS の原理図（質量が違う 2 種類のイオンの場合，引用文献 3）を改変）

イオンの飛行時間 t には，式（2）の関係があり，この式（2）に式（1）を代入し，m/z 以外のものを一纏めにして，比例定数 B とすると，式（3）で表されます．ここで，飛行時間 t は m/z の 1/2 乗に比例する事が分かります．

$$t = l/v \tag{2}$$

174

$$t = B\,(m/z)^{1/2} \tag{3}$$

加速開始から検出器までのイオンの飛行時間を記録する事により,飛行時間スペクトル,即ちマススペクトルが観測されます.

二つの異なる質量のイオン m_1, m_2（電荷数は1とします）の飛行時間の差は,式 (4) となります.

$$\Delta t = l\,(m_1^{1/2} - m_2^{1/2})/(2eV)^{1/2} \tag{4}$$

従って,質量分解能 R は,式 (5) となります.

$$R = m/\Delta m = t/(2\Delta t) \tag{5}$$

分解能 R を上げるためには,飛行時間 t を長くするか,イオンのパルス幅 Δt を狭くすれば良い事になります.飛行距離 l を長くすれば時間 t も長くなりますが,通常の実験室では装置の大きさに制限があります.従って,通常はイオンのパルス幅 Δt を小さくして分解能を上げる方法が多用されます.

パルス幅に関与するのはイオンの運動エネルギー（即ち速度）の広がりです.これはイオン化された位置の違いや初期運動エネルギーの違いによります.この結果,同じ質量のイオンでも飛行時間に差が生じて分解能が悪くなります（図2）.

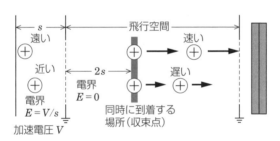

図2　TOF-MS の分解能低下の要因（質量が同じ1種類のイオンの場合,引用文献3）を改変）

Δt を小さくする方法の一つが,遅延引出し法（delayed extraction）です.パルスレーザーによって瞬間的に生成されたイオンは,パルス的に印加された引出し電圧によって運動エネルギーを与えられ,飛行を開始します.パルスレーザーによるイオン生成は,試料分子の爆発的な気化を伴います.試料分子の爆発的な気化＋イオン化の瞬間,イオンは進行方向に対して僅かな広がりをもちます.進行方向に対して広がりをもった状態で引出し電圧を印加してしまうと,全く同じ質量をもつイオンであってもスタート位置が異なるため, Δt が大きくなってしまい分解能が低下します（図2）.

遅延引出し法とは，MALDI-TOF-MS において引出し電圧を印加するタイミングを遅らせる方法です．その概念を図3に示します．前述した様に，パルスレーザーの照射による爆発的な気化＋イオン化によって，引出し電圧を印加しない状態でも，イオンは僅かに運動エネルギーをもつため進行方向に対して移動します．その程度は，イオンによって若干異なります．正イオン検出の場合，最初のグリッドに僅かな＋電圧を印加しておくと，イオン化の際に僅かな運動エネルギーをもったイオンはグリッドの位置に留まり，イオンの位置が揃います．数十〜数百 ns 後，グリッドを0Vにすると同時にパルス状の引出し電圧を印加する事で，Δt を小さくした状態でイオンを飛行させる事が出来ます．

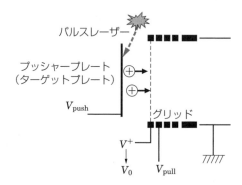

図3　遅延引出し法の概念図

Q67 フェイムス法の原理を教えて下さい.

フェイムス（FAIMS）とは，high-field asymmetric waveform ion mobility spectrometry の略で，イオンモビリィティースペクトロメトリー（ion mobility spectrometry, IMS）による分離技術の一つで，原理的には DMS（differential mobility spectrometry）と同一です．IMS は，気相イオンがもつ体積，形状や電荷数，質量などに基づいて移動する原理に基づき，その移動度の差を利用してイオンを分離する技術です．その他には，drift-time ion mobility spectrometry（DTIMS），travelling-wave ion mobility spectrometry（TWIMS），trapped ion mobility spectrometry（TIM）などが知られています．

FAIMS は，「大気圧下に置かれた二つの電極間に，非対称な（デューティー比が 50 % ではない）波形の交流高電圧と可変の直流電圧を同時に印加して，易動度に基づいたイオンの分離を行う方法．高電場中の易動度と低電場中の易動度の比に依存して，イオンはどちらかの電極の方向に移動する．交直流形イオン易動度スペクトロメトリー（RF-DC ion mobility spectrometry）とも言う．」と定義[1])されています．図1に模式図を示します．初めに，イオン化されたイオン種はガス流と共に極性が切り替わる高周波，非対称な波形をもつ高電圧が印加された2枚の平行な電極板に導かれます．全てのイオン種は分離領域を移動する事になりますが，電場の影響を大きく受けるイオン種は，印加されている時に平行平板の壁面へ衝突する事になり，分離領域を通過する事が出来ません．

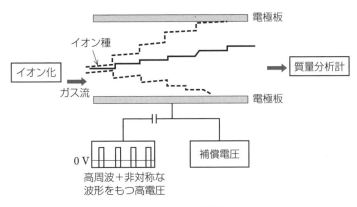

図1　FAIMS の模式図

一方，電場の影響を受けないイオン種は，補償電圧の影響を受ける事無く，分離領域を通過する事になります．そのため，この高周波電圧によるイオン種の移動度の変化に対して，補償電圧を印加する事により，分離領域を通過する様に設定します．この様に，補償電圧を最適化する事により，特定のイオン種を選択的に検出する事が出来，分離を向上させる事が出来ます．

FAIMS の分離は大気圧下で行われるため，LC-MS などの質量分析計と組み合わせた装置が市販されています．質量分析は，気相イオンを m/z によって分離する技術であり，高い感度と高い分解能に優れた質量分析法（MS）と IMS を組み合わせる事により，目的イオン種を更に選択的に検出する事が出来ます．具体例として，FAIMS 使用前後の LC/MS/MS における血漿（生体試料）中の薬物のクロマトグラムを図2に示します．

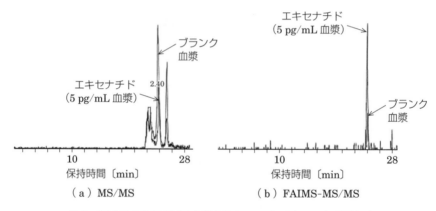

図2　LC/MS/MS における血漿中の Exenatide のクロマトグラム[2]

図2（a）では，Exenatide の保持時間付近に血漿由来の妨害成分が溶出し，又，バックグラウンドが高いために，Exenatide の定量が困難である事が分かります．一方，図2（b）では，FAIMS を利用する事により，上述の影響を著しく改善されている事が分かります[2]．

又，FAIMS のセル内に揮発性のイソプロパノールなどのモディファイアーを添加する事により，セル内で分析種との間で静電的な相互作用を起こす事を利用し，プロスタグランジン $F_{2α}$ とその異性体である $8\text{-}epi$ プロスタグランジン $F_{2α}$ の分離能を高める事が出来る事が報告されています[3]．

Q68 Chevron プレートとは何ですか？

Answer　Chevron プレートとは，マイクロチャンネルプレート（microchannel plate, MCP）を2枚重ねる事で増幅率を向上させたものです．3枚重ねたzスタックと呼ばれるタイプもあり，そちらの方が増幅率もより高い値を示しますが，同時に空間分解能が低下してしまうために2枚重ねの Chevron プレートがよく用いられています．

MCP とは，元々直線形チャンネルトロン管を直径数 μm まで縮小したものを数百万本集めて束にしたものです．チャンネルトロン（channeltoron）はチャンネル電子増倍管（channel electron multiplier, CEM）とも呼ばれ，二次電子増倍管（secondary electron multiplier, SEM）の一種です．高速の粒子が金属は又は半導体表面に衝突した時に表面から放出される二次電子を利用した SEM は，入射した粒子を容易に増幅する事が可能であるため，検出器として非常に有効です．椀状やすだれ状のダイノード（電極）を 12 ～ 18 段備えたディスクリートダイノードを用いたディスクリートダイノード SEM は，各ダイノードでねずみ算式に電子を増やす事で，10^6 ～ 10^8 の増幅率が得られます．

これに対し，直線状の管内に角度をつけてイオンビームを入射する事により二次電子の多段階増幅を行うのが CEM です（図1）．前述のディスクリートダイノード SEM よりもコンパクト且つ安価に製造出来る事が特徴です．一般に，直管の両端に 1 ～ 2 kV の電圧を印加して用いられるため，高抵抗の半導体材料で作られています．増幅率は管の直径と長さの比に依存し，その最適値（長さ÷直径）は 40 ～ 80 程度と言われていますが，増幅率が 10^4 を超えるとノイズが増えて不安定になる事も知られています．これは，CEM 内に残存するガスの EI によって生じた正イオンが管の入り口に向けて加速され，ノイズとなるためです．湾曲形状の CEM を用いる事で，このノイズを抑制する事が可能となり，増幅率を 10^8 まで向上させる事が出来ます．

MCP に用いられる極小の CEM は断面積が非常に小さいために，1 本ずつでは十分な増幅率を得る事が出来ませんが，前述の通り数百万本集める事により十分高い増幅率を極めてコンパクトな構造で得る事が出来ます．又，非常に薄く作る事が出来るため電子の走行時間を短く抑えられる＝出力電子の時間分散を抑えられると言うメリットがある事から，TOF-MS を中心に広く用いられています．

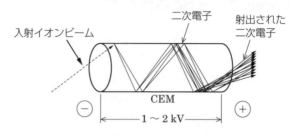

図1　直線形チャンネル電子増倍管

CEMでは入射するイオンビームはある程度の角度をもって入射させる必要があるため，MCP内のCEMの軸はMCP表面に対して数度の傾斜をもって作られます．MCP1枚で得られる増幅率は$10^3 \sim 10^4$でありSEMやCEMに比較すると低いため，2枚のMCPを互いのCEMの傾斜角が反対になる様に重ね合わせてより高い増幅率が得られる様にしたものが，Chevronプレートです．これにより増幅率を$10^6 \sim 10^7$まで増大させる事が可能です．又，更にもう一枚のMCPを加えたzスタックでは最大10^8と，ディスクリートダイノードSEMや湾曲CEMに匹敵する増幅率が得られます．但し，図2に示した様に，増幅率と引換えに空間分解能は減少します．

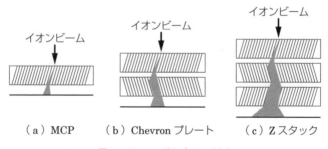

(a) MCP　　(b) Chevronプレート　　(c) Zスタック

図2　MCPの重ね合わせ形式

MCPは様々な形状で製作する事が可能ですが，質量分析計では一般的に直径2〜5 cmの円盤型が作られる事が多く，一定時間内に入射した全てのイオンを積算した出力が得られる様な設定にしたり，幾つかの領域に分割し，それぞれを別の計測用チャンネルに接続する事で入射位置情報を保持するなどの使い方がされています．一般的には前者の様な使い方をする場合が多いですが，後者の使い方もイメージング目的などに利用されています．

Q69 二次電子増倍管が質量分析の検出に利用出来る理屈が分からないので教えて下さい.

高速の粒子が金属板に衝突すると,二次電子が表面から放出されます.この現象を質量分析計の検出器に応用したのが二次電子増倍管 (secondary electron multiplier, SEM) です.SEM は,二重収束質量分析計 (Sector-MS),四重極質量分析計 (Q-MS),イオントラップ質量分析計 (IT-MS) など,主に電圧走査形の様々な質量分析計の検出器に汎用的に用いられています.SEM の概略を図1に示します.SEM は単独で使用される事もありますが,最近の装置ではコンバージョンダイノードを併用する事で,高感度化が図られている場合が殆どです.ここでは,コンバージョンダイノードを併用する例で解説します.

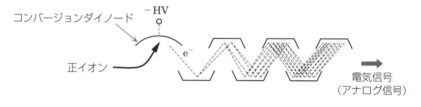

図1　SEM の概略図[1)]

上述した様な質量分析計において,質量分離部から検出部へ流れて来たイオン流は,コンバージョンダイノードに衝突して二次電子を放出します.SEM は,それぞれ 100 V の電位差を与えられた複数の金属板 (12～18段) から構成されており[2)],コンバージョンダイノードから放出された二次電子は,金属板に繰り返し衝突しながら次々と増幅され,最終的には数十万倍,或いは数百万倍以上にもなり,電流信号として出力されます.出力された電流値は,アナログ-デジタル変換器 (analog to digital converter, ADC) によってイオンの信号強度として記録されます.二次電子増幅に用いられる金属板としては,酸化ベリリウムと銅の合金が一般的です.

金属板からの二次電子の放出効率は,衝突する粒子 (イオン) の速度に影響し,速度が速い程高くなります.質量の大きなイオンでは,十分な速度が得られないため,放出効率が下がります.そのため,コンバージョンダイノードに高い

電位を与え,二次電子の放出効率を高めています.コンバージョンダイノードは,Q-MS や IT-MS など,イオンの加速電圧が低く,質量分離部におけるイオンの運動エネルギーの小さな質量分析計で特に有効です.これらの質量分析計の加速電圧は数十 V 程度であり,Sector-MS の加速電圧が数 kV ～十数 kV であるのに対して,圧倒的に低い値です.イオンの速度が低ければ,二次電子増倍管内のそれぞれの金属板での二次電子の増倍効率は低くなります.SEM にコンバージョンダイノードが使われる前の Q-MS や IT-MS は,Sector-MS よりも感度が低いと言うのが一般的でした.m/z 値の大きなイオンについては,特にこの傾向は顕著です.コンバージョンダイノードには,正イオン検出の場合,数十 kV の負の電圧が印加されており,質量分離部から検出部に流入してきた正電荷のイオン流は,負の高電圧が印加されたコンバージョンダイノードに加速されながら衝突します.質量分離部でのイオンの飛行速度が低い Q-MS や IT-MS でも,コンバージョンダイノードに衝突する時の速度は Sector-MS に匹敵するので,コンバージョンダイノードが SEM に用いられる様になってからは,Q-MS や IT-MS が Sector-MS より感度が低いと言う事は殆どなくなりました.

　コンバージョンダイノードが SEM に用いられる様になる以前は,Q-MS や IT-MS において m/z 値の大きなイオンの相対強度が Sector-MS に比べて低いと言う現象が,マススペクトルのデータベース検索において大きな問題でした.NIST や Willey などのマススペクトルデータベースへのマススペクトル登録は,Q-MS や IT-MS が現在の様に汎用的になる以前から行われていました.その当時の質量分析計と言えば,Sector-MS が主流であり,データベースへ登録されるマススペクトルは,殆どが Sector-MS で取得されたものでした.その後 Q-MS,次いで IT-MS が市場に登場してきますが,最初の頃はコンバージョンダイノードが併用されない SEM が用いられていたため,m/z 値の大きなイオンの相対強度が Sector-MS と比べて低く,マススペクトルデータベース検索においてヒット率が悪いと言う問題がありました.そして,コンバージョンダイノードの開発によって,その様な問題は解決されました.

Q70 ダイナミック MRM 法とは何ですか？

Answer 現在，三連四重極型質量分析計を用いた多重反応モニタリング（multiple reaction monitoring, MRM）法は，選択性の高さから微量分析に不可欠な方法となっています．しかし，この手法は全対象分析種のトランジション（プリカーサーイオンとプロダクトイオン及びコリジョンエネルギー）を設定する必要があります．従って，多成分一斉分析法で対象分析種数が多くなった場合，同時測定が必要な分析種数が増加する事で各分析種のモニター時間（ドゥエルタイム）が低下し，感度，再現性の低下が生じます．実際，MRM 法を用いた手法による測定対象分析種数は 200 程度が限界です．一方，最近開発されたダイナミック MRM 法[1]は，全ての測定対象分析種をその保持時間に対して一定時間のみトランジションを設定する事で，測定分析種のドゥエルタイムを大幅に増加させる手法です．以下にダイナミック MRM 法について解説しながら実例について紹介します．

　ダイナミック MRM 法の概念を図 1 に示します．図 1 に表示したピーク①〜⑤は，全て取り込み速度を 600 ms，測定範囲を 1.1 分に設定してダイナミック MRM 法で測定した際のクロマトグラムです．ピーク①，②は殆ど同時に溶出する事から，(A) では 2 トランジションのみをモニターするのでドゥエルタイムは 300 ms です．その後，ピークの途中でピーク③をモニターする必要性が生じる事から，(B) ではドゥエルタイムは 200 ms，続いて (C)，(D) と順次でピーク④，⑤をモニターする必要性から，ドゥエルタイムは 150 ms，120 ms となります．その後，(E) からはモニターするピークの数が減少する事でドゥエルタイムも 200，300，600 ms に増加します．以上の通り，ダイナミック MRM 法においては，測定しているピーク中でもドゥエルタイムが変化する事が特徴です．通常，ドゥエルタイムが変化すると強度はドゥエルタイムに比例して変化しますが，強度をノーマライズ（強度 / ドゥエルタイム）する事で，ピーク強度は一定となります．従って，取込み速度を一定にする事で各分析種のピークは歪む事なく良好な形状で測定が可能です．

　図 2 に，ダイナミック MRM 法の測定条件の設定画面を示します．通常の MRM 条件（プリカーサーイオン，プロダクトイオン，コリジョンエネルギー，フラグメンター電圧）以外に各分析種の保持時間と測定範囲を設定します．測定

Chapter 3　質量分析におけるイオン化・イオン分離・検出

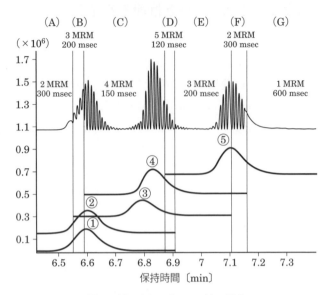

図1　ダイナミック MRM 法の概念

図2　ダイナミック MRM 法の設定画面

範囲は通常ピークのベース幅の 2 〜 3 倍程度に設定します．

　ダイナミック MRM 法による測定例として食品中残留農薬の分析例を紹介します．図 3 は，99 種の農薬を通常の MRM 法（ドゥエルタイム：3 ms）及びダイナミック MRM 法（Cycle time：600 ms，ドゥエルタイム：19 〜 299 ms）で測定した際の農薬の両方法の MRM クロマトグラムを示したものです．S/N は 5 〜 20 倍程度改善されました．以上の通り，ダイナミック MRM 法は多成分一斉分析法でドゥエルタイムを極端に下げる事なく高速に測定が可能である事から，高感度且つ高速に測定を行う事が可能です．

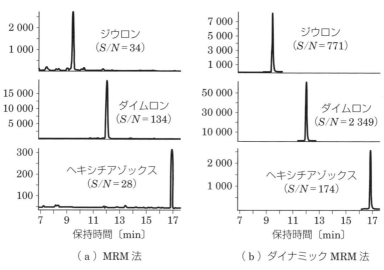

図 3　MRM 法及びダイナミック MRM 法で測定した各農薬のクロマトグラム

71 リング電極のフレッティングとは何ですか？

Answer リング電極とは，イオントラップ形の質量分析計において，文字通りイオンをトラップしておく部分に使う電極です．イオントラップの簡易的な図を図1に示します．イオン化された試料は，二つの向かい合ったエンドキャップ電極と，その間に存在するリング状の電極であるリング電極中にトラップされます．リング電極はリニア四重極の1対の棒状電極の役割を果たし，四重極分析と同じ様に，イオンがリング電極内で周期的な運動をします．この時，交流電圧を掃引すると質量数に応じて，特定の電圧でイオンは不安定な運動になり，周期的な運動軌道から外れます．この様に，不安定な運動になったイオンは，軸方向に流れるガスと共にリング電極とエンドキャップ電極で形成される電場空間から検出器側のエンドキャップ電極を抜けるため，検出器でこれを補足する事で質量分析を行っています．リニア四重極では安定化されて通過した質量数のイオンを検出する事に対し，イオントラップの場合は不安定化されて排出された質量数のイオンを検出すると言う違いがありますが，電場を形成して周期運動をさせる事で選別すると言う原理は同様です．

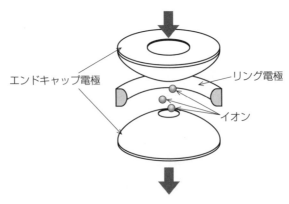

図1　イオントラップのエンドキャップ電極とリング電極の概略図

　LC/MSの使用において最も汚染され易いのは，不揮発性分や高濃度の試料を注入するなどの影響を受け易いイオン化部ですが，長年使用しているとイオンを振動させて質量に応じて振り分ける四重極分析管も汚染されてきます．汚染され

た場合は，電場の極微量な乱れやイオンの通過経路の乱れから理論的には感度や分解能が低下して行きます．四重極分析管の汚染によって一般的に生じるのは，分解能の低下よりも感度低下の方です．

　Qにあるフレッティングと言う言葉は，反復運動により生じる物理的なダメージの事を指します．もし，フレッティングが起きるとすると，その結果，材質の摩耗や腐食，疲労などの現象が見受けられ，一般的に性能が低下すると考えられます．リング電極中ではイオンは反復的な周期運動を行いますが，この場合のフレッティングと言う用語はイオンの反復運動には使用しません．

　では，リニア四重極と同様に，イオントラップ内のリング電極及びエンドキャップ電極の汚染を考えてみましょう．イオントラップ内のイオンの反復運動による物理的なダメージは起こり得ないものの，化学的な汚染は起こる可能性があります．又，高濃度のサンプルを繰り返し分析する事で，イオントラップ内のエンドキャップ電極が汚染される可能性もあり得ます．更に，金属電極に汚れが付着し，絶縁体がコーティングされた様な形になると，電圧が正常にかからずにリニア四重極と同様に感度が低下する可能性もあります．しかし，一般的な使い方をしている場合は，イオントラップ内部まで汚染される事は殆どない様です．

　リニア四重極の電極は，特定のイオン以外は通過させないため，目的イオン以外の夾雑物は全て同軸上から弾かれて行きます．大部分のイオンが軸から外れて行くために，イオンの運動によっては当然電極にも付着して行きます．そのため，リニア四重極の電極の洗浄は使用頻度にもよりますが，年次点検に組み込まれているケースが多いと思います．

　一方，イオントラップの場合は，目的のイオンを周期運動から外して排出と検出をしますが，捕集範囲の分子量のイオンであればエンドキャップ電極の排出側以外から出る事はありません．上述の様に高濃度のサンプルを注入し続ける事で汚れが付着する事は可能性としてありますが，リニア四重極の様に，そもそも夾雑物が電極に付く事があり得る構造にはなっていません．そのため，同じ電場を形成する電極でありながら，汚染頻度はかなり低いと言えるでしょう．

Q72 検出器と正イオン/負イオンの検出感度との関係を教えて下さい.

或る分析種を LC/MS で測定する際, イオン化法と検出極性の選択が非常に重要になります. イオン化法としては, ESI が最も汎用的であり, 補完的に APCI や APPI が用いられます. これらイオン化法の選択は, 主に分析種の極性が基準になります. 一般的には, 高~中極性化合物は ESI に, 中~低極性化合物は APCI に, 多環芳香族系の化合物など光を吸収し易い化合物は APPI に適していると言われています. 実際には極性だけでは議論出来ない部分があるのですが, イオン化法のファーストチョイスの基準としては妥当です.

一方, 検出極性の選択, 即ち正イオンで検出するか負イオンで検出するかの選択は, 分析種の化学構造, 具体的には官能基の種類が一つの目安になります. ESI において, 正イオン検出では $[M+H]^+$, $[M+NH_4]^+$, $[M+Na]^+$, $[M+K]^+$ などのイオンが生成し易いため, 分析種の構造中に, これらの正イオン (H^+, NH_4^+, Na^+, K^+) が付加し易い官能基を有していれば正イオン検出を選択します. 具体的な官能基としては, アミノ基や水酸基, カルボニル基などが相当します. 二重結合に付加する事もあります. 但し, 付加イオンの生成は, 官能基だけでなく分子全体の構造や化学的性質も関係してくるので, "この官能基があるから必ず正イオン検出される" と言う単純な話ではない事をご理解下さい. 又, 負イオン検出では, $[M-H]^-$, $[M+Cl]^-$, 或いは溶離液に酢酸やギ酸 (或いは酢酸アンモニウムやギ酸アンモニウム) が添加されていれば, それら酸が付加したイオン (酢酸が添加されていれば $[M+CH_3COO]^-$) が生成し易くなります. $[M-H]^-$ については, プロトンを脱離し易い官能基, 即ち酸性基があれば生成し易い事は分かり易いと思います. 一方で, $[M+Cl]^-$ や $[M+CH_3COO]^-$ については, 分子に負イオンがどの様に付加しているのか, 未だしっかりした考察はなされていないと思います. 特に, $[M+CH_3COO]^-$ については, この様に書いていますが, $[M+CH_3COO]^-$ なのか $[M-H+CH_3COOH]^-$ なのか, 分かっていません.

さて, 問題である "検出器と正イオン/負イオンの検出感度との関係" については, 二つの視点で捉える必要があると思います. 一つは, 或る化合物を測定した時に, 正イオンと負イオンでどちらが検出感度が高いのかと言う事, 二つ目は, 質量分析計の検出器の特性として, 正イオンと負イオンに検出感度の差はあるのか? と言う事です.

一つ目の問に関しては，先述した分子中の官能基の存在と検出極性との関係が答えの一つになります．但し，同じ化合物に対して正イオン/負イオンの両方の極性でイオンが生成する場合も多々あり，その場合どちらの極性の方が検出感度が高いのかについては試してみないと分からない場合が殆どです．例えば，20種類の必須アミノ酸を正イオン/負イオンのESIで測定すると，全てのアミノ酸について，両方の極性でイオンが生成します．塩基性アミノ酸は正イオン検出，酸性アミノ酸は負イオン検出で検出感度が高いのは試す迄もなく予想出来ると思いますが，中性アミノ酸については，試してみないと分かりません．

二つ目の問では，検出器の特性を考える事で，或る程度説明が出来ます．Q 69で解説した二次電子増倍管（SEM）で考えてみます．正イオン検出におけるSEMの動作を解説しましたが，負イオン検出の場合はどうなるでしょう？ 負イオン検出では，コンバージョンダイノードに印加する電圧の極性を，正イオン検出に対して反転させます．つまり，コンバージョンダイノードには＋の電圧を印加します．＋の電圧を印加したコンバージョンダイノードに負イオンが加速されて衝突し，二次電子が放出されます．しかし，二次電子は負イオンなので，＋の電圧が印加されたコンバージョンダイノードからの放出効率は，正イオン検出の場合に比べると当然悪くなります．この様に，コンバージョンダイノードをSEMと併用した検出器の場合，検出器の特性上，正イオン検出の方が感度は高くなります．

SEMは，質量分析計では汎用的に用いられている検出器ですが，フーリエ変換イオンサイクロトロン共鳴質量分析計（Fourier transform ion cyclotron resonance mass spectrometer, FTICR-MS）の様に，マススペクトル取得時にフーリエ変換を利用する質量分析計（FT-MS）には用いる事が出来ません．FT-ICR-MSでは，一様な磁場を発生させたICRセル（図1）内で回転運動するイオンが，ICRセル内に配置された検出電極に近付いたり離れたりする時に発生する，イオンのm/zに固有の周波数をもつ誘導電流波形をフーリエ変換する事でマススペクトルが得られます．この様に，イオンの運動を誘導電流として検出するタイプの検出器では，検出極性と感度との関係は，SEMの様にはなりません．

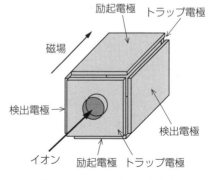

図1　FTICR-MSのICRセル[1]

Q73 ファラデーカップとは何ですか？

ファラデーカップ（Faraday cup）とは，入射した荷電粒子の電荷量を計測するために，検出部分からの荷電粒子の放出が極力少なくなる様に設計された口を絞ったカップ状の電極構造の検出器[1]の事で，質量分析計では初期の時代にイオン検出器として広く用いられていました．ファラデーカップの名称は，マイケル・ファラデー（Michael Faraday）に因んだものです．

ファラデーカップの外観例を図1に，又，その構造例（模式図）を図2に示します．

図1　ファラデーカップの外観例[2]

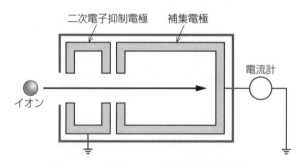

図2　ファラデーカップの構造例（模式図）

図2から分かる様に，ファラデーカップの構造は非常にシンプルであり，効率的にイオンを捕集し，イオン散乱や二次電子による電流測定誤差を最小限に出来る様に設計されています．その内面は，二次電子を放出し難い材質となっていますが，更に二次電子抑制電極を設置する事により，イオン入射時に放出された二次電子が検出器の外に逃げ出さない様にしています．

ファラデーカップは,イオンが金属に当たると金属に電荷が捕獲される(帯電する)事を利用しており,入射したイオンの総数に応じた電流値を直接測定しています.例えば,測定したイオン電流値が 1 fA (10^{-15} A) であれば,1 A = 1 C・s^{-1},電気素量 (e) = 1.60×10^{-19} C より,ファラデーカップに入射したイオン(1価イオン)の数は毎秒 6.25×10^3 個となります.

ファラデーカップは,高い精度,安定したレスポンスが得られる一方で,ノイズが高くなる難点があります.ファラデーカップは,1個1個のイオンに対して敏感なカウンティングモードの電子増倍管(electron multiplier, EM)に比べて感度が低いため今日質量分析計で用いられる事は少なくなりましたが,高い安定性が求められる同位体比測定では,現在でも一般的に用いられています.

現在,質量分析計のイオン検出器として広く用いられているのは,二次電子増倍管(secondary electron multiplier, SEM)です.二次電子増倍管は,金属表面などにイオンが衝突すると二次電子が放出される現象を利用したもので,基本的には光電子増倍管(photomultiplier tube, PMT)と同様の構造をしています.二次電子増倍管は,図3に示す様に多段に対向して設置されたダイノード(dynode)と呼ばれる電極で構成され,各段には順に電位差が与えられています.加速されたイオンは,先ず変換ダイノードで電子に変換されます.そして,ダイノードに次々と衝突する事により,二次電子が指数関数的に増幅され,大きな信号として取り出す事が出来ます.なお,二次電子増倍管には,図3に示す多段式のディスクリートダイノード形(不連続ダイノード形)の他に,筒状(ラッパ状)の一つのチューブから成る連続ダイノード形があります.

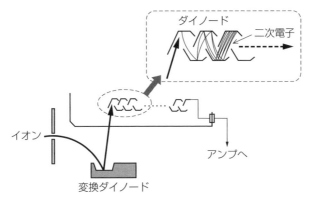

図3 二次電子増倍管(ディスクリートダイノード形)[3]

Q74 ディスクリートダイノード形の電子増倍管の構造と機能を教えて下さい.

金属や半導体表面に電子を衝突させると，表面から電子が放出されます．一次（入射）電子流 I_1 に対する二次（放出）電子流 I_2 の比が1以上（二次電子収率 $I_2/I_1 > 1$）の材質で作製された電極をダイノード（dynode）と呼びます（図1）．即ち，ダイノードは電子を増倍させる能力をもった電極です．ダイノードの材質としては，酸化ベリリウム（BeO），酸化マグネシウム（MgO），酸化アルミニウム（Al_2O_3），酸化ベリリウム銅（Cu-BeO）などが利用されています[1]．一次電子の衝突により放出された二次電子を第2ダイノードに衝突させ，それにより放出された二次電子を第3のダイノードに衝突させると，電子はねずみ算式に増倍されます（図2）．電子増倍管（electron multiplier, EM）は，この様にして微量の電気信号を増幅します．電子だけではなくイオンを衝突させても二次電子が放出するので，二次電子増倍管（secondary electron multiplier, SEM）と呼ぶ事もあります[2]．

図1 ダイノード（二次電子収率 $I_2/I_1 > 1$）

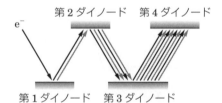

図2 ダイノードを用いた電子増倍の原理

実際の電子増倍管のダイノードの形状は平板ではなく，反射生成した電子を効率良く次のダイノードに移動させる様に設計されています（例えば，凹形）．又，各ダイノードには電位差の勾配が付けられています（図3）．一般的には，ダイ

ノードが10〜20段程度並んだものが利用され，10^4〜10^8程度の増幅率があります．ダイノードの段数が多いほど増幅率は高いと考えられますが，検出器自体が大きくなる事や電子の移動距離が増える事による分散も大きくなると言うデメリットもあります．又，電位差を大きくして電子を後段へ移動させる事も考えられますが，高電圧はダイノード素材の劣化を早めるなど，長期間安定に利用する事が難しくなります．市販されている電子増倍管は，性能，サイズ，交換頻度のバランスを考えて設計されており，それを利用している質量分析計もトータルバランスを考えて最適なものを利用しています[3),4)]．

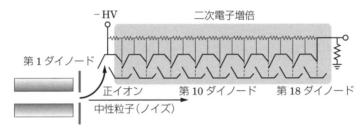

図3　質量分析計で用いられる電子増倍管の模式図

　質量分析計（四重極）では，中性粒子（ノイズ）と正イオンを区別するため，図3の様に質量分離部と検出器はオフアクシス（軸をずらして）配置されています．イオン出口と電子増倍管の位置は重要なので，イオン出口と電子増倍管が組み立てられたアセンブル部品として交換使用する事が多いです．

　電子増倍管の基本はこの様な検出器ですが，連続形ダイノード形の電子増倍管（Q 75参照）と区別する必要がある場合，ディスクリートダイノード形の電子増倍管と呼ぶ事があります．ディスクリート（discreate）には離散的・絶縁されていると言う意味があります．

Q75 連続ダイノード形の電子増倍管の構造と機能を教えて下さい．

一次（入射）電子流 I_1 に対する二次（放出）電子流 I_2 の比が1以上（二次電子収率 $I_2/I_1 > 1$）の材質で作製された電極をダイノード（dynode）と言います（図1）．又，一次電子の衝突により放出された二次電子を，第2ダイノードに衝突させ，それにより放出された二次電子を第3のダイノードに衝突させると，電子はねずみ算式に増倍されます（図2）．電子増倍管（electron multiplier, EM）は，この様にして微量の電気信号を増幅させます（Q74参照）．

図1 ダイノード（二次電子収率 $I_2/I_1 > 1$）

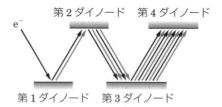

図2 ダイノードを用いた電子増倍の原理

多段のダイノードを有する二次電子増倍管（SEM）が電子増倍管の基本ですが，図3の様にダイノードが繋がっていても電子を増倍する事は可能です．この場合，電子（イオン）の入口と出口に電圧をかける事で，放出電子を出口側に移動させます．ダイノードが繋がっている電子増倍管を，連続ダイノード形の電子増倍管と呼ぶ事がありますが，チャンネル（導管）形のダイノードを用いているので，チャンネル形の電子増倍管（channel electron multiplier, CEM）と呼ぶのが一般的です．マイクロチャンネルプレート（micro channel plate, MCP）もチャンネルダイノード形の電子増倍管を利用しています（Q76参照）．

図3　チャンネル形のダイノードを用いた電子増倍管の模式図

　チャンネルが長いほど，電子の入射・放射回数が増えるので増倍率は高くなりますが，最終的にイオンを検出するまでに要する時間がかかるため，適切な長さのダイノードが使われています．又，電子の入射角の違いにより，電子がダイノード表面に入射されなかったり，ダイノードへの衝突回数が大きく変わらない様に，入口を広くしていろいろな入射電子を捕捉，衝突回数等を収束させる様に設計（図4）したり，数個のチャンネルを並べ，らせん状にねじったりした形状の電子増倍管があります[1),2)]．電子軌道計算はチャンネル形の電子増倍管の方が大変ですが，形状が決まれば，製造コストはディスクリート形の電子増倍管より低く抑える事が出来ます．

図4　入口を広くしたチャンネル形の電子増倍管（CEM）の模式図

Q76 マイクロチャンネルプレートとは何ですか？

マイクロチャンネルプレート（microchannel plate，MCP）とは，質量分析計に用いられている検出器の中で，飛行時間質量分析計（time of flight mass spectrometer，TOF-MS）用に特化して設計された検出器です．MCPの概略を図1に示します．MCPの外観は円形又は，矩形の板であり，MCP自体の材質はガラス，円形の物の直径は15〜80 mm程度，厚さは数mmです．MCPには無数の小さな（直径約10 μm）孔（channel）が貫通しています．一つひとつのchannelが二次電子増倍管と同様な二次電子を増幅する機能をもちます．小さな（micro）孔（channel）が空いた板（plate）と言う意味でmicrochannel plateと呼ばれています．channelの内壁に二次電子を増幅させる機能があるため，MCP自体の材質は絶縁性のガラスですが，channelの内壁は電気伝導性が付与される加工が施されています．

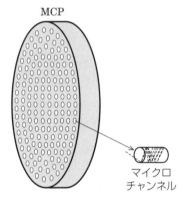

図1　MCPの概略図

Q 69で解説したSEMとMCPとの最大の違いは，イオンを受ける領域の広さです．SEMはポイントディテクターなどとも呼ばれ，イオンを受ける領域が非常に狭く，質量分離部を通過してきたイオン流を，レンズなどで狭い領域に収束させて（或いはスリットで領域を制限して）検出器で受けます．一方MCPは，数十mmにも広がったイオン流を，広いままMCP表面で受けます．

両者の違いを理解するためには，TOF-MSのイオン光学系を考える必要があります．TOF-MSは，MALDI-TOF-MSとLC-MSに用いられている（API）-oa-TOF-MSに大別されますが，本書はLC/MSに関する専門書なので，oa-TOF-MSについて解説します．TOF-MSは，イオンの飛行時間を計測する事でm/z値を得る質量分析計なので，様々なm/z値のイオンをパルス的に打ち出す必要があります．API（ESIやAPCI）によって連続的に生成するイオン流をパルス的に打ち出すための技術が，直交加速（orthogonal acceleration，oa）です．oa-TOF-MSの概略を図2に，直交加速部の概略を図3に示します．

Chapter 3 質量分析におけるイオン化・イオン分離・検出

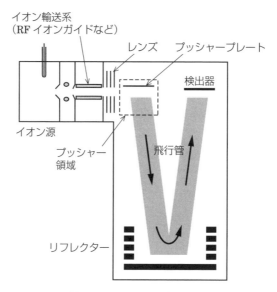

図2 oa-TOF-MS の概略図 [1]

連続したイオン流は，レンズによって薄い板状に収束され，プッシャー領域に導入されます．プッシャープレートとグリッドの間にパルス的に電圧を印加すると，プッシャープレート幅のイオンが切り取られて一斉に飛行管に飛び出します．連続イオン流から切り取られたイオンは，飛行管を飛行して検出器に到達します．その時間は，

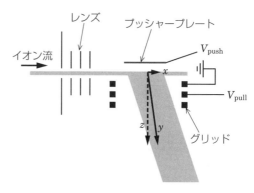

図3 直交加速部の概略図 [1]

測定する m/z の上限によって変わりますが，数十〜数百 μs です．イオンが飛行している間に，プッシャー領域には新たなイオン流が導入され，パルス電圧の印加によって切り取られたイオンが飛行管を飛行して検出器に到達します．この動作を繰り返してマススペクトルが得られる訳ですが，検出器は，プッシャープレートと同程度の幅をもったイオンを受ける必要があります．そのため，TOF-MS に用いられる MCP は直径数十 mm の円形状になっています．

Q77 MSの感度を飛躍的に向上させる検出器の可能性はあるのですか？

Answer MSは生成したイオンを質量分離した後に，イオン電流を測定します．イオン電流は非常に微弱（$10^{-15} \sim 10^{-12}$ A）であるために，検出器では種々の方法で信号を増幅する工夫が凝らされています．

市販装置で使用されている検出器は，ファラデーカップ，二次電子増倍管（electron multiplier），光電子増倍管（photo multiplier），チャンネルトロン或いはマイクロチャンネルプレートなどが一般的です．最も汎用的な二次電子増倍管は $10^6 \sim 10^8$ 程度の増幅率があるとされています．但し，二次電子増倍管には寿命があり，高電圧で用いるほど寿命は短くなります．何れにしても，どの検出器が装着されていても，装置の管理者や測定者は，定期的に既知濃度の標準試料を測定し，実試料の測定に支障が無い事を確認する必要があります[1), 2)]．

（国研）産業技術総合研究所（以下「産総研」）計測フロンティア研究部門超分光システム開発研究グループの大久保雅隆研究グループ長らが，先端質量分析機器開発のために超電導を利用して，0.3 K の極低温環境から高速パルス信号を室温まで取り出す多配線（同軸ケーブル 100 本）実装技術を実現し，高感度な超電導検出器の開発を行っており，以下の報告があります[3)]．

超伝導検出器は，X 線分光分析や MS において，従来の検出器では原理的に不可能な軟 X 線や巨大高分子の検出を可能にする性能をもちますが，0.3 K といった極低温環境が不可欠です（例えば，He の同位体である ^{3}He を液化，減圧する方式のクライオスタットを用いる事が必要です）．又，TOF-MS ではイオンが検出器に到達した時間を数ナノ秒の分解能で測定する必要があり，高速のパルス信号を極低温環境から室温まで取り出す必要があります．

一方で，超伝導検出素子 1 個の面積は高々数 100 µm と小さいため，100 % の粒子検出効率を有する MS の実用化には，少なくとも超伝導検出素子の 100 個規模でのアレイ化が必要と考えられます．このため，0.3 K の極低温と常温を結ぶ高速通信技術が必要ですが，100 個の超伝導検出素子のアレイを想定すると，高速信号伝達のために 100 本の同軸信号ケーブルを極低温環境から取り出さなければなりません．

従来は，このケーブルからの熱流入が大きくなり過ぎ，上記の様なクライオスタットを安定に動作させるためには，同軸ケーブル 1 本当たりの熱流入を

100 nW 以下に抑えねばならず，この規模での同軸ケーブルの実装は不可能と考えられていました．しかし，検出素子用同軸ケーブルの直径を 0.33 mm と細くし，且つ低熱伝導の金属導体の使用により熱流入を 5.4 µW 以下に抑える事に成功し，又，TOF-MS 用のクライオスタットに 100 本の同軸ケーブルの実装も可能な事が実証されました．

この成果は，実用レベルの超伝導 TOF-MS 装置の実現のため活用される予定であり，又，今後 0.3 K から室温まで熱伝導の値が付いたケーブルの供給が可能になれば，ユーザーは予備実験を行う事なく正確な熱流入量を見積もる事が出来る様になり，超精密計測が可能な極低温環境で動作する超伝導デバイスの普及に貢献する事が期待されます．これらの成果を元に，原子からタンパク質まで 100 % の粒子検出効率をもつ MS の普及に向け，装置の研究開発も今後進められていく予定とされています．この様な超伝導検出器を搭載した TOF-MS は MS 検出感度の飛躍的に向上させるだけではなく，タンパク質等の高分子の同定や疾患の早期発見などの臨床試験の分野で重要となるタンパク質の定量まで先端分析機器へ発展する事が期待されています．

その他の高感度な検出器の新技術として，半導体技術 (SOI) を駆使した量子イメージング原理を応用した投影形イメージング質量分析による迅速で高解像度な生体内分子イメージングが試みられています[4]．

Q78 マススペクトルの横軸に目盛る m/z の値は，m と z を別々に測定しているのですか？

質量分析計（MS）は，原子や分子などをイオン源でイオン化し，生成したイオンを m/z ごとに分離して検出する装置です．従って，イオンの質量 m と電荷数 z を別々に測定しているのではありません．

そもそも，マススペクトルの横軸に目盛る m/z は，エム・オーバー・ジーと読み，略語や単位ではなく3文字から成る記号とされています．従って，m 及び z とスラッシュ（/）との間を半角空けても間違いとなります．近年まで，質量電荷比（mass-to-charge ratio）と表現されていましたが，電荷とは厳密には素粒子がもつ性質（正又は負）の事であり，電荷量（クーロン，C）によって規定されるため，現在では非推奨用語となっています．m/z に対する定義は，国際純正・応用化学連合（International Union of Pure and Applied Chemistry，IUPAC）で決められています[1]．ここでは，m はイオンの質量を基底状態にある1個の ^{12}C 原子の質量の1/12の質量である統一原子質量単位（unified atomic mass unit，u）で割った値であり，これをイオンの電荷数で割って得られる値とされています．イオンの質量も電荷数も無次元量のため，m/z も無次元量であり，又，前述した様に m/z は記号でもあるので，ダルトン（Da）の様な単位記号と併記する事も間違いとなります．

続いて，マススペクトルの具体例を示します．例えば，ポジティブイオンモードで検出可能な低分子化合物の場合，通常電荷数1のプロトン付加分子 [M＋H]$^+$ が観察されます．しかし，ペプチド，タンパク質などの高分子の場合，一般的に多価イオンが観察されます．n 個のプロトンが付加した n 価の多価イオンは [M＋nH]$^{n+}$ で表され，式（1）から求められます．

$$m/z = (M + nH)/n \qquad (1)$$

ここに，M は分子量を示し，M＋nH がイオンの質量であり，n が電荷数となります．四重極 MS の場合，^{1}H のノミナル質量である1を用いる事から，式（1）は式（2）の様に表現する事も出来ます．

$$m/z = (M + n)/n \qquad (2)$$

図1に，四重極 MS を用いた場合の分子量 3 482.8 のグルカゴンのスペクトル例を示します．ここでは 2～5 価のイオンが確認されています．この様な多価イオンを検出に用いる事で，質量分析計の測定範囲を超える分子量をもつ化合物で

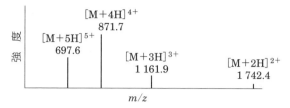

図1　四重極 MS で認められるグルカゴンのマススペクトル

も測定出来る様になります．

一方，高分解能 MS を用いた場合，^{1}H の精密質量である 1.0078 を使用する必要があるため，式 (1) を用いる必要があります．図 2 に高分解能 MS を用いた場合に認められるグルカゴンの 4 価イオンのスペクトルを示します．

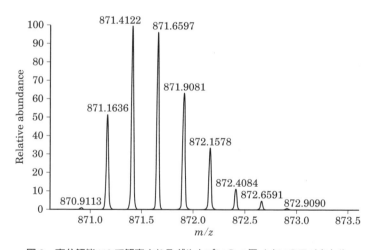

図2　高分解能 MS で観察されるグルカゴンの 4 価イオンのスペクトル

4 価イオンのモノアイソトピック質量に相当する m/z 871.1636 から 0.25 間隔で同位体ピークが確認出来ます．

ここで，モノアイソトピック質量とは，天然における存在比が最大の同位体の精密質量から計算された質量になります．そのため，天然同位体の平均値である原子量から計算される平均質量とモノアイソトピック質量とは異なる値を示します．表 1 にグルカゴンのモノアイソトピック質量，平均質量，及びその差を示します．その差は，分子量約 3 500 の 1 価で 2.2 ほどあり，5 価のイオンであって

も 0.44 ほど異なってくるため，使用する MS に応じて用いる値を使い分ける必要があります．

表 1　グルカゴンのモノアイソトピック質量と平均質量の差

価数 (n)	イオン	モノアイソトピック質量 (A)	平均質量 (B)	差 ($B-A$)
1	$[M+H]^+$	3 481.6230	3 483.8242	2.2012
2	$[M+2H]^{2+}$	1 741.3151	1 742.4258	1.1007
3	$[M+3H]^{3+}$	1 161.2125	1 161.9464	0.7339
4	$[M+4H]^{4+}$	871.1612	871.7116	0.5504
5	$[M+5H]^{5+}$	697.1304	697.5708	0.4404
6	$[M+6H]^{6+}$	581.1099	581.4769	0.3670

引用文献

Q50 1) Waters 社ウェブサイト（2018 年 4 月現在）
https://www.waters.com/waters/ja_JP/UniSpray-ion-source

Q52 1) 中川由美子，橋本　豊，*J. Mass Spectrom. Soc. Jpn.*, 50, pp. 330-336（2002）.
2) 本多亜希，鈴木祥夫，鈴木孝治，ぶんせき，643，pp. 643-645（2004）.
3) K. Shimbo, A. Yahashi, K. Hirayama, M. Nakazawa, H. Miyano, *Anal. Chem.*, 81, pp. 5172-5179 (2009).

Q53 1) JIS K 0136：2015　高速液体クロマトグラフィー質量分析通則，pp. 9-10，日本規格協会（2015）.
2) Concordia University ウェブサイト（2018 年 4 月現在） https://www.concordia.ca/content/dam/artsci/research/cbams/docs/LCQ%20Operation%20Course.pdf
3) 日本質量分析学会出版委員会翻訳：マススペクトロメトリー，pp. 491-492，丸善出版（2012）.

Q54 1) K. Yamaguchi, *J. Mass Spectrom.*, 38, pp. 473-490（2003）.
2) 山口健太郎，ぶんせき，pp. 106-110（2004）.
3) 徳島文理大学香川薬学部　山口健太郎研究室ウェブサイト（2018 年 1 月現在）
kp.bunri-u.ac.jp/kph10/outline.html

Q55 1) 平林　集，坂入　実，平林由紀子，小泉英明，三村忠男，分光研究，49，pp. 198-199（2000）.
2) 吉岡信二，照井　康，平林由紀，*J. Mass Spectrom. Soc. Jpn.*, 65, pp. 39-47（2017）.
3) 山垣　亮，*J. Mass Spectrom. Soc. Jpn.*, 65, pp. 11-16（2017）.

Q56 1) 日本質量分析学会用語委員会編：マススペクトロメトリー関係用語集（第 3 版），p. 71，国際文献印刷社（2009）.
2) J. Zhang, K. Franzreb, and P. Williams, Rapid Commun. Mass Spectrom., 28, 2211 (2014).

Q57 1) Z. Takats, J. M. Wiseman, B. Gologan, R. G. Cooks, *Science*, 306, pp. 471-473 (2004).
2) R. B. Cody, J. A. Laramee, H. D. Durst, *Anal. Chem.*, 77, pp. 2297-2302 (2005).
3) R. G. Cooks, Z. Ouyang, Z. Takats, J. M. Wiseman, *Science*, 311, pp. 1566-1570 (2006).
4) C. N. McEwen and R. G. McKay, *Anal. Chem.*, 77, pp. 7826-7831 (2005).
5) J. Shiea, M. Z. Huang, H. J. Hsu, C. Y. Lee, C. H. Yuan, I. Beech, J. Sunner, *Rapid Commun. Mass Spectrom.*, 2005, 19, pp. 3701-3704 (2005).
6) P. Nemes, A. Vertes, *Anal. Chem.*, 79, pp. 8098-8106 (2007).
7) N. Na, M. Zhao, S. Zhang, C. Yang, X. Zhang, *J. Am. Soc. Mass Spectrom.*, 18, pp. 1859-1862 (2007).
8) J. D. Harper, N. A. Charipar, C. C. Mulligan, X. Zhang, R. G. Cooks, Z. Ouyang, *Anal. Chem.*, 80, pp. 9097-9104 (2008).

Q59 1) 中村　洋企画・監修，公益社団法人日本分析化学会液体クロマトグラフィー研究懇談会編：LC/MS, LC/MS/MS Q&A 龍の巻，pp. 106-107，オーム社（2017）.
2) Hunter, E. P.; Lias, S. G, E, *J. Phys. Chem. Ref. Data*, 27 (3), pp. 413-656 (1998).

NIST Chemistry WebBook, NIST Standard Reference Database Number 69 http://webbook.nist.gov/chemistry/（2018 年 6 月現在）．

Q60 1) A. Dell, D. H. Williams, H. R. Morris, G. A. Smith, J. F. Feeney, G. C. K. Roberts, *J. Am. Chem. Soc.*, 97, pp. 2497-2502 (1975).

2) 大橋　守，質量分析，27，pp. 1-15（1979）．

3) 大橋　守，中山　登，工藤　均，山田修三，質量分析，24，pp. 265-270（1967）．

Q61 1) （2018 年 4 月現在）　https://www.bing.com/images/search?view=detailV2&ccid =AVLkPqw0&id=ACABDF9FBC624EB64FFD5CB27C5468565D973620&thid= OIP.AVLkPqw06in9v0yBCOdWFAHaDt&q=unispray+waters&simid=60805406 5867918007&selectedIndex=1&qpvt=unispray+waters&ajaxhist=0

Q65 1) マススペクトロメトリー関係用語集，日本質量分析学会，p. 73，国際文献印刷社（1998）．

2) 松田　久，質量分析，48，pp. 303-305（2000）．

3) H. Matsuda, *J. Mass Spectrom. Soc. Jpn.*, 49, pp. 227-228 (2001).

4) 田村　淳，TMS 研究，pp. 52-58（2010）．

Q66 1) 土屋正彦・横山幸男共訳：有機質量分析イオン化法，pp. 17-19，丸善（1999）．

2) 豊田岐聰編著：質量分析学—基礎編—，pp. 24-27，国際文献社（2016）．

3) W. C. Wiley, I. McLaren, *Rev. Sci. Inst.*, 26, p. 1150（1955）．

Q67 1) 日本質量分析学会用語委員会編：マススペクトロメトリー関係用語集（第 3 版），p. 47，国際文献印刷社（2009）．

2) AB Sciex ウェブサイト（2018 年 2 月現在） https://sciex.com/Documents/tech%20notes/Exenatide_SelexION_TechNote.pdf

3) J. L. Campbell, M. Zhu and W. S. Hopkins, *J. Am. Soc. Mass Spectrom*, 25, pp. 1583-1591 (2014).

Q69 1) 中村　洋監修，公益社団法人日本分析化学会編：第 2 回 LC/MS 分析士二段試験解説書，p. 16，公益社団法人日本分析化学会（2018）．

2) 日本質量分析学会出版委員会訳：マススペクトロメトリー，pp. 194-195，シュプリンガージャパン（2007）．

Q70 1) Agilent Technologies, Inc Technical Overview 2009 (5990-3595EN).

Q72 1) 中村　洋企画・監修，公益社団法人日本分析化学会液体クロマトグラフィー研究懇談会編：LC/MS，LC/MS/MS Q&A 龍の巻，p. 158，オーム社（2017）．

Q73 1) 公益社団法人日本分析化学会編：分析化学用語辞典，pp. 291-292，オーム社（2011）．

2) Wikipedia English ウェブサイト，Faraday cup（2018 年 4 月現在） https://en.wikipedia.org/wiki/Faraday_cup．

3) LCMS-8060 取扱説明書，p. 33，島津製作所（2015）（一部改変）．

Q74 1) 浜松ホトニクス(株)，電子増倍管カタログ

2) J. R. Chapman: Practical organic mass spectrometry: A guide for chemical and biochemical analysis, 2nd Edition, J. Wiley & Sons (1993).

3) 大村孝幸，山口晴лицо，*J. Vac. Soc. Jpn*（真空），50，pp. 258-263（2007）．

4) SGE 社，エレクトロンマルチプライヤーカタログ

Q75 1) 大村孝幸，山口晴久，*J. Vac. Soc. Jpn*（真空），50，pp. 258-263（2007）.
2) SGE 社，エレクトロンマルチプライヤーカタログ
Q76 1) 中村　洋企画・監修，公益社団法人日本分析化学会液体クロマトグラフィー研究懇談会編：LC/MS, LC/MS/MS Q&A 龍の巻，p. 154，オーム社（2017）.
Q77 1) 豊田岐聡編著：質量分析学―基礎編―, pp. 30-31, 国際文献社（2016）.
2) 樋口哲夫, MS の中を見てみよう，第 1 回 TMS 研究会講演会資料, pp. 1-5（2015）.
3) 産総研ウェブサイト，質量分析用ノイズレス超伝導検出器アレイの実装技術を開発－原子からタンパク質まで 100％の粒子検出効率を有する質量分析装置の実用化－，2005 年 3 月 24 日（2017 年 12 月現在）http://www.aist.go.jp/aist_j/press_release/pr2005/pr20050324_2/pr20050324_2.html
4) 文部科学省科研費ウェブサイト，投影型イメージング質量分析による迅速で高解像度な生体内分子イメージング（2017 年 12 月現在）http://soipix.jp/d02.html
Q78 1) K. K. Murray, R. K. Boyd, M. N. Eberlin, G. J. Langley, L. Li, Y. Naito, *Pure Appl. Chem.*, 85, p. 1566（2013）.

■ 参考文献

Q52 [1] J. M. E. Quirke., et al., *Anal. Chem.*, 66, 1302 (1994).
[2] M. Jemal., et al., *J. Chromatogr B.*, 693, 109 (1997).
Q55 [1] 伊藤伸也，吉岡信二，平林　集，平林由紀子，日立評論，80，p. 53（1998）.
[2] A. Hirabayashi, M. Sakairi, and H. Koizumi, *Anal. Chem.*, 66, p. 4557 (1994).
[3] A. Hirabayashi, M. Sakairi, and H. Koizumi, *Anal. Chem.*, 67, p. 2878 (1995).
[4] A. Hirabayashi, Y. Hirabayashi, M. Sakairi, and H. Koizumi, *Rapid Commun. Mass Spectrom.*, 10, p. 1707 (1995).
[5] Y. Hirabayashi, Y. Takada, A. Hirabayashi, M. Sakairi, and H. Koizumi, *Rapid Commun. Mass Spectrom.*, 10, p. 1891 (1996).
[6] Y. Hirabayashi, Y. Takada, A. Hirabayashi, M. Sakairi, and H. Koizumi, *Anal. Chem.*, 70, p. 1882 (1998).
[7] Y. Hirabayashi, A. Hirabayashi, and H. Koizumi, *Rapid Commun. Mass Spectrom.*, 13, p. 712 (1999).
[8] Y. Hirabayashi and A. Hirabayashi, *J. Mass Spectrom. Jpn.*, 50, p. 21 (2002).
[9] Y. Hirabayashi and A. Hirabayashi, *J. Mass Spectrom. Jpn.*, 51, p. 67 (2002).
[10] 石川昌子，吉岡信二，平林　集，分析化学，pp. 149-152（2001）.
Q56 [1] J. H. Gross, Mass spectrometry 2nd Edition, Springer (2011).
Q63 [1] 日本電子（株）ウェブサイト（2018 年 4 月現在）
https://www.jeol.co.jp/products/detail/JMS-MT3010HRGA_INFITOF.htm
Q64 [1] 日本電子（株）ウェブサイト（2018 年 4 月現在）
https://www.jeol.co.jp/products/detail/JMS-S3000.html
Q65 [1] Y. Fujita, *J. Mass Spectrom.Soc.Jpn.*, 60, pp. 67-72 (2012).
Q66 [1] J. J. Lennon, R. S. Brown, *Anal.Chem.*, 67, p. 1988 (1995).
Q67 [1] 菅井俊樹, *J. Mass Spectrom. Soc. Jpn*, 58 (2010).
[2] 林　明生，佐藤信武，細田晴夫，建ス　潮，日本農薬会誌，42, pp. 187-196（2017）.

Q68 [1] J. H. Gross, Mass spectrometry 2nd Edition, Springer (2011).
Q71 [1] J. H. Gross, Mass Spectrometry, Springer (2007).
Q73 [1] D. W. Koppenaal, M. B. Denton, G. M. Hieftje, and J. H. Barnes, *Anal. Chem.*, 77, pp. 418A-427A (2005).
 [2] K. L. Busch, *Spectroscopy*, 26, pp. 12-18 (2011).
 [3] 高山光男，早川滋雄，瀧浪欣彦，和田芳直：現代質量分析学，化学同人（2013）．
 [4] 中村　洋企画・監修，公益社団法人日本分析化学会液体クロマトグラフィー研究懇談会編：LC/MS，LC/MS/MS Q＆A 虎の巻，pp. 230-231，オーム社（2016）．
Q76 [1] 浜松ホトニクス(株)ウェブサイト（2018年4月現在）
 https://www.hamamatsu.com/jp/ja/product/category/3100/3008/index.html
 [2] (株)東京インスツルメントウェブサイト（2018年4月25日現在）
 http://www.tokyoinst.co.jp/products/detail/GL01/index.html

Chapter 4

LC/MS，LC/MS/MS の基礎と応用

Q79 LC に直結して使用出来る MS を教えて下さい.

質量分析計（mass spectrometer, MS）は，簡単に言えば物質をイオン化後，質量分離して検出する装置です．従って，一口に MS と言っても，イオン化法と質量分離法の組合せで多くの種類があります．物質をイオン化する方法は様々ですが[1]，LC に直結して使用出来るイオン化法としては表1に挙げるものなどがあります．イオン化法自体は他にもありますが，例えばマトリックス支援レーザー脱離イオン化（matrix-assisted laser desorption/ionization, MALDI）の様に，高真空下でイオン化を行う方法は LC などのクロマトグラフと直結するのは困難です．この様な理由から，大気圧下でイオン化出来るエレクトロスプレーイオン化（ESI）や大気圧化学イオン化（APCI）が最近，専ら利用されています．熱安定性が悪い溶質については，コールドスプレーイオン化（CSI）の利用も進んでいます（Q 54 参照）．

表1 LC に直結して使用出来る主なイオン化法

イオン化法	開発年
大気圧イオン化（API）	1973
大気圧化学イオン化（APCI）	1975
サーモスプレーイオン化（TSI）	1980
エレクトロスプレーイオン化（ESI）	1985
大気圧光イオン化（APPI）	2000
コールドスプレーイオン化（CSI）	2003

次に，LC-MS に使用される質量分離法については，表2に掲げるものなどがあります．

現在市販されている質量分析計は，表1にあるイオン化法を用いたイオン化部，表2にある質量分離法に基づく質量分離部，検出部などを組み合わせて構成されており，表3に示すものなどがあります．表3から分かる様に，質量分析計の名称は主に質量分離法に基づいて付けられています．ここで，代表的な質量分析法の特徴を説明しておきます（構造や原理については成書[2],[3]を参照）．四重極質量分析計（QMS）は，質量分離部の構造が簡単なため装置が小形で安価で

ある反面，分解能が低いため定性分析には不向きです．QMSのこの欠点を補うために開発された装置が，四重極を直列に三つ並べた三連四重極質量分析計（QqQ）です．飛行時間質量分析計（TOF-MS）は，理論的には測定出来る質量に上限が無い点が最大の特長です．又，MS^n を実施する場合には，表2にある同じ質量分離法を繰り返す方式（QqQ など）や，違う質量分析法を組み合わせたハイブリッド形（ITMS，IT-TOF-MS など）があります．

表2　LC-MS に利用される主な質量分離法

質量分離法（日本語）	質量分離法（英語）	開発年	開発者
磁場セクター形	sector		
二重収束	double-focusing		
イオントラップ	ion trap（IT）	1923	K. H. Kingdon
飛行時間	time-of-flight（TOF）	1946	W. E. Stephens
四重極	quadrupole（Q）	1953	W. Paul
イオンモビリティースペクトロメトリー	ion mobility spectrometry（IMS）	1990	D. G. McMinn

表3　現在市販されている代表的な LC/MS 用質量分析計

日本語	英語
磁場セクター形質量分析計	sector mass spectrometer
四重極質量分析計	quadupole mass spectrometer（QMS）
飛行時間質量分析計	time-of-flight mass spectrometer（TOF-MS）
イオントラップ質量分析計	ion trap mass spectrometer（ITMS）
フーリエ変換イオンサイクロトロン質量分析計	Fourier transform ion cyclotron resonance mass spectrometer（FT-ICRMS）
三連四重極質量分析計	triple quadrupole mass spectrometer（QqQ）
四重極イオンモビリティー飛行時間質量分析計	quadrupole-ion mobility-time-of flight mass spectrometer
イオントラップ飛行時間質量分析計	ion trap time-of-flight mass spectrometer（IT-TOF-MS）

Q80 LC-MS に使用されている合成ポリマーの種類，特徴，使用箇所を教えて下さい．

LC-MS に使用されている合成ポリマーとして，以下の種類が知られています．用途は，何れも質量校正用の標準試薬です．

[1] ポリエチレングリコール（polyethylene glycol, PEG）

エチレングリコールが脱水縮合した高分子化合物であり，相対分子質量は 200〜2 万程度です．界面活性剤，潤滑剤，医薬製剤，化粧品などに用いられています[1]．一般的な構造式は，図 1 の様に示されます．質量校正したい m/z 範囲に合わせて，重合度の異なる PEG（200, 400, 600, 1 000, 2 000 など）を適当な割合で混合し，メタノールなどに溶解，希釈して用いられます．

HO⎛CH$_2$CH$_2$O⎞$_n$H

図 1 PEG の構造式

正イオン検出による ESI では，$[M+H]^+$，$[M+NH_4]^+$，$[M+Na]^+$ などが観測されます．CH$_2$CH$_2$O の繰り返し構造を有するために，1 価イオンでは m/z 44 ごとにピークが観測されます．相対分子質量の大きな PEG は，多価イオンが生成する事があり，マススペクトルが複雑になる傾向があります．正イオン検出による APCI では，主として，$[M+H]^+$ が観測されます．正イオン検出による ESI を用いて測定した，PEG のマススペクトルを図 2 に示します．

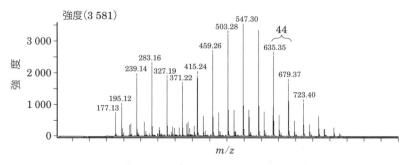

図 2 正イオン検出による ESI で得られた PEG のマススペクトル

[2] ポリプロピレングリコール（polypropylene glycol, PPG）

プロピレンオキシドを重合して得られる高分子化合物であり，ポリウレタン樹脂の原料や塗料の原料として用いられています[2]．一般的な構造式は，図 3 の様に示されます．PEG と同様な方法で，質量校正に用いられます．

CH(CH$_3$)CH$_2$O

の繰り返し構造を有するために，1価イオンでは m/z 58ごとにピークが観測されます．

$$HO+CH(CH_3)CH_2O+_nH$$

図3　PPGの構造式

PEG，PPG共に，正イオン検出によるESIでは，$[M+H]^+$，$[M+NH_4]^+$，$[M+Na]^+$など複数のイオン種が観測され易いと共に，相対分子質量が大きくなると多価イオンが低 m/z 領域に観測されて，元々相対分子質量の小さなPEGやPPGの1価イオンのシグナルと重なり複雑なマススペクトルを与えてしまいます．質量校正におけるピーク帰属を間違える危険性があるため，正イオン検出によるAPCIの方が扱い易いです．又，質量校正後にイオン源などに残存し易いため，使用時の濃度には注意が必要です．PEGやPPGは，マスディフェクト値が一般的な有機化合物に近いために，残存してバックグランドイオンとして観測され続けると，実際の試料分析の際に分析種由来のイオンに重なる可能性があります．

[3] ウルトラマーク（Ultramark）1621[3)]

図4に示す構造をもつ物質で，質量分析計の質量校正用以外の用途は見当たりません．質量校正用に開発された化合物であると推測されます．以前は主として，高速粒子衝撃（fast atom bombardment, FAB）イオン化法と二重収束質量分析計を組み合わせた装置の質量校正用に用いられていました．ウルトラマーク1621をFABで測定すると，適度なフラグメントイオンが観測され，ウルトラマーク1621のみで，m/z 10～2 000の範囲の質量校正が可能です．最近ではESI用に用いられる事が多いですが，ESIではフラグメントイオンが観測されず，ウルトラマーク1621のみでは低 m/z 領域にイオンが観測されないため，カフェイン（$C_8H_{10}N_4O_2$，モノアイソトピック質量194.1804）やレセルピン（$C_{33}H_{40}N_2O_9$，モノアイソトピック質量608.2734）などの低分子化合物を混合して用いられます．

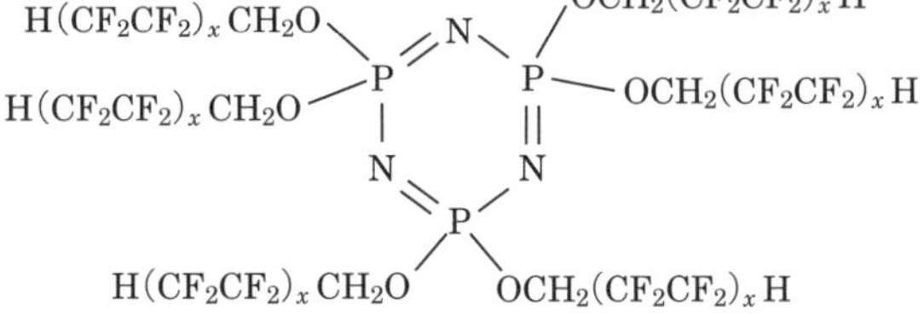

$x = 1, 2,$ or 3

図4　ウルトラマーク1621の構造式

Q81 LC-MSに関する四つのQ (DQ, IQ, OQ, PQ) の要点を教えて下さい.

「医薬品及び医薬部外品の製造管理及び品質管理の基準に関する省令の取扱いについて」[1] では,「バリデーションは, 製造所の構造設備並びに手順, 工程その他の製造管理及び品質管理の方法が期待される結果を与える事を検証し, これを文書とする事によって, 目的とする品質に適合する製品を恒常的に製造出来る様にする事を目的としている」と定義されています. 又, バリデーションの実施では, 適格性評価 (qualification) に関する内容が記述されており, 分析機器が適切に据え付けられ, 正しく分析機器が機能をし, 期待される結果が得られる事を確認し, 記録として保存する事を言います. これらの項目は試験及び検査を行う上で重要な手順であり, 設計時適格性評価 (design qualification, DQ), 設備据付時適格性評価 (installation qualification, IQ), 運転時適格性評価 (operational qualification, OQ) 及び性能適格性評価 (performance qualification, PQ) から成ります. 表1に各手順の内容を示します. DQ, IQ, OQ, PQ の順に各段階の評価を終えた時点で, 次の適格性評価を実施します.

表1 DQ, IQ, OQ及びPQについて[1]

適格性評価	内容
DQ	設備, システム又は装置が, 目的とする用途に適している事を確認し, 文書化する事を言う.
IQ	設備, システム又は装置が, 承認を受けた設計及び製造業者の要求と整合する事を確認し, 文書化する事を言う. 校正された計測器を使用する事.
OQ	設備, システム又は装置が, 予期した運転範囲で意図した様に作動する事を確認し, 文書化する事を言う. 校正された計測器を使用する事.
PQ	設備, システムは又は装置が, 承認された製造方法及び規格に基づき, 効果的且つ, 再現性のある形で機能する事を確認し, 文書化する事を言う. 校正された計測器を使用する事.

DQ, IQ, OQ 及び PQ について, LC/MS 装置を中心に説明します.
[1] DQ
DQ では, 使用する目的, 機器メーカーの選定, 機器の選定基準及びユーザーの要求仕様 (機器に要求する事項) などを文書に纏めます. ユーザー要求仕様と

しては，MSでは，イオン化（例えばエレクトロスプレーや大気圧化学イオン化など）の選定，要求する分解能や精度，MS^n の有無，感度，堅牢性，メンテナンス頻度などを規定し，上述同様にメーカーの資料などから確認をします．何れも機器の保証内容やサポート状況などをメーカーへ確認し，メーカーの適格性を確認します．

[2] IQ

IQ では，分析機器が発注書通りに納入され，適切な環境条件下，要求を満たす通りに据え付けられている事を確認し，文書に取り纏めます．発注書に基づいて，質量分析計の型式，ハードウェア，イオン源，その他，窒素発生装置などの周辺機器が納入されている事，又，各モジュールの型式，シリアル番号やソフトウェアのバージョンなどを確認し，文書として記録します．又，ユーザーが必要とする操作マニュアル，メンテナンスマニュアル，ソフトウェアマニュアルなどが過不足なく備わっているかを確認します．又，LC-MS 装置を設置する部屋の環境（温度や湿度）や稼働させる際に必要となる電源が仕様を満たしているかを確認します．ハードウェアやソフトウェアが適切にインストールされているか，又，質量分析計の各種電圧や各種ガスなどが適切に供給され，正しく据え付けられ，且つ接続されているかを確認します．メーカーによる操作トレーニングやメンテナンスなどの教育も対象となります．

[3] OQ

OQ では，IQ で据付けした質量分析計が仕様書の通りの性能を有している事を確認し，文書に纏めます．例えば，電源が投入された後のパイロットランプが適切に作動しているか，検出部のチャンネル電子増倍管や各種レンズ系，オリフィスプレート，質量分離部への電圧や，各種ガスが適切に供給されるかどうかなどを確認します．又，CAD（衝突誘起解離部）では，コリジョンガスの未導入時と導入した時の圧力差などを確認します．質量分析では，質量分離部の質量確度，即ち，得られた分析種のイオン（m/z）について理論値に近い値が得られる事が重要です．そのため，既知の標準物質（例えば，ポリプロピレングリコール（PPG）など）を使って，正及び負イオンモードで検出されるイオンと真値との乖離度合，イオン強度及びピーク幅（分解能）を確認し，メーカーが設定している許容範囲内に合致しているかどうか確認します．MS/MS では，レゼルピンなどの標準物質を使って，MS/MS のイオンの透過率や感度などの確認が行われます．詳細は，質量分析機器メーカーがマニュアルを揃えているので，参考にして下さい．

[4] PQ

　PQ では，実際に使用する分析法を用いて，仕様通りに稼働し，使用する目的に合致している事を確認します．確認する内容は，使用目的によって異なりますが，例えば，定量分析の場合には，システム適合性試験などを実施し，分析種の感度（S/N）やピーク形状，保持時間，ノイズレベル，再現性などを確認します．必要に応じて，質量分析計でモニター出来る箇所などの確認を行います．

　なお，LC-MS として利用する場合は，HPLC 装置自体の DQ, IQ, OQ 及び PQ を実施します．例えば，HPLC 装置では，ポンプでは流量の再現性，グラジエントの正確さ，グラジエントの再現性や保持時間の再現性などを，オートサンプラーでは注入量の再現性，直線性のチェックなどを，又，キャリーオーバーの評価では，高濃度の試料を注入した後に，ブランク試料を注入し，測定の障害にならないかなどを確認します．保持時間の変動確認においては，ポンプ流量だけでなくカラム恒温槽温度の正確さなども把握出来ます．質量分析計では，ベースラインノイズ，ドリフトなどのチェックと直線性の確認を行います．その後，LC-MS としての性能を既知濃度の標準物質などを使って，保持時間やピーク強度，再現性などを確認します．

Q82 LC/MS 分析において不確かさをどの様に求めるのか，具体的に教えて下さい．

Answer　測定対象量には定義の不完全性があり，測定行為には不精確性があるために，LC/MS 分析に限らず全ての測定において，結果を報告する際には測定結果とその不確かさを同時に示す必要があります（Q 9 参照）．不確かさの評価方法には，ボトムアップアプローチ，トップダウンアプローチ，モンテカルロシミュレーション，Horwitz 式の適用など，様々な方法が存在します．ここでは広く用いられているボトムアップアプローチとトップダウンアプローチによる不確かさの評価方法について説明します．

[1] ボトムアップアプローチ

ボトムアップアプローチによる不確かさ評価の手順を図1に示します．ボトムアップアプローチでは，初めに測定対象量（評価対象量）の定義を明確にするために，その測定に用いる機器，測定条件，検量線，前処理方法などの要素を確認し，不確かさに影響を及ぼす要因を出来るだけ盛り込んだモデル式（式(1)）を構築します．

$$y = f(x_1, x_2, \cdots, x_n) \quad (1)$$

ここで，y は測定対象量（出力量）の値，$x_1, x_2, \cdots, x_n$ は測定対象量の値を算出するために測定される，又は引用される量（入力量）の値を示します．

次に，要因特性図（図2）を利用し，モデル式の出力量（測定結果）に影響を及ぼす不確か

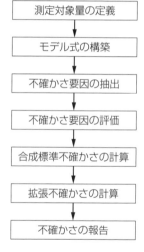

図1　ボトムアップアプローチによる不確かさ評価の手順

さ要因及び入力量と出力量に対する補正要因を抽出します．抽出された個々の不確かさ要因に対して，不確かさを評価するための方法をタイプAとタイプBから選択します．タイプAは実験などにより不確かさを求めるもの，タイプBは過去の実験データ，計測器の性能・仕様，校正証明書データなどを元に不確かさを求める方法です．本書では，タイプAとタイプBの評価方法の説明は省略します．各入力量の標準不確かさが求まりましたら，不確かさの伝播則（式(2)）に

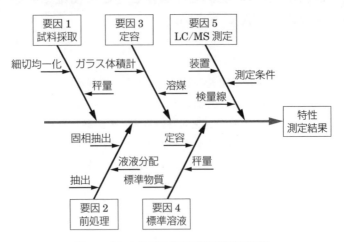

図2　LC/MS分析における要因特性図の例

より出力量の合成標準不確かさを求めます．式 (2) 右辺の $\partial_f/\partial x_i$ は感度係数と言います．

$$u_c{}^2(y) = \sum_{i=1}^{n}\left[\frac{\partial_f}{\partial x_i}\right]^2 u^2(x_i) \tag{2}$$

モデル式が式 (3) の様な入力量の積又は商のみで表される時，不確かさの伝播則は式 (4) の様に表す事が出来ます．

$$y = c \cdot x_1{}^{p_1} \cdot x_2{}^{p_2} \cdot \cdots \cdot x_n{}^{p_n} \tag{3}$$

$$\left[\frac{u_c(y)}{y}\right]^2 = \sum_{i=1}^{n}\left[p_i \cdot \frac{u(x_i)}{x_i}\right]^2 \tag{4}$$

式 (4) 右辺の $u(x_i)/x_i$ は相対標準不確かさ，左辺の $u_c(y)/y$ は相対合成標準不確かさと言います．LC/MS分析においては，モデル式が入力量の積と商のみで表される事が殆どですので，不確かさの算出には単に相対標準不確かさを合成する事によって，相対合成標準不確かさを算出する事が出来ます．LC/MS分析における測定結果の分布は，通常，正規分布に従っているため，測定結果 $\pm 2 \times u_c(y)$ の範囲には約95％の確率で正しいと考えられる値が含まれる事になります．この合成標準不確かさに乗じる係数の事を包含係数，合成標準不確かさに包含係数を乗じたものを拡張不確かさと言います．拡張不確かさを U，包含係数を k とすると，式 (5) の様に表す事が出来ます．

$$U = k u_c(y) \tag{5}$$

p〔%〕の確率で正しいと考えられる値を含む範囲を表す p は,信頼の水準(統計用語の信頼水準とは異なる)と言います.拡張不確かさを報告する際には,信頼の水準とその際に用いた包含係数の値も同時に報告します.測定結果とその不確かさを報告する際には,不確かさの有効数字は多くとも2桁迄に留めます.原則として,測定結果と不確かさの表記の桁は一致させる必要があります.

[2] トップダウンアプローチ

トップダウンアプローチは,一般的に式(1)のモデル式が構築出来ない場合や分析法のバリデーションを実施する場合に用いられる不確かさの評価手法です.トップダウンアプローチでは分散分析法を用いる事で,複数のばらつきの要因の大きさを評価する事が出来ます.分散分析法を不確かさ評価に適用するためには,誤差を含めたモデル式(式(6))を構築します.この式は,分散分析の構造モデルと言います.

$$x_{ij} = \mu + \alpha_i + \varepsilon_{ij} \tag{6}$$

ここで,x_{ij} は測定値,μ は真の値,α_i はある要因による効果,ε_{ij} は繰返しによる測定値の誤差を示します.トップダウンアプローチでは,標準添加試料などの調製値を真の値とした試料を分析した結果に対して,誤差の正規性と等分散性の仮定の下で分散分析法を適用する事で不確かさを評価します.

不確かさの評価には様々な方法が存在しますが,何れも実際に評価してみないと理解する事は困難です.又,分析法の原理・特徴によって適用すべき評価方法が異なりますので,不確かさ評価は大変奥が深いものです.最後に,「計測における不確かさの表現ガイド(Guide to the expression of uncertainty in measurement, GUM)」に記載された文章を紹介します.

「不確かさの評価は定型的な仕事でもなく,又,純粋に数学的なものでもない.それは測定量や測定の性質についての知識の詳しさに依存する.従って,測定の結果に付けられる不確かさの質と効用は,その値付けに携わる人々の理解,鑑識眼のある解析,そして誠実さに掛かっている[1]」

Q83 LC-MS と LC-MS/MS の主要メーカーのシェアについて教えて下さい.

nswer　質量分析計は，HPLC 用検出器として広く普及するに至っており，LC-MS 及び LC-MS/MS 市場は年々拡大しつつあります．LC-MS 及び LC-MS/MS 市場における主要メーカーのシェアを知るには，Q 22 の HPLC 装置及び UHPLC 装置と同様，調査会社から出版されている資料を参考にする事が出来ます．ここでは，LC-MS 及び LC-MS/MS 市場で中心的な存在である四重極質量分析計（quadrupole mass spectrometer, QMS）について，二つの調査結果を基に，国内市場と世界市場について概観してみます．なお，各調査会社により統計の取り方，纏め方などが異なりますので，あくまで参考情報としてご覧下さい．

[1] 国内市場

　国内市場については，アールアンドディ社が 1992 年から継続的に毎年出版している「科学機器年鑑」の 2017 年版[1]「液体クロマトグラフ質量分析計」の章を見てみましょう．2016 年度の質量分析計市場*1 で QMS が占める割合は，金額ベースで 56 %，台数ベースで 69 % となっています．又，QMS のうちシングルとトリプルの割合は，金額ベースで 18 % と 82 %，台数ベースで 40 % と 60 % となっています．この調査では，各社の販売台数が掲載されていますので，これを基に QMS における各メーカーのシェアを纏めると図 1 の様になります．

　なお，この資料ではシングル QMS 及びトリプル QMS の 2013 年度から 2016 年度の台数推移も見る事が出来ます（図 2）．

[2] 世界市場

　世界市場については，米国 Strategic Directions International 社が 2017 年 1 月に出版した調査報告書[2]を基に，2015 年におけるシェアを見てみましょう．2015 年の質量分析計市場*2 で QMS が占める割合は，金額ベースで 43 % となっています．又，シングル QMS とトリプル QMS の割合は，金額ベースで 18 % と 82 %，台数ベースで 46 % と 54 % となっています．各メーカーのシェアは，金額ベースで図 3 に示す様になります．

---

*1　QMS, ESI-TOF, ハイブリッド TOF, MALDI, ITMS, FT-ICR の合計.
*2　QMS, ITMS, FTMS, TOF-MS, MALDI の合計.

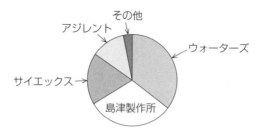
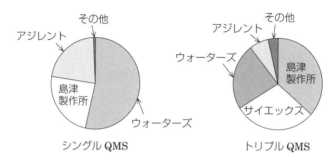

図1 シングルQMSとトリプルQMSの国内シェア（2016年度台数）[*3]

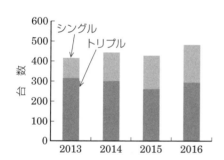

図2 シングルQMSとトリプルQMSの国内年度別推移（台数）[*3]

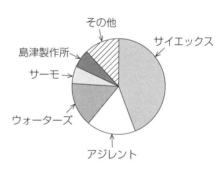

図3 QMS（シングル＋トリプル）の世界シェア（2015年金額）[*4]

[*3] 何れも引用文献1）を基に筆者が作図．サイエックス：エービー・サイエックス，アジレント：アジレント・テクノロジー，サーモ：サーモフィッシャーサイエンティフィック．
[*4] 引用文献2）を基に筆者が作図．

Q84 LC/MS のバリデーションは，具体的にどの様にすれば良いのでしょうか？

分析法バリデーションとは，用いる分析法が十分な信頼性を有する事を証明するための試験です．例えば，医薬品開発のために行われる生体試料中薬物濃度測定は，臨床及び非臨床試験において実施される体内動態，バイオアベイラビリティ，生物学的同等性，薬物間相互作用などの試験で用いられます．これらの試験は，医薬品の製造販売承認申請に際し添付すべき資料となるため，測定法そのものが十分な信頼性を有している事を証明する必要があります．このため，現在では，低分子薬物を測定対象とし，主に液体クロマトグラフィー（liquid chromatography, LC），ガスクロマトグラフィー（gas chromatography, GC），又はそれらと質量分析法（mass spectrometry, MS）を組み合わせた分析法を対象とした「医薬品開発における生体試料中薬物濃度分析法のバリデーションに関するガイドライン」[1] が 2013 年に厚生労働省医薬食品局より通知されています．従って，内因性ではない低分子化合物の場合，このガイドラインに従いバリデーションを実施すれば良い事になりますが，特別な分析法や得られる濃度値の使用目的によっては，科学的な判断に基づき予め妥当な判断基準を設定するなどの柔軟な対応を考える事も必要となります．先ず，このガイドラインの目次を表1に示します．

バリデーション試験を実施する前に，定量分析する上で基準となる分析対象標準物質の品質を保証する必要があります．これは，標準物質は検量線用試料及び Quality Control（QC）試料の調製に用いられ，その品質が測定データ値に直接影響を与えるためです．内標準物質に関しては，必ずしも品質を保証する必要はありませんが，分析対象物質の分析に影響を与えない事を確認する必要があります．

次に，バリデーションには，分析法を新たに確立する際に実施するフルバリデーション，既にフルバリデーションを実施した分析法に軽微な変更を施す場合に実施するパーシャルバリデーション，主に同一の試験内で複数の分析施設で分析する場合又は異なる試験間で使用された分析法を比較する場合に実施されるクロスバリデーションがあります．以下にフルバリデーションで実施する項目について簡単に記載します．

表1　医薬品開発における生体試料中薬物濃度分析法の
バリデーションに関するガイドラインの目次

1. はじめに	5. 実試料分析
2. 適用	5.1. 検量線
3. 標準物質（標準品）	5.2. QC試料
4. 分析法バリデーション	5.3. ISR
4.1. フルバリデーション	5.4. キャリーオーバー
4.1.1. 選択性	6. 注意事項
4.1.2. 定量下限	6.1. 定量範囲
4.1.3. 検量線	6.2. 再分析
4.1.4. 真度及び精度	6.3. クロマトグラムの波形処理
4.1.5. マトリックス効果	6.4. システム適合性
4.1.6. キャリーオーバー	6.5. 回収率
4.1.7. 希釈の妥当性	7. 報告書の作成と記録等の保存
4.1.8. 安定性	関連ガイドライン一覧
4.2. パーシャルバリデーション	用語解説
4.3. クロスバリデーション	附録　段階的アプローチの利用

【選択性】　生体試料中の分析対象物質及び内標準物質を区別して検出する事が出来る能力の事です．具体的には，ブランク試料測定時に内標準物質を含む測定対象物質の保持時間近傍にブランク試料由来ピークの有無を確認し，その影響を評価します．ブランク試料として最低6個体を用い，妨害ピークが存在していた場合，定量下限での目的物質のピーク面積と比較して20%以下（分析対象物質）及び5%以下（内標準物質）である必要があります．

【定量下限】　生体試料中の分析対象物質を信頼出来る真度及び精度で定量する事が出来る最低濃度です．具体的には，定量下限における分析対象物質のレスポンスがブランク試料のレスポンスの5倍以上である必要があります．又，定量下限における平均真度は，理論値の±20%以内，精度は20%以下である必要があります．

【検量線】　可能な限り実試料と同じマトリックスに対して既知濃度の分析対象物質を添加した試料を用いて作成します．定量下限を含む6濃度以上の検量線用標準試料，ブランク試料及びゼロ試料（内標準物質を添加したブランク試料）から構成されますが，検量線の回帰式の算出には，ブランク試料及びゼロ試料を用いません．検量線の回帰式及び重み付けは，一般的に濃度とレスポンスの関係を示す最も単純なモデルを用います．回帰式から求められた検量線用標準試料の各濃度の真度は，定量下限において±20%以内，定量下限以外で理論値の±15%以

内とします．又，検量線用標準試料の75％以上且つ定量下限及び検量線の最高濃度を含む少なくとも6濃度の標準試料が上記の基準を満たすものとします．

【真度及び精度】 既知濃度のQC試料を用いて評価する項目で，それぞれ，定量値と理論値との一致の程度，及び繰返し分析によって得られる定量値のばらつきの程度を表し，式（1）及び（2）で求められます．

$$\text{真度〔\%〕}=\text{定量値}/\text{理論値}\times 100 \tag{1}$$

$$\text{精度〔\%〕}=\text{標準偏差}/\text{平均濃度}\times 100 \tag{2}$$

検量線濃度範囲内で定量下限も含めて最低4濃度，各濃度当たり最低5回の測定で評価します．真度は，理論値の±15％以内（定量下限で±20％以内），精度は，15％以内（定量下限で20％以内）である必要があります．分析単位間の真度及び精度（日間再現性）評価に加えて，少なくとも3回の分析単位（日内再現性）を繰り返し，分析の評価を実施します．

【マトリックス効果】 MSを用いる分析法で実施される評価項目で，分析対象物質のレスポンスが試料中マトリックス由来成分によって受ける影響の程度を，式（3）のマトリックスファクター（MF）を算出して評価します．

$$\text{MF〔\%〕}=\frac{\text{マトリックス存在下でのピーク面積}}{\text{マトリックス非存在下でのピーク面積}}\times 100 \tag{3}$$

ここで，マトリックス存在下でのピーク面積とは，ブランク試料を前処理した後に既知濃度の分析対象物質を添加した試料を測定した時に得られるピーク面積を示します．MFの算出は，最低6個体のマトリックスを用いて実施します．内標準物質を用いてMFを補正する事も出来ますが，MFの精度が個体間で15％以下である必要があります．一方で，最低6個体のマトリックスを用いて調製したQC試料を分析して評価する方法もあります．この場合，定量値の精度が個体間で15％以下である必要があります．なお，希少マトリックスの場合，6個体よりも少ない個体別マトリックスを用いて評価する事も出来ます．

【キャリーオーバー】 キャリーオーバーとは，直前に分析した試料由来の測定対象物質が測定装置内部に残存し，次以降の分析時に観測される現象です．具体的には，最高濃度の検量線用標準試料を測定した後にブランク試料を測定し，そのブランク試料でのレスポンスが，定量下限における分析対象物質の20％以下，且つ内標準物質の5％以下である必要があります．

【希釈の妥当性】 試料を希釈して分析する必要がある場合に，希釈が分析対象物質の定量値に影響を与えない事を確認する項目です．具体的には，実試料分析

における希釈方法を考慮した適切な希釈倍率を用いて，検量線上限を超える既知濃度試料を定量範囲内となる様にブランクマトリックスで希釈した試料を，最低5回の繰返し測定を実施して評価します．希釈された試料の平均真度が理論値の±15％以内，精度が15％以下である必要があります．試料の希釈に代替マトリックスを用いたい場合，そのマトリックスの使用が真度又は精度に影響を与えない事を確認出来れば使用する事が出来ます．

【安定性】　試料採取から分析までの各過程が，分析対象物質の濃度に影響を与えない事を保証するために実施する項目です．この評価は，実際の条件に出来る限り近い条件で実施する必要があります．マトリックス中での安定性に関わる評価項目として，凍結融解安定性，短期保存安定性（室温，氷冷又は冷蔵等），長期保存安定性，前処理後試料中安定性があります．何れの安定性評価においても，実際の保存期間を上回る期間で評価します．具体的には，低濃度及び高濃度のQC 試料を用いて各濃度当たり最低 3 回の繰返し分析を行い，その時の平均真度が理論値の±15％以内である必要があります．一方，標準溶液の安定性評価は，最高濃度及び最低濃度付近の溶液を用いる事が一般的で，各濃度当たり最低 3 回の繰返し分析を実施して評価します．

　ガイドラインには，分析法バリデーションによって確立された分析法を用いて実施する実試料分析での分析法の妥当性を評価する方法も記載されています．特に，化合物が投与された生体から採取された実試料の再分析により定量値の再現性を確認する項目である ISR（incurred sample reanalysis）と言った欧米のガイドライン等で取り込まれている考え方も導入されています．

　以上，低分子薬物を測定対象としたガイドラインについて述べてきましたが，現在，高分子薬物や内因性の低分子化合物を対象としたガイドライン作成に向けての活動も積極的に行われています．

Q85 LC-MSのノイズを抑える有効な方法を教えて下さい.

  LC-MSのノイズを抑える有効な方法として，高分解能質量分析計（high-resolution mass spectrometry, HRMS）を用いる方法とイオンモビリティー技術を用いる方法が考えられます．

HRMSは，モノアイソトピック質量の様な小数点以下数桁の精密質量を測定する事が出来る装置です．イオンの方向性を収束する能力をもつ磁場を利用した磁場形質量分析計の中で，磁場とイオン源の間に電場をおいた二重収束磁場形や，イオンが検出器に到達するまでの時間差を利用する飛行時間（time of flight, TOF）形，イオンサイクロトロン共鳴現象を利用しているフーリエ変換イオンサイクロトロン共鳴（fourier transform ion cyclotron resonance, FT-ICR）形，更に電場形フーリエ変換形であるOrbitrapなどが挙げられます．図1に，TOF形HRMS装置を用いて，モノアイソトピック質量1 664.8002のペプチドであるα-MSH（α-Melanocyte-stimulating hormone）を測定した時に得られる3価イオンのスペクトルを示します．

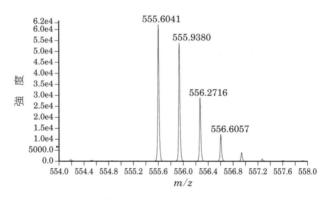

図1　HRMSで得られるα-MSHの3価イオンのスペクトル

α-MSHの3価の多価イオンのモノアイソトピック質量に相当するピーク（m/z 555.6041）が確認出来，0.33間隔で同位体ピークが確認出来ます．次に，図2（a）及び2（b）に，10 pmol/Lのα-MSH標準溶液を測定した時に得られる3価イオンのスペクトルを示します．この様な低濃度サンプルを測定する場合，夾雑ピークの影響を受け易くなり，実際に同位体ピークのm/z 555.9347の

近傍に夾雑ピーク（m/z 555.8891）を確認する事が出来ます．HRMS での解析では，目的ピークを例えば 50 〜 100 Da 程度の幅で抽出してクロマトグラムを作成します．図 2（c）に，三つのピーク（抽出範囲：555.575 〜 555.625，m/z 555.915 〜 555.965 及び m/z 556.245 〜 556.295）を抽出して作成したクロマトグラムを示します．そもそもベースラインが高いだけでなく，時間と共にベースラインの上昇が認められ，夾雑ピークの影響を大きく受けている事が分かります．一方，夾雑ピークの影響を受けていると思われる m/z 555.9347 を除いた二つのピーク（抽出範囲：555.575 〜 555.625 及び m/z 556.245 〜 556.295）で作成したクロマトグラムを図 2（d）に示します．この場合，ベースラインの上昇もなくなり，ノイズが大きく低減されている事が分かります．この様に，HRMS を用いる場合，夾雑ピークの影響を回避する事が出来れば，複雑なマトリックスを含む試料の測定の場合であってもノイズを低減する事が可能となります．

次に，イオンモビリティー技術を用いる方法について説明します．イオンモビ

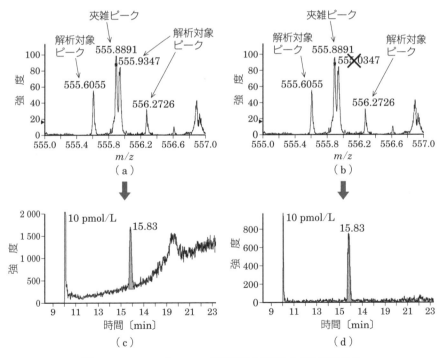

図 2　10 pmol/L の α-MSH 標準溶液を測定した時に得られる
3 価イオンのスペクトル及び抽出クロマトグラム

リティー技術は，大きく二つのタイプに分けられます．一つは，ドリフトチューブ内での各イオンの移動時間（ドリフトタイム）を測定するドリフトタイム形です．立体構造の違いにより衝突断面積（collision cross section，CCS）が異なれば，m/z 値が同じイオンがノイズ成分として存在していたとしても分離出来るため，ノイズを低減出来る可能性があります．もう一つが，イオンの進行方向に対して垂直に非対象の電場を印加した条件下での各イオンの移動度の違いを利用して分離するフィルター形になります．夾雑イオンを排除する事でノイズ低減を可能とし，S/N を改善する事が出来ます．

図3に，血漿中のある生体内因性ペプチドを三連四重極MSで測定した場合に得られるクロマトグラムを示します．イオンモビリティーを使用しない場合（図3（a））と比較して，イオンモビリティーを使用した場合（図3（b））にベースラインの大きな低減が実現出来ています．その結果，イオンモビリティー未使用時にはノイズに殆ど埋もれていた目的ピークが，イオンモビリティー使用時にはっきりとしたピークとして確認出来ています．

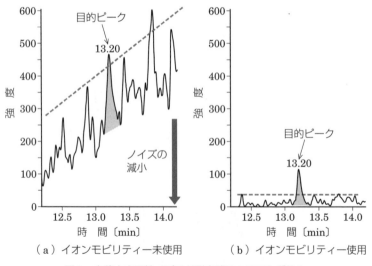

図3　血漿中内因性ペプチド測定時のクロマトグラム

この様に，イオンモビリティー技術は，LC分離及び質量分離に対して新たな分離軸を加える事となり，生体試料などの複雑なマトリックス中の対象化合物の特異的な検出や高感度定量に強力なツールとなります．

Q86 LC-MS と LC-MS/MS の保守契約の内容と大体の金額を教えて下さい.

　近年の分析機器の高機能化に伴い，研究費に占める機器の修理費の割合は馬鹿にならないものとなっています．HPLC用ポンプからの僅かな液漏れでメーカーに修理を依頼し，結果的に特殊Oリングの交換だけで済んだ場合でも，出張費（15 000円），技術料（5 000円）などを含めて2万数千円も請求されたと言う類の話も珍しくはありません．これが，質量分析計の冷却用ファンが破損した場合には，交換部品代を含めて50万円以上の出費となります．そこで，不意の出費による事業計画の遅れを保障するため，企業では予め機器メーカーと保守契約を結んでおくのが普通です．しかし，大学の研究室などにとっては，その予算規模と比較して費用が高額に当たる事から，メーカーと保守契約を結んでいる事例は多くはありませんが，表1に掲げた様に保守契約を結ぶ利点は少なくありません．

表1　メーカーと保守契約を結ぶ利点

観　点	利　点	備　考
性能面	定期点検，清掃，部品交換の実施	装置・システムの信頼性向上
	定期点検による事故率低減	
	最高性能の維持	
経済面	出費の大半を予算化できる事でカバー可能	
	稼働率の向上	ダウンタイムの最小化
	生産性の向上	ダウンタイムの最小化
	装置・システム寿命の延長	
精神面	トラブル時に優先的に対応してもらえる	ロスタイムの最小化
	現場修理が可能	梱包・運搬の手間が不要
	事業計画を安定して遂行可能	中長期計画の立案に有利

　保守契約が必要かどうかは，ユーザーとして充分に検討する必要があります．その際に考慮する事項としては，対象機器の購入時価格，使用年数，使用頻度，予想される修理費用などがありますが，メーカーが設定している値引きサービス（同機種複数台，セット）などを加味して判断する事になります．保守契約の内容

は，大雑把には「定期点検」と「トラブル対応」に大別出来ます．「定期点検」では，設定した期間ごとに部品を交換し，クリーニング作業などを行って性能を維持してくれますが，納入後に3年間，整備経歴が無い場合には，保守契約前に総合整備を求められる場合があります．一方，「トラブル対応」では，不測のトラブルが発生した場合，メーカーが優先的にエンジニアを派遣して対応に当たってくれるため，ロスタイムが最小限に抑えられ，精神的にも安心出来るのが利点です．

それでは，契約料金がどの程度であるのかを見てみましょう．先ず，HPLC装置については，一例として（株）日立ハイテクサイエンス社におけるHPLC装置の契約料金を表2に示します．契約形態と契約料金はメーカーによって様々ですが，大体の相場が分かるかと思います．

表2 日立高速液体クロマトグラフ Chromaster® メンテナンス契約料（2018年2月現在）
（（株）日立ハイテクフィールディングのパンフレットを改変）

プラン名	エクセレント	スタンダード	ライト	バリデーション	備 考
年間契約料金	50万円〜	30万円〜	15万円〜	25万円〜	*1
複数年契約特価	47.5万円〜	28.5万円〜	14.3万円〜	23.8万円〜	*1, *2, *4
スタートプラン特価	45万円〜	27万円〜	13.5万円〜	22.5万円〜	*1, *3, *4
定期点検・整備	年に2回	年に1回	無し	無し	
バリデーション点検	オプション*5	オプション*5	無し	年に1回	*6, *7
出張修理への対応	有り	有り	有り	無し	*8
修理対応部品	有り	無し	無し	無し	*9

* 1 表示金額は5ユニットの参考値で諸経費，派遣費，出張費及び消費税は含まれない（1ユニット追加でプラス5万円）．
* 2 複数年契約は5年以上の契約．
* 3 装置納入の初年度からの契約に限る．
* 4 各種割引プランの併用は不可．
* 5 1回につき追加15万円から定期点検をバリデーション点検に変更可能．
* 6 バリデーション点検を実施し，報告書を作成．
* 7 装置構成が Empower™ 2 又は Empower™ 3 を含む場合，追加で5.5万円が必要．
* 8 出張修理対応は年間2回まで．諸経費，派遣費，出張費は別途請求．
* 9 定期交換を要する部品は含まない．

次に，LC/MS 装置（LC-MS）の保守契約については，メーカーによって内容や価格が異なりますが，外資系メーカー 2 社の例を表 3 と表 4 に示します．保守契約料金は対象機種の価格にほぼ比例した金額になる傾向があり，高額だからと言って他のメーカーに点検や修理を依頼する訳には行きません．従って，アフターサービスの良し悪し，メンテナンス契約条件などを加味して機種選定を慎重に進める事が肝要です．

表 3　LC/MS 装置の保守費用の例（外資系メーカー A 社，2018 年 2 月現在）

質量分析装置	ポンプ	オートサンプラー	カラム類	合計	備考
280 万円	19.6 万円	18.9 万円	3.9 万円	322.4 万円	*1
182 万円	15.7 万円	15.2 万円	3.2 万円	216.1 万円	*2
54.9 万円	11.8 万円	11.4 万円	3.0 万円	81.1 万円	*3

*1　年に 1 回の点検，契約期間中の部品後交換，作業費用を全て含む．
*2　年に 1 回の点検，年に 1 回の部品交換費用，作業費用を含む．
*3　年に 1 回の点検費用を含むが，修理対応に関わる費用は有償．

表 4　LC/MS 装置の保守費用の例（外資系メーカー B 社，2018 年 2 月現在）

装置	略号	完全タイプ[*1]	部分タイプ[*2]	スポットタイプ[*3]
高速液体クロマトグラフ	HPLC	81.5〜110 万円	26.3〜32.9 万円	38〜48 万円
四重極質量分析計	QMS	231〜480 万円	91〜201 万円	42〜57 万円
四重極飛行時間質量分析計	Q-TOF-MS	282〜498 万円	81〜193 万円	47〜170 万円
窒素発生装置		43.5〜45 万円	保守契約せず	17〜78 万円

*1　出張費，技術料，交換部品などが全て無料．年に 1 回の定期点検が無料．
*2　年に 1 回の定期点検が無料．具合が悪い場合の出張費，技術料，交換部品などは別途有料．
*3　事前に提案されている消耗部品代は無料．それ以外の不具合に対する部品代，出張費などは有料．

Q87 LC/MS 分析用の便利グッズがあったら紹介して下さい.

質量分析計を使用する際に便利なグッズについて紹介します.

[1] 脱塩カートリッジ

タンパク質の分析には,アフィニティー,イオン交換(IEX),サイズ排除クロマトグラフィー(SEC)などの手法が広く使用されています.しかし,これらの分析法は不揮発性塩を含む水溶性移動相を使用しています.この不揮発性塩は質量分析計を用いる場合,シグナル抑制が生じたり,不揮発性塩の堆積によりイオン源などが汚染されたりする問題を引き起こします.その結果,メンテナンスの負担や機器のダウンタイムの増加に繋がる可能性があります.図1に示したカートリッジは試料の脱塩カートリッジです.この脱塩カートリッジを使用する事で,質量分析計で測定する前に高速且つ効果的にオンラインで脱塩する事が出来ます.このカートリッジは,直接分析カラムの前に着けて使用する事も可能ですが,2D-LC システムと組み合わせて使用する事が出来ます.

図1 脱塩カートリッジ

[2] 使捨てオンライン脱塩チューブ

LC-MS を使用する場合,移動相には揮発性の塩しか使用出来ません.又,揮発性でもトリフルオロ酢酸の様な酸を使用すると目的化合物の感度が低下します.その他,移動相には溶媒ガラスボトル由来の Na や K イオンが微量に存在します.これらのイオンが存在すると Na や K の付加体が検出され,測定を妨害する場合があります.これらの問題点を解決する方法として最近,使捨ての脱塩チューブが市販されています.使用方法は図2の通り,HPLC と質量分析計の間に接続するだけで,移動相中のリン酸塩やトリフルオロ酢酸,微量に含まれるアルカリ金属などをオンラインでリアルタイムに除去出来ます.ラインナップは以下の3種類が市販されています.

・CFAN(アニオン交換+カチオン交換):リン酸塩緩衝液のオンライン LC/MS 測定
・CFOO(アニオン交換):リン酸,リン酸アンモニウム溶離液のオンライン

LC/MS 測定

トリフルオロ酢酸によるイオン化阻害の改善
・OOAN（カチオン交換）：Na や K などの付加イオンの削減

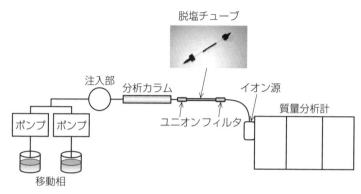

図2　使い捨てオンライン脱塩チューブを使用した LC-MS

[3] カラムフィッティング

　LC/MS 分析において，充填剤の粒子径が 2 μm 以下の微小粒子径カラムが，分離の改善や分析時間の短縮に広く使用されています．これらのカラムを使用する場合，カラム圧力が高くなる事から従来の手締めのフィッティングは不向きです．最近では，図3 に示す様な革新的なクイックコネクトフィッティングが市販されています．このフィッティングは 100 MPa 以上の耐圧性能を有しており，工具無しで接続が可能です．使用方法は非常に簡単で，図3 の通り最初に手応えを感じる迄青色のナットを手で締めます．その後，レバーを押し下げるだけで 100 MPa 以上の耐圧で使用が可能です．又このフィッティングにはスプリングが内蔵されており，フェラルから配管の先端までの長さが可変で様々なメーカーのカラムに使用が可能です．

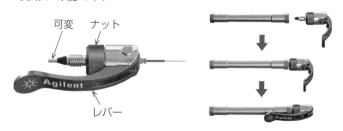

図3　ワンタッチカラムフィッティング

Q88 ディレイインジェクションとは，どの様な手法でしょうか？

三連四重極型質量分析計（triple quadrupole mass spectrometer, QqQ）の普及により，食品や環境試料中の高感度微量分析に質量分析計が広く使用されています．近年，環境分野においては安定な構造から残留性有機汚染物質としてペルフルオロオクタンスルホン酸（PFOS）及びペルフルオロオクタン酸（PFOA）が話題になっています．又，プラスチック類の可塑剤として広く使用されている，フタル酸ジエチルヘキシル（DEHP）を代表とするフタル酸エステル類，テレビ，パソコンなどの電気・電子機器が発火源となる危険性を低減させる目的で使用されている，リン酸エステル系難燃剤などの環境への汚染が懸念されています．

これらの化合物は，LC-QqQ を用いる事で高感度分析が可能です．しかし，LC 部に使用されている素材には対象化合物を有している場合も多く，高感度分析の妨害となります．特に，LC をグラジエント条件で測定した場合，LC 部から溶出する測定対象化合物はカラム先端に濃縮され，分析時に注入した測定対象化合物と同時にカラムから溶出し，測定感度を極端に悪くします．

一般的には LC 部からの溶出を低減させるため，素材の異なる部品と交換するなどして対処します．しかし，完全に除去する事は困難です．そこで最近考案された手法がディレイインジェクション法と呼ばれる方法です．この方法は図1に示した様に LC の注入部の手前に分析カラムと同等のカラムを取り付ける事で注入部から注入した測定試料由来の化合物の保持時間に対して LC システム由来の

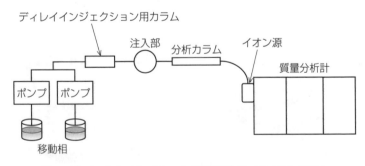

図1　ディレイインジェクション手法を用いた LC-MS システム

化合物の保持時間を遅らせる方法です．

　この原理は簡単で，注入部手前にカラムを取り付ける事で注入部より手前のLCシステムから溶出する化合物を保持する事が可能です．保持した化合物は分析の開始と同時に移動相でこのカラムから溶出し，更に分析カラムで分離分析が行われます．しかし，このカラムで保持した化合物はこのカラムでの保持時間分だけ，注入部から注入した同一化合物とは保持時間が遅れます．図2にディレイインジェクション法を用いてリン酸エステル系難燃剤を分析したクロマトグラムを示しました．このクロマトグラムでは2本のピークが検出され手前が試料から注入した化合物のピークで後ろがLCシステム由来のピークです．この例では保持時間が約1分ずれていますが，この保持時間のずれは取り付けられたディレイインジェクション用カラムの長さに依存します．従って，試料からの化合物と完全に分離させるためには50 mm程度のカラムが必要です．

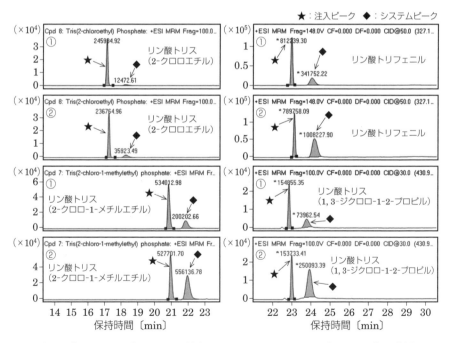

図2　ディレイインジェクション法を用いたLC/MSによるリン酸エステル類の分析

Q89 LC/MS 用の逆相カラムに適した充填剤のスペックを教えて下さい.

Answer　LC/MS 用の逆相カラムに最も適した充填剤として，先ずサイズについて述べます．現在，LC/MS のイオン化法として，エレクトロスプレーイオン化（electrospray ionization, ESI）法や大気圧化学イオン化（atmospheric pressure chemical ionization, APCI）法が使用されています．特に ESI 法が最も多く使用されています．このイオン化法の感度はカラム流量に依存しており，流量が小さい方が高感度で有利と言う特徴があります．従って，使用するカラムの内径は小さい方が有利です．しかし，内径が 1 mm 以下のカラムは使用制限も多く普及はしていません．最も LC/MS に適した内径は 2 mm 程度です．しかし，内径が 2 mm 程度のカラムで使用する移動相に対して溶出力の強い溶媒の試料を分析した場合，試料中に含まれる保持の弱い化合物は一般的な内径 4.6 mm 程度のカラムと比較して注入容量が多くなるとピーク割れなどのピーク形状の異常が生じます．この原因は，保持の弱い化合物が移動相より溶出力の強い試料溶媒によりカラム先端で保持されずに滑る事により，初期バンド幅が広がるためです．この現象は炭素含有量の多い充填剤や細孔分布や表面修飾が均一な充填剤を使用する事で改善が可能です．図 1 に，2 種類の化合物を含むアセトニトリル溶媒の試料を 2 種類のカラムで注入量を変えて測定した結果を示します．カラム A は，炭素含有量の高いカラム，カラム B は炭素含有量の低いカ

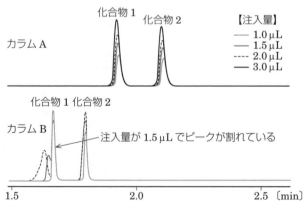

図1　炭素含有量の異なったカラムによる高極性化合物の分析

ラムです．カラム A は，3 μL 注入でも化合物 1，2 共にピーク形状は正常です．一方，カラム B は 1.5 μL 注入で溶出の早い化合物 1 のピークが歪になっています．従って，LC/MS で使用する内径 2 mm 程度のカラムの場合，炭素含有量の高い充填剤のカラムは高極性化合物の分析に有効です．

　カラム充填剤に関しては，LC/MS は従来の HPLC 検出器とは検出メカニズムが異なるため，LC/MS のイオン化法に対してブリードの少ない充填剤が適しています．このカラムブリードは，Scan モードの場合はクロマトグラムのベースラインがドリフトし，視覚的にも測定に影響を与える事が明確です．しかし，定量分析で選択性の高い SIM 法や MRM 法を使用した場合，クロマトグラムでの影響は視覚的には分かりません．しかし，カラムブリードがイオン化阻害の原因となりますので注意が必要です．

　LC/MS は，移動相の緩衝液にリン酸緩衝液などの不揮発性塩は使用出来ません．LC/MS で使用出来るのはアンモニウム塩などの揮発性塩のみです．従って，充填剤の基材であるシリカゲルの残存シラノールの影響を受け易い強塩基性化合物の分析は，揮発性塩の濃度を高くしてピーク形状の改善を試みます．しかし，塩濃度が高くなるとイオン化阻害の原因となります．又，微量金属に配位し易い化合物の分析においては，通常の LC ではリン酸や TFA など金属を配位する強酸を使用しますが，LC/MS ではリン酸や TFA は感度が低下すため使用出来ません．従って，LC/MS に使用するカラムの充填剤は残存シラノールが極力少なく，且つ金属含有量の低い充填剤が有効です．

Q90 ターゲット分析,ノンターゲット分析に適した LC/MS,LC/MS/MS 戦略はありますか?

　　最近,LC-MS 分析においてターゲット分析,ノンターゲット分析と呼ばれる手法をよく耳にします.ターゲット分析法とは,従来から用いられている分析法で,測定対象化合物を決めて標準品を用いて定性,定量分析する分析法です.一方,ノンターゲット分析とはターゲットを決めずに網羅的に化合物を探す手法で,主に定性分析に用いられます.しかし,最近では標準品を用いず内部標準物質のみを用いた網羅的半定量分析手法も提案されています.LC-MS を用いてターゲット分析,ノンターゲット分析を行うには質量分析計の種類によって使い分ける必要があります.以下では質量分析計の種類に分けて解説します.

[1] ターゲット分析

　三連四重極型質量分析計(triple quadrupole mass spectrometer, QqQ)を用いたターゲット分析は,従来の分析法と特に変わりはありません.測定対象となる化合物を予め決めて測定する事から,標準品を準備して測定する方法です.この方法に適した LC-MS としては,全ての対象化合物条件を設定して測定する必要性がある事から,より多くの化合物を同時に測定出来る装置が有効です.従って,ターゲット分析の場合には QqQ を用いた MRM 法が有効です.しかし,従来の MRM 法では測定化合物数が多くなると感度が低下します.一方,Q 70 で解説している多成分一斉分析法に有効なダイナミック MRM 法は,保持時間情報を利用出来るターゲット分析には非常に有効です.

　一方,飛行時間型質量分析計(TOF-MS)は,高分解能を利用した高選択的なターゲット分析が可能です.TOF-MS を使用したターゲット分析では,予め対象物質のデータベース化が必要です.このデータベースは,化合物名,組成式,モノアイソトピック精密質量,保持時間,構造式などを含んでいます.保持時間は,分析条件を固定したターゲット分析の場合は重要なパラメーターであり,偽陽性を避けるためには登録する事が有効です.最近では多くのメーカーから市販のソフトウェアが販売されており,使用する装置に依存します.この方法では,始めに測定対象化合物の偽陰性を極力避けるために,データベース中の全化合物の抽出イオンクロマトグラム(extract ion chromatogram, EIC)を作成します.この際使用するモニターイオンには,プロトン化分子,アンモニウム付加体など

ベースピークとなるイオンを使用しますが,多くのイオンを選択する事で偽陰性を低減する事が出来ます.一方で選択性が低下する事から偽陽性は多くなります.又,保持時間は EIC を作成する時間を絞り込む事が可能であり,測定対象物質以外の試料マトリックス由来のピークを削除する事が可能です(偽陽性の低減が可能).次に全測定対象化合物の EIC を積分する事でピークの検出を行います.ピークが検出された場合,そのピークのマススペクトルを採取し,マススペクトル中のモニターイオンの測定精密質量とデータベース中のターゲット化合物のモノアイソトピックイオンの理論精密質量との質量誤差が許容範囲内で一致するかを判定します.図1には,154 種の農薬を 10 ng/g 相当添加したオレンジ抽出物を LC/TOF-MS で測定した,トータルイオンクロマトグラム(total ion chromatogram, TIC)を示しています.

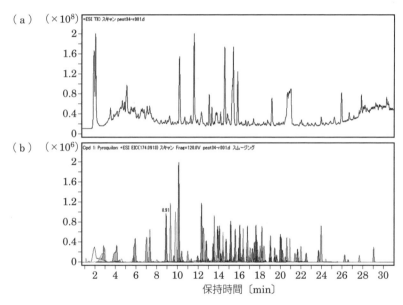

図1 LC/TOF-MS を用いたターゲットスクリーニング結果

　TIC(図(a))で検出されたピークは全てオレンジ由来の成分であり,農薬は全く検出されていません.一方,図(b)には農薬の精密質量データベースを用いたターゲットスクリーニング手法で処理した結果を示しています.このクロマトグラムは,精密質量データベース(380 農薬を収載)で検出された全農薬の EIC であり,多くの農薬のピークが確認できています.この様に,ターゲット分析法

を用いる事でTICに埋もれた微量化合物の検出が可能となります．

[2] ノンターゲット分析

　ノンターゲット分析は，測定対象化合物を決めずに，出来る限り多くの化合物を網羅的に分析する手法です．従って，QqQを用いた場合，保持時間情報の必要なダイナミックMRM法などの手法は使用出来ず，全測定時間に渡ってMRM法で測定する必要があります．最近のQqQは，技術の進歩により500種程度迄の化合物をMRM法で同時測定する事が可能です．図2は，520化合物を対象としたノンターゲットスクリーニング法で1 ppbの危険ドラッグを分析したMRMクロマトグラムです．この様に1 ppb標準液において全ての危険ドラッグの検出が可能です．

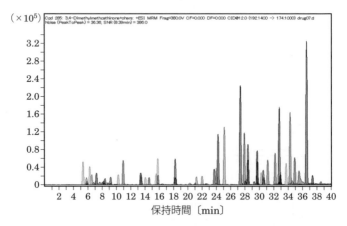

図2　LC/TQMSを用いたノンターゲットスクリーニング法による危険ドラッグ分析

　しかし，ノンターゲット分析の場合は標準品を準備しない分析であるため，ピークが検出されても偽陽性の可能性があります．従って，ノンターゲット分析の場合には必ずプロダクトイオンスペクトルを測定する必要があります．最近の装置は様々な工夫により高感度でプロダクイオンスペクトルを採取する事が可能です．

　TOF-MSによるノンターゲット分析は，出来る限り多くの化合物を網羅的に検出する必要があるため，測定結果からピーク（化合物）を抽出するピークピッキング手法が非常に重要です．ピークピッキングの手法はメーカーにより様々ですので使用する装置メーカーの技術資料等を参考にして下さい[1]．この手法を用

いる事で,TIC 中に埋もれた微量ピーク(化合物)の検出が可能です.図3に,河川水濃縮液を LC/TOF-MS で分析した TIC 及びピークピッキング手法を用いて抽出した EIC の結果を示しました.

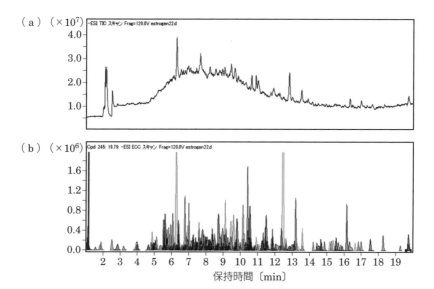

図3　LC/TOF-MS を用いたノンターゲットスクリーニング結果

　TIC では確認出来るピーク数は数十でしたが,ピークピッキング手法を用いる事で 245 のピークが検出されました.通常この様な手法を用いる事で TIC に埋もれたピークを含めて数百〜数千の化合物を検出する事が可能です.ノンターゲットスクリーニングに使用するデータベースは,ターゲットスクリーニングとは異なり網羅的スクリーニングである事から,保持時間情報は必要ありません.従って,実際に測定する事なく化合物の組成式のみでデータベースの構築が可能であり,より多くの化合物の登録が可能です.ノンターゲットスクリーニングでは,ピークピッキングで検出した化合物についてそのモノアイソトピック精密質量からデータベース検索を行います.このスクリーニング法では,検出された化合物についてベースピークイオンの精密質量誤差,同位体質量差及び同位体強度比により類似スコアを計算し,このスコアを検出の基準に設定する事で偽陽性を低減し,結果の信頼性を向上させる事が可能です.この方法は,数千以上の化合物が登録されたデータベースにおいても短時間で検索が可能です.

Q91 コンスタントニュートラルロススキャンとは，どの様な手法でしょうか？

Answer　或る化合物 A が分解して化合物 B を生成する場合（構造変換や付加反応ではない），必ず質量変化を伴います．化合物 A 及び化合物 B に由来するイオンの質量を各々 a 及び b と表すと，質量変化 X は a − b で求める事が出来ます．

　質量分析計はイオンを検出する装置です．化合物 A から化合物 B への分解は，マススペクトル上に観察される「イオン a からイオン b へのフラグメンテーション」として認識されます．イオン a とイオン b が同じ価数のイオンであるなら，質量変化 X はイオンではなく中性分子（neutral molecule）の解離・開裂に起因します（以降，説明を簡潔にするためイオンの価数は 1 とします）．詳しく記述すれば，「イオン a から，或る中性分子 X が脱離する事によりイオン b が生成するフラグメンテーション」です．この中性分子の脱離やその質量変化（減少）X をニュートラルロス（neutral loss）と呼びます．IUPAC Recommendation 2013 にも，ニュートラルロスとは，「解離（開裂）によるイオンからの非電荷種の減少（loss of an uncharged species from an ion during dissociation）」と記載されています[1]．

　マススペクトルを解析する際に，"イオンピークの差を取る" と言う作業は，ニュートラルロスの質量変化 X を計算している作業です．観察されたイオンピークが m/z a, m/z b（a > b）である場合，ニュートラルロスの質量 X は a − b です（注：X は中性分子なので，m/z X と記載してはいけません）．

　コンスタントニュートラルロススペクトル（IUPAC Recommendation 2013[1]は，constant neutral mass loss spectrum と言う名称を推奨していますが，ここではコンスタントニュートラルロススペクトルを用います）は，"一定のニュートラルロスを観察する事が出来るプリカーサーイオンを記録したマススペクトル（特殊な測定法）" です．

　より具体的に理解するため，「或る化合物 C が，CID により m/z c から m/z d への解離・開裂が観察された」場合を考えます．タンデム四重極質量分析計では，Q1 に m/z c，q2 に CID の適切なコリジョンエネルギー，Q3 に m/z d を設定すれば，この解離・開裂するイオンだけをモニター出来ます．これは，よく知られている選択反応モニタリング（SRM）です．基本的にはこれと同じ事です

が，一定のニュートラルロスの差（X=c－d）をつけた m/z を，Q1 と Q3 に設定して，Q1 と Q3 を連動走査した測定法（Q1 を m/z $m \sim n$ の範囲に走査する場合，Q3 は m/z $m-X \sim n-X$ の範囲を連動走査します）が，コンスタントニュートラルロススキャンと呼ばれるものです．タンデム四重極質量分析計による選択反応モニタリングとコンスタントニュートラルロススキャンを表1にまとめました．

表1 タンデム四重極質量分析計による選択イオンモニタリングとコンスタントニュートラルロススキャン

	第1質量分離部 Q1	コリジョンセル q2	第2質量分離部 Q3
選択イオンモニタリング（SRM）	SIM	衝突誘起解離（CID）	SIM
コンスタントニュートラルロススキャン	SCAN（m/z $m \sim n$）		SCAN（m/z $m-X \sim n-X$）

SRMと違い，ニュートラルロススキャンスペクトルを測定・記録しているので，マススペクトルを観る事が出来ます．しかし，ニュートラルロススキャンマススペクトルに幾つかのイオンが確認される事は，試料検体が混合物である事を意味するため，クロマトグラフィーと組み合わせて用いる方が有効です．つまり，或る化合物で観察されるフレグメンテーションをニュートラルロス X で表し，同様のフラグメンテーション（ニュートラルロス X）を示す化合物が他に存在するかどうかを確認するために用いられる事が多い様です．

ニュートラルロスを用いる測定法（Q1 m/z $m \sim n$，Q3 m/z $m-X \sim n-X$）は，多数（スキャン範囲）の SRM 条件による測定（例えば，m/z $m > m-X$，m/z $m+1 > m+1-X$，m/z $m+2 > m+2-X \cdots m/z$ $n > n-X$ の様に）とほぼ同じです．実際に，質量分析計への測定条件設定は，ニュートラルロスを用いる測定法の方が簡便で，入力ミスをする可能性は極めて少ないと言えます．しかし，多数の SRM 条件を設定する場合，その間隔が 1 Da（例えば）である必要はありません．メチレン鎖長が異なる類縁化合物を探索するのであれば，14 Da 間隔で多数の SRM を設定すれば，実際にモニターする SRM 条件は少なくなり，感度やクロマトグラムの質がより良くなる可能性があります．又，類似化合物・類縁化合物の違いが含有酸素の数によるのであれば，16 Da 間隔での設定が良いのかも知れません．この様に考えると多数の SRM 条件を選択する作業は，解離・開裂に関して適切な知識をもっていないと難しいかも知れません．

Q92 クロストークをゼロにする方法はあるのでしょうか？

Answer　三連四重極質量分析計は，図1に示す様に，HPLC（試料導入部），イオン化部，一段目の四重極質量分離部（MS1），衝突誘起解離部（コリジョンセル），二段目の四重極質量分離部（MS2）及び検出器から構成されています．定量分析では，SRM（selected reaction monitoring）モード，即ち，分析種に由来する特定のプリカーサーイオン（例えば，プロトン付加分子や脱プロトン分子）を一段目の四重極質量分離部で選択し，そのイオンと衝突誘起解離部内の不活性ガス（アルゴンや窒素）が衝突し生じたプロダクトイオンを二段目の四重極質量分離部で選択し，検出する手法が汎用されています．

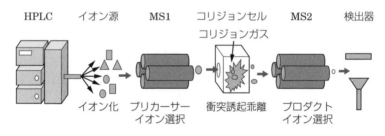

図1　三連四重極質量分析計の模式図

　複数の分析種を分析する際に，コリジョンセル内でプリカーサーイオンから生成されたプロダクトイオンが残存した状態で別の分析種のプロダクトイオンが導入されると，両者の分析種のプロダクトイオンが混在する場合があり，分析種の定量値に悪影響を及ぼす現象が生じる場合があります．これをクロストークと言います．具体的には，図2（a）の化合物A，B，C及び各々の内標準物質（重水素標識した安定同位体）の混合溶液を分析したクロマトグラム，及び図2（b）の化合物A, B, Cの混合溶液を分析したクロマトグラムで説明をすると，図2（a）では，全ての分析種と各々の内標準物質が混合溶液に含まれているため，全てのクロマトグラムにピークが溶出されますが，図2（b）では，分析種A，B，Cのみの混合溶液にも関わらず，検出される筈のない化合物A及びBの内標準物質が認められます．

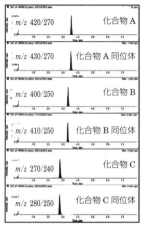
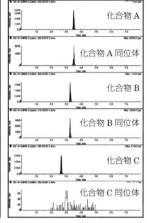
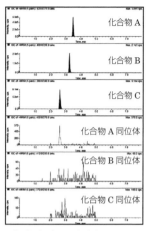

（a）化合物 A, B, C 及び各々 　（b）化合物 A, B, C の標準溶液 　（c）(b) の溶液をトラン
　　の内標準物質の標準溶液 　　　　　　　　　　　　　　　　　　　ジション順を変更し
　　　　　　　　　　　　　　　　　　　　　　　　　　　　　　　　て測定した例

図 2　クロストークの改善例

　この様な現象を回避するための一つの方法として，トランジションの順番を変更する事で改善出来ます．即ち，モニターイオンが同一の場合には，図 2 (c) に示す様に，トランジションの順序が連続しない様に設定を変更する事により，化合物 A 及び B の同位体のクロマトグラムにピークが認められず改善が出来ます．
　上述以外にも，クロストークを改善する方法が幾つか知られています．
　クロストークは，次の分析種のイオンがコリジョンセル内に入る前に，直前の分析種のイオンが全て排除されていれば原理的には起きません．従って，トランジションを切り替えるごとにデータを収集しないポーズタイムを間に設定し，コリジョンセル内の残留したイオンを検出器方向へ押し出す事で，クロストークを回避出来ます．
　コリジョンセル内の電圧は，直流電圧と高周波電圧が印加される質量分離部とは異なり，一般的には，高周波電圧のみが印加され，プリカーサーイオンの衝突解離に必要なエネルギーがイオンに与えられています．そのため，別の方法としては，その電圧を，一時的に印加しない設定とし，強制的にコリジョンセル内のイオンを排除する方法などが知られています．

243

Q93 質量分析で水やエタノールのクラスター分析が出来るそうですが，概要を説明して下さい．

nswer　水やメタノール，エタノールのクラスターイオンは，コロナ放電を用いた大気圧イオン化法（大気圧化学イオン化：atmospheric pressure chemical ionization, APCI に類似のイオン化法）[1]，エレクトロスプレーイオン化法（electrospray ionization, ESI）[2]，コールドスプレーイオン化法（coldspray ionization, CSI）[3] などによって観測された例が報告されています．

通常，ESI や APCI を LC/MS のイオン化として用いる場合，脱溶媒やイオン生成を優先させるために，噴霧した液滴を高温のヒーターに接触させたり，液滴に高温のガスを吹き付けたりする事が一般的です．その様な条件においては，水やメタノール，エタノールのクラスターイオンは殆ど観測されません．通常の逆相条件による LC/MS において，水やメタノールが大量にイオン源に導入されているにも拘わらず，それらのクラスターイオンが観測されないのは，脱溶媒の温度が高いためです．

コロナ放電を用いた大気圧イオン化法（正イオン検出）において観測された水のクラスターイオンのマススペクトルを図1に示します．オキソニウムイオン（H_3O^+）を核にして，$H_3O^+(H_2O)_n$ が観測されています[1]．

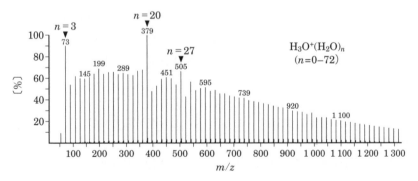

図1　コロナ放電大気圧イオン化（正イオン検出）による水クラスターのマススペクトル[1]

水のクラスターイオンは，基本的には m/z が大きくなる（H_2O 数が増加する）に従って，強度は減少する傾向にあります．しかし，図1を見て明らかな様に，所々（$n=3, 20, 27$）に強度の高いイオンが観測されています．これらは，その

周りのクラスターイオンよりも安定な構造を有し,この時の H_2O 数はマジックナンバーと呼ばれます.

水クラスターの質量分析による研究は,大気化学や大気環境化学の分野で用いられています[1].又,液相及び気相における分子間相互作用の研究にも応用されています[2].

エタノールのクラスターは,ラマン分光[4]やNMRでも観測され,エタノールクラスターとお酒の味との関連性に関する考察もなされています[4].

質量分析による水クラスターの研究例は,従来,正イオン検出によるものが殆どでしたが,引用文献[1]では,負イオン検出による水クラスターの観測を行っています.HO^- と NO_3^- を核にした水クラスターのマススペクトルをそれぞれ図2と図3に示します.これらは,無調整の実験室大気雰囲気下で得られたものであり,大気化学や大気環境化学の進展に寄与出来る可能性があると結論付けています.

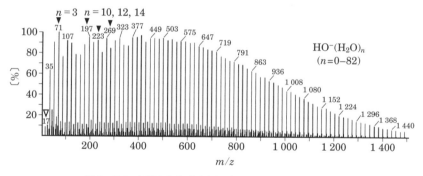

図2 HO^- を核とした水クラスターのマススペクトル[1]

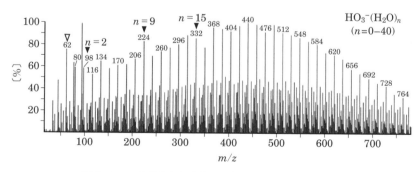

図3 NO_3^- を核とした水クラスターのマススペクトル[1]

Q94 質量分析はD-アミノ酸研究にも役立ちますか？

Answer 勿論，役に立ちます．生体中のD-アミノ酸はL-アミノ酸に比べて存在量が非常に少なく検出が困難なため，高感度な検出が可能な質量分析計（MS）は強力なツールになります．但し，質量分析計だけではアミノ酸の光学分割は出来ないため，キラルな試薬を用いてジアステレオマーを生成させるキラル誘導体化法や光学活性カラムを用いて光学分割する必要があります．

アミノ酸は同一分子内にアミノ基とカルボキシ基を有する化合物の総称で，タンパク質の構成成分となるアミノ酸は20種類あります．最も単純な構造のグリシンを除く全てに鏡像異性体の関係（図1）にあるD-アミノ酸とL-アミノ酸が存在します．

図1 D-アミノ酸及びL-アミノ酸の構造

D-アミノ酸は，数十年前までは哺乳類の様な高等動物の体内には存在しないと考えられてきましたが，その後の分析手法の発展に伴い，ヒトを含む哺乳類の体内で比較的高濃度のD-アスパラギン酸とD-セリンが発見され，その機能も明らかにされてきました．現在までに，哺乳類の体内でD-アミノ酸の生合成酵素が見出され，又，その他のD-アミノ酸の生体内での存在も確認されています．これらの機能や疾患関連バイオマーカーとしての役割に注目が集まっています．

D, L-アミノ酸の高感度定量法の一例として，4-fluoro-7-nitro-2,1,3-benzoxadiazole（NBD-F）を用いた誘導体化法が挙げられます．図2の反応で生成するNBD-アミノ酸は，長波長域に強い蛍光を有する（励起波長470 nm，蛍光波長530 nm）事から，

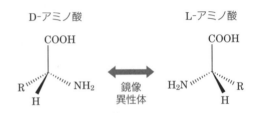

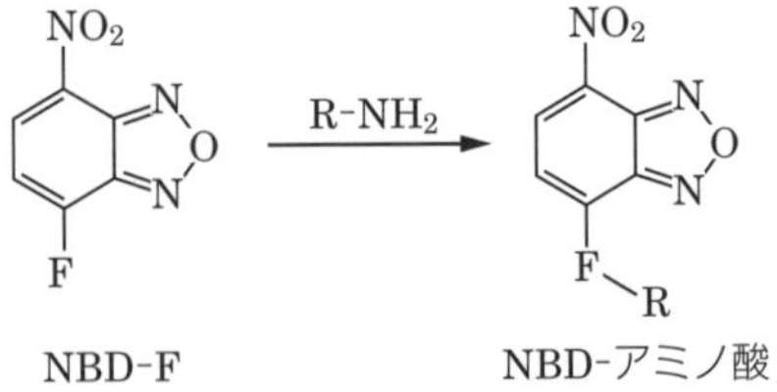

図2 NBD-F誘導体化反応

内在性の夾雑成分の影響を殆ど受ける事無く高感度分析が可能となります．

測定において逆相カラムと光学分割カラムを用いた二次元LCを用いる事で，選択性を更に高めています．又，逆の光学活性を有するキラルセレクターを利用

する事で，D/L体の溶出順序を反転させる事が出来，溶出時間の反転及び両固定相での定量値の同等性からD-アミノ酸ピークの同定が容易になります．タンパク質を構成する全てのアミノ酸の光学分割が出来ていますが，更なる高選択性を達成するために，この二次元LCと質量分析計を組み合わせた二次元LC-MS/MS法が開発されています．但し，二次元LCを用いた場合，長時間分析が必要となります．

そこで，キラル固定相を有するカラムを用いてD, L-アミノ酸を分離してMSで検出するD, L-アミノ酸メソッドパッケージが(株)島津製作所より提供されています．本法は，誘導体化を必要としないため，短時間（10分）で測定出来ます．但し，トリプル四重極質量分析計を用いている事から，ほぼ同一のSRMトランジションとなるアミノ酸が共溶出する場合には分離出来ない可能性がありますが，本法では，この問題点を2種類のカラムを使用する事で解決しています（図3）．

尚，本法で用いられている光学活性カラムは，株式会社ダイセルのCROWNPAK CR-I（+）及びCR-I（-）ですが，これらは不斉中心近傍に第一級アミノ基をもつ化合物を光学分割する事が出来ますが，第二級アミノ基を有するプロリンの光学分割は出来ない点に注意が必要です．

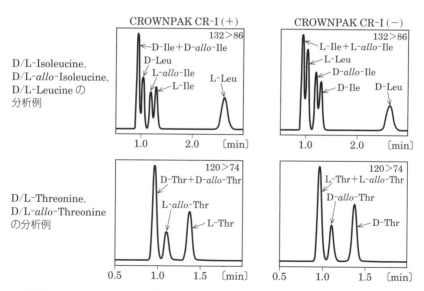

図3 CROWNPAK CR-I（+）及びCR-I（-）の分離例（提供：(株)島津製作所）

Q95 質量分析で細菌の分類が出来るそうですが，概要を説明して下さい．

マトリックス支援レーザー脱離イオン化質量分析計（MALDI-TOF-MS）と信頼性の高いマススペクトルデータベース（リファレンスマススペクトル）を有する解析ソフトにより，細菌，真菌，酵母などの微生物を分類・同定する事が可能です．

この手法のユニークな点は，細菌のコロニーをそのまま検体として，直接質量分析出来る所です．得られるマススペクトルには，細菌が保有するリボソームタンパク質のイオンが多数検出されます．細胞内小器官であるリボソームは，メッセンジャーRNAの遺伝情報を読み取りタンパク質に変換するため，リボソームタンパク質は細菌が生存と増殖をするために必要なタンパク質です．同じ機能のタンパク質であっても，細菌の種類によりタンパク質のアミノ酸配列が若干異なる事から，検出されたリボソームタンパク質のm/zと強度，検出されたリボソームタンパク質群の量的関係のプロファイルを利用して分類します[1]．

図1に代表的な細菌のマススペクトルを示します[2]．ここでは分かり易い様に日本語の細菌名を示しましたが，リファレンススペクトルには，NBRC

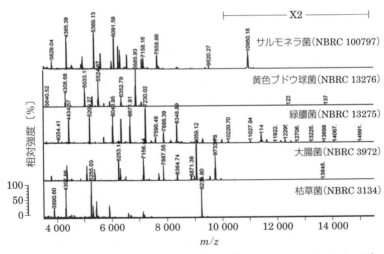

図1　代表的な細菌のマススペクトル

(biological resource center, NITE) 株の様な, 属 (genus), 種 (species), 亜種 (subspecies) を同定されたものを用いているので, 種族 (strain) レベルの同定が可能です.

微生物同定の流れを図2に示します.

①コロニーの採取

②試料プレートの調製
・マトリックス添加・乾燥
・質量分析計にセット

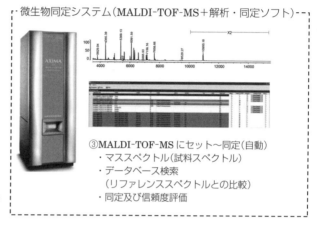
③MALDI-TOF-MS にセット～同定(自動)
・マススペクトル(試料スペクトル)
・データベース検索
 (リファレンススペクトルとの比較)
・同定及び信頼度評価

図2　MALDI-TOF-MS による微生物同定の流れ

微生物を同定する方法として, 16S rRNA 系統解析法(リボソームの小サブユニットの RNA の塩基配列を基にした微生物の進化系統を明らかにする方法)[3],[4] がありますが, 煩雑な試料調製と時間を要するため, 分析・解析には5時間程度必要です. MALDI-TOF-MS による同定法は, 煩雑な前処理を行う事なく, コロニーや培養液をそのまま用いて試料プレートの上で直接マトリックスを混合すると言う簡便な操作で, 迅速(検体当たり数分以内)に測定及び同定する事が出来ます.

MADLI-TOF-MS による直接・簡便・迅速な微生物同定法は, 臨床微生物検査, 食品・製薬などの産業における品質管理, 獣医学検査, 環境中の微生物モニタリングなどに利用されています. 近年, 腸は消化吸収や便通にかかわるだけでなく, 腸内細菌により免疫やホルモンバランス, 心身の健康に密接に関係する事が分かってきました. 1 000 種類100兆個存在するといわれる腸内細菌の同定にもこの手法が応用されています.

Q96 質量分析はメタボローム解析でどの様に利用されていますか？

Answer

生体内では，酵素などの代謝反応によって糖，有機酸，アミノ酸，脂肪酸等の代謝産物などが約5 000種類程度あると言われています．これらの代謝産物は，環境や食事，疾病により，種類や濃度に変化が起きる事が知られており，これらを網羅的に解析する事により疾病の原因を調べたり，バイオマーカー探索が可能となります．

メタボロミクス（メタボローム解析）とは，これらの代謝産物の種類や濃度を網羅的に分析・解析する手法を言い，生命現象や細胞の機能を包括的に理解する上で，ゲノミクス（DNA配列の網羅的解析）やプロテオミクス（タンパク質の網羅的解析）と並んで重要な手法の一つであり，医薬品，食品，環境分野で応用されています．図1に示す様に，ゲノミクスやプロテオミクスと比べて，メタボロミクスは解析の対象となる数が少なく，又，種差がなく，最終の表現系であるため病態と関連した代謝産物が発見され易いと言われています．

DNA → mRNA → タンパク質 → 代謝産物

ゲノミクス（遺伝子数：約20 000）
トランスクリプトミクス（トランスクリプト数：約150 000）
プロテオミクス（タンパク数：約1 000 000）
メタボロミクス（代謝産物数：約5 000）

図1　メタボロミクスの位置付け

メタボロミクスでは，一度に多くの代謝産物を分析する必要があるため，揮発性を有する比較的小さな代謝産物の分析ではGC-MSを，不揮発性で比較的大きい代謝産物ではLC-MSを，極性の高い代謝産物ではCE-MSが利用されており，何れも質量分析計が汎用されています．血液や尿，組織などの夾雑成分の多い生体試料がマトリックスとなるため，選択性に優れ且つ高感度分析が可能な質量分析計が利用されています．

ここでは，LC-MSによるメタボローム解析について，図2の手順に沿って紹介します．試料は通常，人や動物の正常モデルと疾患モデル，薬物投与群とコントロール群などの生体試料（血液，尿，組織など）であり，それぞれ両者の比較により代謝物の変動などを確認します．試料の採取

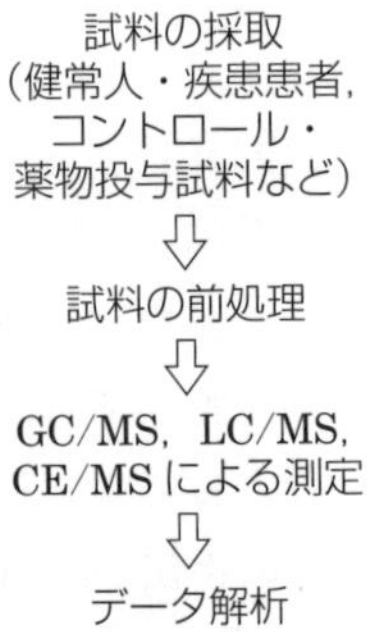

試料の採取
（健常人・疾患患者，
コントロール・
薬物投与試料など）
⇩
試料の前処理
⇩
GC/MS，LC/MS，
CE/MSによる測定
⇩
データ解析

図2　メタボローム解析の手順

や保管においては，温度などの環境により代謝物の種類や量が変動する事が考えられるため，生体内の代謝物を正確に評価する上で代謝反応を抑制して採取・保存する必要があります．

前処理においても，処理中に代謝反応が進む可能性があります．そのため，例えば，組織などを摘出した後に，速やかに液体窒素を用いて凍結し，凍結したまま粉砕，有機溶媒抽出するなどの工夫が必要となります．

次に，前処理した試料をLC-MSで分析します．最近では，（株）島津製作所から，分析条件や代謝産物のSRM（selected reaction monitoring）トランジションやコリジョンエネルギーなどが最適化されたパッケージが市販されているので利用出来ます．例として，細胞の活動を維持するために必須となる高極性代謝物群の一次代謝物（アミノ酸，ヌクレオチド，脂質など，補酵素など）を，トリブチルアミンをイオン対試薬として用いて分析した時のクロマトグラムを図3に示します．

データの解析においては，試料毎に質量，保持時間やピーク強度などの情報がコンピュータ上に集約され，主成分分析などの多変量解析によりデータマイニングが行われます．正常モデルと疾患モデル間や，薬物投与群とコントロール群などの群間の比較，或いはローディングプロットにより，指標となる代謝物が特定出来，又，バイオマーカー候補などを決定する事が出来ます．加えて，代謝産物の変動の比較により，疾患原因となる代謝経路の異常を探索する事が可能です．

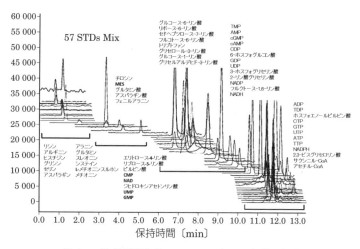

図3　一次代謝産物のLC/MS/MSクロマトグラム[1]

Q97 質量分析のリピドミクスへの応用例を教えて下さい．

リピドミクスの測定対象である脂質は，三大栄養素の一つでもあり生体にとって重要なエネルギー源です．又，生体膜の主要な構成成分として使用されるだけでなく，生理作用を有するものは脂質メディエーターとも呼ばれ，生体にとって必須の成分です．

脂質は，水に不溶であり，単純脂質として分類される代表的なものとして，グリセロールの水酸基と脂肪酸とがエステル結合したものが挙げられます．脂肪酸は炭素が鎖状に配列した分子構造を有しており，炭素鎖の長さ及び不飽和度の違いによって様々な種類が存在します（表1）．又，グリセロールには三つの水酸基がある事から，エステル結合した脂肪酸の数によってモノアシルグリセロール，ジアシルグリセロール，トリアシルグリセロールと分類されます．これらの単純脂質は，総称してアシルグリセロール又は中性脂肪と呼ばれ，エネルギーの貯蔵などに利用されています．

表1 脂質を構成する脂肪酸の一例

数値表現	示性式	組織名	慣用名
4：0	$CH_3(CH_2)_2 COOH$	ブタン酸	ブチル酸
6：0	$CH_3(CH_2)_4 COOH$	ヘキサン酸	カプロン酸
8：0	$CH_3(CH_2)_6 COOH$	オクタン酸	カプリル酸
10：0	$CH_3(CH_2)_8 COOH$	デカン酸	カプリン酸
12：0	$CH_3(CH_2)_{10} COOH$	ドデカン酸	ラウリン酸
14：0	$CH_3(CH_2)_{12} COOH$	テトラデカン酸	ミリスチン酸
16：0	$CH_3(CH_2)_{14} COOH$	ヘキサデカン酸	パルミチン酸
18：0	$CH_3(CH_2)_{16} COOH$	オクタデカン酸	ステアリン酸
18：1(n-9)	$CH_3(CH_2)_7 CH=CH(CH_2)_7 COOH$	cis-9-オクタデセン酸	オレイン酸
18：2(n-6)	$CH_3(CH_2)_3(CH_2CH=CH)_2(CH_2)_7 COOH$	$cis,\ cis$-9,12-オクタデカジエン酸	リノール酸

一方，分子中にリン酸や糖などを含む脂質は複合脂質に分類され，シグナル伝達分子として機能するものもあります．複合脂質として代表的なものであるリン脂質は，グリセロール又はスフィンゴシンを骨格とした脂質にリン酸が結合し，更にリン酸にアルコールがエステル結合したものです．図1にはリン脂質の代表

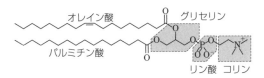

図1 ホスファチジルコリンの構造式

例としてホスファチジルコリンの構造式を示します．

　脂肪酸やアルコールには様々な種類があるため，組合せによって多種多様なリン脂質が存在します．この様に多種多様な脂質を網羅的に定量する事や，生体内にて微量で存在する脂質の検出は現時点でも困難とされていますが，質量分析計を用いた新しい測定法の開発が現時点でも積極的に実施されています．

　例えば，LC/MS を用いたターゲットリピドミクスには，共通部分構造をもつ脂質をプリカーサーイオンスキャンやニュートラルイオンスキャンによって一斉測定する Focused method や，予め測定対象の脂質を決めて SRM 測定を実施する Targeted method があります．Targeted method では，予想される脂質代謝物のモニターイオンを組み込む事で網羅性を高める事が出来ます．この手法を用いた応用例として，スフィンゴ糖脂質の分子種レベルでの高感度な一斉分析例があります．確立された方法はレーザーマイクロダイセクション（LMD）と組み合わせて組織切片を用いた局在グライコリピドミクスに用いられ，各スフィンゴ糖脂質の量的な分布が領域によって異なっている事などが明らかになっています．

　ターゲットリピドミクスに対して，総脂質の網羅的な分析を実施するノンターゲットリピドミクスがあります．測定には TOF-MS の様な高分解能 MS を用います．多種多様な脂質を網羅的に分析する事には困難が伴いますが，現在では，極性の高い脂肪酸から，リゾリン脂質，リン脂質，スフィンゴ脂質，中性脂肪などの極性の低い脂質までを網羅的に分析する事が出来ます．又，本法は未知の脂質代謝物の検出にも有効であり，様々な疾患モデル動物を用いた新規脂質バイオマーカーの探索に用いられています．

　これまでに，炎症疾患において脂肪酸代謝バランスが重要である事が明らかにされ，炎症を基盤病態とする様々な疾患の病態解明及び新規治療法の開発に繋がる事が期待されています．その他にも，生活習慣病を含む各種疾患動物モデルや臨床検体を用いた脂質バイオマーカー探索，脂質代謝パスウェイの解明及び探索などに用いられているリピドミクスは，各種疾患の早期診断マーカーの発見や病態の解明に繋がる技術として，期待されています．

Q98 質量分析が宇宙科学にどの様に活用されているか，現状を教えて下さい．

2011年に公開された『はやぶさ/HAYABUSA』は，国立研究開発法人宇宙航空研究開発機構（Japan Aerospace Exploration Agency, JAXA）の小惑星探査機「はやぶさ」のプロジェクトとそれに参加した人々を描く映画ですが，ここで取り上げられた「はやぶさ」は，小惑星の探査及び物質サンプルを持ち帰る事を目的に開発された探査機です．この探査機には，将来の惑星探査に向けての新しい技術が幾つか搭載されていました．

2003年5月9日に打ち上げられた「はやぶさ」は，様々な困難に見舞われながらも，カメラ，レーザー高度計，X線計測装置，赤外線観測装置による科学観測を実施し，日本のロケット開発の父である故糸川英夫博士に因んで「イトカワ」と名付けられた小惑星の形状，地形，表面高度分布，反射率（スペクトル），鉱物組成，重力，主要元素組成等の数多くの新たな知見を得る事に成功しました．これらの科学観測成果は，日本の惑星探査では初めて米科学誌「サイエンス」から特集号として発表されています．

加えて，「はやぶさ」は，2010年6月13日に「イトカワ」表面から採取したサンプルを地球へ持ち帰る事に成功しました．これまで人類がサンプルを持ち帰った天体は月だけになりますが，月は変成してしまっているため太陽系初期の物質を得る事が出来ません．一方，「イトカワ」の様な小惑星は，惑星が誕生する頃の記録を比較的良く留めている化石の様な天体といわれており，これらの小惑星からサンプルを持ち帰る技術（サンプルリターン）は，惑星を作る素になった材料は何か，惑星が誕生する頃の太陽系星雲内の様子はどうなのかなどの疑問についての手掛かりを得るための非常に重要な技術となります．又，地球上でのサンプル分析が可能となるため，回収量が少しであってもその科学的意義は極めて大きいと考えられています．そのため，今回の「はやぶさ」の成果は計り知れないほど大きいものと考えられます．

「はやぶさ」が持ち帰った物質サンプルは，JAXA施設内のクリーンルームで地球上での汚染に注意を払いながら開封され，少なくとも2 000個以上の「イトカワ」由来と考えられる粒子が見出されています．その一部は，国内の様々な大学及び研究機関に配分され表1の様な項目が分析されており，その中で質量分析計も使用されています．

表1 「はやぶさ」サンプルの分析項目[1]

	項　目
①	元素組成
②	高分子有機物質の有無と構造
③	粒子の三次元形状及び三次元内部構造
④	鉱物の種類と存在度，全岩元素組成，岩石組織と鉱物元素組成
⑤	太陽風及び宇宙線起源希ガスの存在量と同位体組成に基づくイトカワ表面環境
⑥	有機化合物の有無と種類
⑦	同位体組成，微量元素組成

　二次イオン質量分析法（secondary ion mass spectrometry, SIMS）は，真空中で変性しない試料表面の化学的な情報を取得出来る分析法で，固体の表面にビーム状のイオン（一次イオン）を照射し，そのイオンと固体表面の分子・原子レベルでの衝突によって発生するイオン（二次イオン）を質量分析計で検出する表面計測法です．検出器として MS を用いる事から，分光学的な分析法と比較して感度が非常に高く，水素からウランまでの殆ど全ての元素の分析が可能です．但し，多くの元素には同位体があり，それらの質量干渉により正確な定量が出来なくなる場合が存在します．この問題を解消するために TOF の様な高分解能 MS を用いる必要があります．高分解能 MS を用いる事で，元素だけでなく，分子及び分子由来のフラグメントイオンを検出する事が出来，化学構造情報を得る事も出来ます．

　その他に，誘導結合プラズマ質量分析法（inductively coupled plasma-mass spectrometry, ICP-MS）を同位体分析や微量元素分析に用いる場合があります．この ICP-MS は，イオン化法として気体に高電圧を掛ける事などによって生成させた高温の誘導結合プラズマを用いた質量分析法で，73 種類の元素を高感度に測定する事が可能です．但し，プラズマ内で一時的に生成される分子イオンの妨害を受けるため注意が必要です．

　これらの測定で得られた同位体情報及び微量元素情報を組み合わせる事によって得られた，物質形成の年代，構成成分などを通して，初期太陽系における物質進化の解明や地球惑星の諸現象の解明が期待されています．但し，現在の最新技術を用いても解明困難な事例も多数あり，質量分析計も含めた更なる技術の発展が必要とされています．

Q99 質量分析は石油産業でどの様に利用されているのでしょうか？

日本の石油産業は，石炭から石油へのエネルギー転換を経て，化学製品原料としての主務を果たし，高度経済成長を支え，現在も重要な基幹産業です[1]．石油会社では1970年代にGC-MSや高分解能MSが一般的な分析装置として導入され始めました．

[1] 基油関連の分析への応用[2]

(1) 油種識別への利用

GC-MSより油種を識別する分析が行われており，ガソリン分析の一例では約400成分のうち大半をMSで同定する事が可能です．

(2) 重質留分分析：多環・芳香族，異節環状化合物の分析

石油の重質成分のLCなどによる分別フラクションを質量分析する方法，APCI法LC/MSによる軽油中芳香族化合物の構造変化の分析した例があります[3]．

(3) 基油分析

石油留分の芳香族の分析は，EI法による化合物タイプ及びタイプ別の炭素数分布を得る事が出来ます[4]．

(4) 潤滑油分析

ペンタエリスリトールテトラエステルを基材とするジェットエンジン用市販潤滑油の劣化状態を分析するために，LC-ESI-MSを適用した報告があります[5]．基材劣化物の構造解析を行うため，アンモニウム付加イオンを生成させ，そのプリカーサーイオンを観測する事により同族化合物間の識別が可能です[6]．

[2] 添加剤関連の分析への応用

(1) 酸化防止剤

潤滑油の多くには，フェノールタイプや芳香族アミンタイプの酸化防止剤が添加されており，MS（FD法）による定性分析が行われています．

(2) 金属系清浄剤

MS分析（FAB法）では，スルホネート，サリシレートなどの添加剤の種別をはじめ，分子構造の特徴も把握する事が可能です．

(3) 無灰分散剤

　ポリブテニルコハク酸イミドは，親水基（アミン部）の部分構造に様々な種類が存在します．ESI 法による LC-MS の分析例が報告されています[7]．

(4) ジアルキルジチオリン酸亜鉛（ZnDTP）

　ZnDTP のアルキル基の種類の同定には FD 法が多用されますが，ソフトなイオン化法である液体イオン化法（liquid ionization, LI）の分析例も報告されています[4),8]．

[3] ペトロリオミクスへの応用

　FT-ICR-MS の開発により原油，重質油，オイルシェールなどの分子レベルの成分分析と構造解析の道（ペトロリオミクス）が開かれました[9]．石油エネルギー技術センターでは石油精製プロセスへの適応を研究しています[10),11]．

[4] その他の分野の分析への応用

　犯罪鑑識では不正軽油の識別，法科学分野では焼損残渣物に付着した石油類の鑑定検査などにも活用されています[12]．

Q100 質量分析はゴム産業でどの様に利用されているのでしょうか？

Answer
　近年の高分子合成化学の進歩により，合成ゴムの分野でも数多くの新種合成ゴムが登場し多方面に使用されています．用途によっては2種類以上のポリマーのブレンドタイプも用いられます．ゴム製品の化学分析は高分子化合物の独特の性質のため，通常の分析手法を用いる事が出来ない場合が多々ありますがNMR, IRなどを上手く応用し，モノマーの配列分布や架橋ポリマーの分析などの問題の解決が図られて来ました[1]．ゴム製品は主原料である原料ゴムにカーボンブラック，無機充填剤，架橋剤，有機添加剤などの各種配合剤を均一に混ぜた後，高温高圧条件下で三次元的に架橋させたものです．加硫ゴムは，その配合設計と製造工程により様々な性能を発現させる事が出来ます[2]．本節では加硫ゴムを中心として，MSの応用について解説します．

[1] 加硫ゴムの分析

　加硫ゴムの分析を行うに当たっては，主原料であるゴム成分の詳細な分析法や各種配合剤に適した定性，定量分析法が必要です．配合が未知である場合は，初めに"加硫ゴムの大まかな組成を把握"しておくと適切な前処理－分離－分析を行う事が出来ます．加硫ゴムそのもののIRスペクトルを測定すればゴムの種類や無機充填剤の有無，種類を或る程度把握で出来ます[2]．MS分析でも，ポリマーそのものを直接測定する事は出来ず，熱分解（pyrolysis）などの処理を行い低分子に分解して分析する必要があります．1960年頃から，SBR（スチレンブタジエンゴム），BR（ブタジエンゴム），NBR（ニトリルゴム）などの各種ポリマーの熱分解物のマススペクトルが解析され，各ポリマーに対応するモノマーの検出によって，ポリマー種の同定が行われています．熱分解物マススペクトルは複雑で解釈が難しいのですが，異種ポリマー混合系の場合は極めて複雑なマススペクトルとなり同定が困難になります．そのため，MSのみによるポリマー分析はあまり実用的な分析手段ではありません．これに対し，熱分解ガスクロマトグラフ（Py-GC）に質量分析計（MS）を接続したPy-GC-MS（図1）によりGCで分離した熱分解成分の分析が可能となったため，ポリマー分析に有力な情報を得られる様になりました[1]．高分子材料，特に加硫ゴムの様な不溶性物質の組成分析には不可欠な装置です．又，加熱脱着（thermal desorption, TD）装置付きGC-MS装置（TD-GC-MS）を用いてゴムが分解しない程度の低い温度で加熱脱着を

行うと，有機添加剤に関する情報が多く得られます．これらの前処理システムを組み合わせた GC/MS を用いると，有機添加剤と原料ゴムに関する情報を分離して得る事が出来る様になります[2]．

[2] 添加剤の定性・定量分析

添加剤の定性，定量は，製品の溶剤抽出物について GC，GC/MS，LC/MS などを用いて行います．老化防止剤の定性，定量には

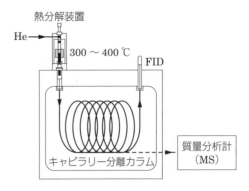

図1　Py-GC-MS の模式図（引用文献4）を改変）

GC-MS 及び GC が適しています．JIS K 6241 には，TD-GC/MS 法と溶剤抽出 GC/MS 法の2種類が採用されています．加硫促進剤は加硫反応に直接関与し，加硫ゴムの物性に大きな影響を与える重要な配合剤の一つです．加硫促進剤の分析は，その種類が多い，配合量が少ない，加硫によって分解する，構造変化してしまうなどの理由から非常に困難ですが，加硫ゴム中に残存する分解物を TD-GC-MS 法で定性し，その分解物の組合せによって配合されている促進剤を推定する方法があります．又，超臨界流体抽出と UPLC/QTOF-MS を活用した，加硫ゴム製品中の加硫促進剤を含めた添加剤の分析法も報告されています[3]．

[3] 架橋構造の解析

加硫ゴム，熱又は光硬化性樹脂及び各種ゲルなどの三次元構造をもつ架橋高分子は，あらゆる溶媒に不溶となります．不溶性高分子ではその物性と密接に関連した架橋構造などの解析がしばしば求められるにも拘わらず，適用出来る分析手法は上述した様な加熱式に殆ど限定されています．縮合系高分子を中心にして強固な化学構造をもつ架橋高分子では，熱エネルギーのみでそれらを分解しても，分解効率が一般に低く，又，しばしば架橋点が相対的に熱分解し易く，その過程で架橋構造情報が失われる場合もあります．超臨界メタノール分解物の MALDI-MS 測定による架橋連鎖構造解析では，それらの架橋構造情報を壊す事なく得る事が出来ると考えられ，高分子の構造のキャラクタリゼーションが検討されています[4]．

引用文献

Q79
1) 中村　洋企画・監修，公益社団法人日本分析化学会編：LC/MS，LC/MS/MS の基礎と応用，p. 12，オーム社（2014）．
2) 中村　洋企画・監修，公益社団法人日本分析化学会編：LC/MS，LC/MS/MS の基礎と応用，pp. 140-192，オーム社（2014）．
3) 中村　洋企画・監修，公益社団法人日本分析化学会液体クロマトグラフィー研究懇談会編：LC/MS，LC/MS/MS のメンテナンスとトラブル解決，pp. 136-188，オーム社（2015）．

Q80
1) コトバンクウェブサイト（2018 年 4 月現在）．
https://kotobank.jp/word/ポリエチレングリコール-772790
2) 富士フイルム和光純薬（株）ウェブサイト（2018 年 4 月現在）
http://www.siyaku.com/uh/Shs.do?dspCode=W01W0116-1757
3) J. H. Lamb, G. M. A. Steetman and S. Naylor, *Org. Mass Spectrom*., 29 (11), pp. 690-691 (1994).

Q81
1) 医薬品及び医薬部外品の製造管理及び品質管理の基準に関する省令の取扱いについて，薬食監麻発 0830 第 1 号，厚生労働省（2013）．

Q82
1) 飯塚幸三監修：計測における不確かさの表現のガイド—統一される信頼性表現の国際ルール，p. 31，日本規格協会（1996）．

Q83
1) 科学機器年鑑 2017 年版：液体クロマトグラフ質量分析装置，アール アンド ディ（2017）．
2) The 2017 Global Assessment Report: The Laboratory Analytical & Life Science Instrumentation Industry, 2015-2020, pp. 153-166, Strategic Directions International (2017).

Q84
1) 医薬品開発における生体試料中薬物濃度分析法のバリデーションに関するガイドライン，薬食審査発 0711 第 1 号（2013）．

Q90
1) Agilent Technologies application note, 5989-5496EN, 2006

Q91
1) K. K. Murray, R. K. Boyd, M. N. Eberlin, G. J. Langley, L. Li and Y. Naito, *Pure Appl. Chem*., 85, pp. 1515-1609 (2013).

Q93
1) K. Sekimoto, M. Takayama, *BUNSEKI KAGAKU*, 62, pp. 955-963 (2013).
2) TMS 研究会ウェブサイト（2018 年 4 月現在）
www.tms-soc.jp/journal/2013_2_02_Wakisaka.pdf
3) 山口健太郎，ぶんせき，pp. 106-110（2004）
4) きた産業（株）ウェブサイト（2018 年 4 月現在）
http://www.kitasangyo.com/pdf/e-academy/tips-for-bfd/BFD_31.pdf

Q95
1) T. R. Sandrin, J. E. Goldstein, S. Schumaker, *Mass Spectrom. Rev*., 32, pp. 188-217 (2013).
2) （株）島津製作所，AXIMA 微生物同定システムカタログ（c164-1028）
3) C. R. Woese, S. Winkers, R. R. Gutell, *Proc. Nati. Acad. Sci*., 87, pp. 8467-8471 (1990).
4) 小柳津広志，化学と生物，31，pp. 569-577（1993）．

Q96
1) 中西　豪，菱木貴子，森川隆之，梶村真弓，末松　誠，島津評論，70（3・4），pp. 109-

116（2013）.

Q98 1) T. Nakamura, et al., *Science*, 333, 1113-1116 (2011).
     2) H. Yurimoto, et al., *Science*, 333, 1116-1119 (2011).
     3) M Ebihara, et al., *Science*, 333, 1119-1121 (2011).
     4) T. Noguchi, et al., *Science*, 333, 1121-1125 (2011).
     5) A. Tsuchiyama, et al., *Science*, 333,1125-1128 (2011).
     6) K. Nagao, et al., *Science*, 333, 1128-1131 (2011).
     7) 奈良岡浩, 日本惑星科学会誌, 22, pp. 94-101（2013）.

Q99 1) 化学工業日報,【戦後70年 激動の化学】時代とともに《2》高度経済成長（2015年10月20日）.
        ウェブサイト（2017年12月現在）
        http://www.kagakukogyonippo.com/headline/2015/10/20-22184.html
     2) ジュンツウネット21ウェブサイト, 岩谷久明「潤滑油に関わる機器分析による実用」
        （2007）（2017年11月現在）
        https://www.juntsu.co.jp/oiltest/oiltest_kaisetsu03.php
     3) 脇田光明, ペトロテック, 28, pp. 62-65（2005）.
     4) 野田光則, ペトロテック, 10, pp. 71-76（1987）.
     5) M. Kohler, N. V. Heeb, *J. Chromatogr. A*, 926, p. 161 (2001).
     6) 江口 彰, ぶんせき, pp. 329-334（2004）.
     7) 長谷川慎治, 田川一生, 真鍋義隆, 辰巳 剛, 上野龍一, 潤滑油添加剤及び潤滑油組成物, 特願2016-547400
     8) M. Tsuchiya, H. Kuwabara, K. Musha, *Anal. Chem*., 58, pp. 695-699 (1986).
     9) Alan G. Marshall, Ryan P. Rodgers, *PNAS*, 105, pp. 18090-18095 (2008).
    10) 豊岡義行,（公社）石油学会 年会・秋季大会講演要旨集, pp. 62-64（2012）.
    11) 豊岡義行,（一財）石油エネルギー技術センター・技術開発研究成果発表会.
        重質油等高度対応処理技術開発事業要旨集（2013）.
    12) 倉本正治, 平野治夫, 永井正敏, 法科学技術, 11, pp. 159-169（2006）.

Q100 1) 平柳滋敏, 藤本佳子, 原田都弘, 日本ゴム協会誌, 50, pp. 582-597（1977）.
     2) 原田美奈子, 日本ゴム協会誌, 88, pp. 192-197（2015）.
     3) 馬場園和孝, 江崎達哉, 山田光一郎, 高分子分析討論会講演要旨集,19, p. 11（2014）.
     4) 大橋 肇, 日本ゴム協会誌, 80, pp. 254-259（2007）.

■ 参考文献

Q82 [1] RL510：2015 JAB NOTE10 試験における測定の不確かさ評価実践ガイドライン第1版, 日本適合性認定協会（2015）.
Q85 [1] 中村 洋企画・監修, 公益社団法人日本分析化学会液体クロマトグラフィー研究懇談会編：LC/MS, LC/MS/MS Q＆A 龍の巻, pp. 90-91, オーム社（2017）.
    [2] 中村 洋企画・監修, 公益社団法人日本分析化学会液体クロマトグラフィー研究懇談会編：LC/MS, LC/MS/MS Q＆A 虎の巻, pp. 66-67, オーム社（2016）.
Q92 [1] 中村 洋企画・監修, 公益社団法人日本分析化学会液体クロマトグラフィー研究懇談会編：LC/MS, LC/MS/MS のメンテナンスとトラブル解決, オーム社（2015）.

Q94 [1] 日本分析化学会編：試料分析講座　アミノ酸・生体アミン分析, pp. 1-13, 丸善（2012）.
- [2] 浜瀬健司, ファルマシア, 50, pp. 315-320（2014）.
- [3] （株）島津製作所ウェブサイト（2018年4月現在）
https://www.an.shimadzu.co.jp/lcms/tq-option/mp_dl_aminoacid.htm
- [4] Y. Nakano, Y. Konya, M. Taniguchi, E. Fukusaki, *Journal of Bioscience and Bioengineering*, 123, pp. 134-138（2016）.

Q97 [1] 池田和貴, 田口　良, 曽我朋義, 分析化学, 61, pp. 501-512（2012）.
- [2] 東京大学大学院医学系研究科　リピドミクス社会連携講座ウェブサイト（2018年4月1現在）　http://lipidomics.m.u-tokyo.ac.jp/research.html
- [3] 理化学研究所　生命医科学研究センターウェブサイト（2018年4月現在）
http://www.ims.riken.jp/labo/53/research_j.html

Q98 [1] 国立研究開発法人宇宙航空研究開発機構ウェブサイト（2018年4月現在）
http://www.jaxa.jp/projects/sat/muses_c/index_j.html

Q99 [1] JIS K 0123：2006　ガスクロマトグラフィー質量分析通則, 日本規格協会（2006）.
- [2] ASTM D2789-95（2016）, 質量分析法による低オレフィン系ガソリン中の炭化水素の標準試験法, ASTM INTERNATIONAL（2016）.
- [3] 田子澄男, 今井　勇, 佐藤克行, 石油学会誌, 27, pp. 341-347（1984）.
- [4] 柴田康行, 環境化学, 7, pp. 577-593（1997）.
- [5] 経済産業省資源エネルギー庁,「石油産業における研究開発の現状と課題について」資料（平成26年6月）.
- [6] 小川忠男, 豊田中央研究所R＆Dレビュー, 33, pp. 101-112（1998）.
- [7] （一財）石油エネルギー技術センター, 第17回技術開発研究成果発表会要旨（2003）.
- [8] 浜川　諭, 日石レビュー, 33, pp. 135-142（1991）.
- [9] 渡辺治道, 有機合成化学, 36, pp. 56-59（1978）.
- [10] 平田昌邦, ペトロテック, 21, pp. 537-542（1998）.

Q100 [1] JIS K 6241：2012　ゴム－ガスクロマトグラフィー質量分析法（GC/MS法）による老化防止剤の同定, 日本規格協会（1999）.

Appendix LC/MS メーカーの歴史，規模，研究者数

[1] (株) 島津製作所 [1)]

歴　史	1970 年磁場形の GC-MS として LKB9000 を初めて販売して以来，GC-MS に加え，MALDI や LC-MS，質量顕微鏡などで製品開発を行い，現在に至ります．

① GC-MS の歴史

- 1970 年　LKB9000
- 1970 年　LKB9000
  世界初の GCMS（磁場形）をスウェーデンの LKB 社との提携により国内導入
- 1979 年　GCMS-6020
  コンピューター制御の GCMS（磁場形）を発表
- 1982 年　GCMS-QP1000
  国産初の有機化合物用の四重極型質量分析計を発表，日本での GCMS 普及に貢献
  以降，超微量ガス分析計 QP300，QP2000 を発表
- 1993 年　GCMS-QP5000（ベンチトップ形 GCMS）
  真のパーソナル GCMS として，以降，QP5050，QP5050A と発展，QP5000 シリーズとして世界中でご愛用いただきました．
- 2001 年　GCMS-QP2010
  パーソナル GCMS として当時世界最高のパフォーマンスを有する GCMS
- 2010 年　GCMS-QP2010 Ultra
  クラス世界レベルの高速スキャン速度を実現
- 2012 年　GCMS-TQ8030
  国産初のトリプル四重極型 GC-MS/MS
- 2014 年　GCMS-TQ8040
- 2015 年　GCMS-QP2020
  感度と生産性を更に飛躍させた超高速 GC-MS
- 2016 年　GCMS-TQ8050
  GCMS-TQ8040 を更に高感度化・高性能化

② LC-MS の歴史

- 1989 年　LCMS-QP1000
  実用化の草分けとなるサーモスプレー方式 LC/MS を発表
- 1997 年　LCMS-QP8000
  ESI と APCI の両インターフェイスに対応した LC/MS
- 2000 年　LCMS-2010
- 2004 年　LCMS-IT-TOF
  イオントラップと TOF を結合した世界初の LC/MS
- 2008 年　LCMS-2020
- 2010 年　LCMS-8030（国産初のトリプル四重極形 LC/MS/MS）
  以降，LCMS-8040（2012 年），LCMS-8050（2013 年），LCMS-8060（2015 年），LCMS-8045（2016 年）を続々発表

歴 史	③ **MALDI-TOF-MS の歴史**	
	1987 年	LAMS-50K
	1986 年	世界で初めてマトリックス支援レーザー脱離イオン化法（MALDI）を開発．翌 1987 年世界初の MALDI-TOF MS 装置を発表
	1992 年	Kompact MALDI シリーズ ペプチド，タンパク質，多糖類，複合脂質，核酸関連物質，医薬品及び代謝物などの極めて広範な分析が可能に
	2000 年	AXIMA-CFR プロテオーム解析で標準仕様の 384 ウエル対応，各種自動測定機能を標準装備
	2002 年	AXIMA-QIT イオントラップと TOF を結合した世界初の MALDI-MS．高感度 MS^n を実現
	2007 年	AXIMA シリーズ Assurance（リニア TOF），Con_dence（リフレクトロン TOF），Performance（MS/MS）を発売
	2009 年	AXIMA Resonance
	2013 年	MALDI-7090（MALDI タンデム TOF タイプとして世界最高水準の MS）
	④ **イメージング MS の歴史**	
	2013 年	iMScope JST 先端計測分析技術・機器開発事業による「顕微質量分析装置の開発」の成果としてイメージング質量顕微鏡 iMScope を発表
	2014 年	iMScope TRIO 高精度・高解像度な質量分析イメージと光学イメージの融合と言う従来機のオンリーワン性能に加え，更に LC との接続も可能に
規模・ 研究者数	従業員数：約 11 500 人，MS 研究者数：約 50 名（推定）	

[2] 日本電子(株)[2)]

歴 史	1963年にスパークイオン源とマッタウホ-ヘルツォーク (Mattauch-Herzog) 配置の二重収束質量分析器を組み合わせた無機分析用高分解能質量分析装置 JMS-01 を発売して以降，一貫して高性能・高分解能質量分析装置を開発しています．
	① **黎明期：佐々木申二先生と JMS-01** 　1960年2月10日に理化学研究所との間で結ばれた受託開発契約によって始まりました．佐々木申二先生（元京都大学理学部教授）が大阪大学緒方惟一教授，三菱電機研究所の協力を得て 1956〜1958 年に製作されたスパークイオン源を搭載した写真乾板検出の Mattauch-Herzog 形 MS をより高度化して製品化するものでした． 　1963年に JMS-01 として製品化に成功．その後，電子イオン源を搭載した JMS-01S などに発展，JEOL の高分解能有機 MS の礎となりました．又，スパークイオン源を搭載した固体試料元素分析用 MS も開発され，1980年代後半まで市場唯一のスパークイオン源 MS として製造が続けられました．
	② **磁場セクター MS の発展：松田久先生と JEOL の磁場形 MS** 1969年　JMS-06（大阪大学松田先生の考案・設計の虚像形イオン光学系を採用） 1972年　JMS-D100 1976年　JMS-D300（欧米へも多数輸出され，世界的に MS メーカーとして認知されました） 1982年　JMS-HX100（松田先生の設計の CQH 質量分析計を小形化，最高分解能 100 000 を実現） 1985年　JMS-HX110（加速電圧 10 kV で m/z 14 000 までの測定を実現，ペプチドのシーケンシングを実用的に行える世界で最初のタンデム MS） 1988年　JMS-SX102（松田先生考案 QQHQC イオン光学系搭載） 1993年　JMS-700 "MStation"（JMS-SX102 を完全コンピュータ制御・自動化） 　ダイオキシン分析用 MS として JMS-700 及びその後継機種が現在も活躍しています．
	③ **四重極質量分析計の開発：JEOL QMS の歴史** 1972年　JMS-Q10（大形四重極（双曲電極）を採用した高性能な GC-QMS，パックドカラム専用機） 1989年　JMS-AM シリーズ "Automass" の登場（大形四重極，大容量真空系（TMP 標準装備），Windows システム構成） 2003年　JMS-Q1000GC "K9" 市場導入（大形双曲電極，又，大形 TMP を採用．現在は 5 世代目の JMS-Q1500） 2011年　光イオン化イオン源（PI）

歴　史	④　飛行時間質量分析計（TOFMS）の開発：AccuTOF™ シリーズと SpiralTOF™
	2001 年　大気圧イオン化直交加速飛行時間質量分析計（API-oaTOFMS），JMS-T100LC "AccuTOFTM" として上市（2002 年に Pittcon Editors' Bronze Award を受賞）
	2004 年　AccuTOF™ GC（GC-TOF-MS）
	2010 年　SpiralTOF™（JMS-S3000）
	（大阪大学と共同開発のスパイラルイオン光学系マルチターン採用の MALDI-TOF-MS，質量分解能 75 000）
	2017 年　INFITOF（JMS-MT3010HRGA）
	（イオン多重周回技術を用いたコンパクトな高分解能 TOF-MS）
	⑤　世界初のアンビエントイオン源の開発：DART の歴史と特長
	2003 年　DART（Direct Analysis in Real Time）発明（アンビエントイオン化法．2005 年に Pittcon Editors' Gold Award, R&D 100 Award を受賞．JEOL は DART を自社製品として販売している唯一の質量分析装置メーカーです）
	2009 年　DART™ イオン源 SVP（第 2 世代の DART™ イオン源）
規模・研究者数	従業員数：約 3 000 人，MS 研究者数：約 30 名（推定）

[3] (株)日立製作所 [3]
(日立ハイテクノロジーズ及び日立ハイテクサイエンス)

歴 史	1940年放電の研究からMS研究開発の幕が開けました.
	① 揺藍期 (1940〜1950年代前半) 同位体存在比測定, 分子の解離・電離の研究, 微量ガスの定量分析などに磁場セクターMSが利用され始めました. 1951年 RM-A形, 改良版のRM-B形, RM-C形 (磁場セクターMS)
	② 有機物分析への展開 (1950年代後半〜1970年代前半) 1956年 RMU-5形 1962年 RMU-6A形以降, 欧米への輸出を開始 RMU-6E形がアポロ号の月の石の有機物分析に使用されました RMU-6シリーズはモデルチェンジごとに性能向上し, RMU-6M形は分解能 $M/\Delta M$ 12 000を達成.
	③ 有機物分析の発展 (1960年代後半〜1990年代) ・有機化合物分子構造解析のための精密質量測定のニーズが増大 ・RMU-7形 (二重収束MS) と高分解能RMH-2形 1979年 M-80形二重収束MS (大阪大学理学部松田, 松尾両先生のイオン光学系の研究成果を取り入れた製品で, 日刊工業新聞の10大新製品賞に選ばれました)
	④ ハイフネーティッドシステムへの展開 (1970年代〜) ・GC-MS及びLC-MSの製品化及び医薬学, 環境分野の需要に対応 ・M-003形データ処理装置, M-80形GC-MS ・大気圧イオン化インターフェース搭載M-1000形LC-MS
	⑤ 三次元四重極MS (3DQMS) の登場 (1990年代前半〜) 1993年 M-7000シリーズGC-3DQMSシステム 1999年 M-9000形GC-3DQシステム 1997年 M-8000形LC-3DQMSシステム (ソニックスプレーイオン源を搭載し, 生体試料を含む広範な試料に対応)
	⑥ 特殊分野への応用 (1950年代後半〜) 原子炉用重水の濃度検定など重水素測定専用機RM-D形 イオンマイクロアナライザー (材料表面分析), 呼気マス (医学研究) など多分野に対応, 近年では, NanoFrontierシリーズ (プロテオミクス分野向けIT-TOF-MS), LC検出器専用小型QMS Chromaster 5610が開発されました.
規模・研究者数	従業員数:約4 400人 (日立ハイテクノロジーズ及び日立ハイテクサイエンス)

[4] Agilent Technologies（アジレント・テクノロジー）[4),5)]

歴　史	社名の一部「アジレント」の語源は，「迅速な，機敏な」と言う意味の単語 "agile" が由来．
	1939 年　米国カリフォルニア州でウィリアム・ヒューレットとデイビッド・パッカードによって Hewlett-Packard として創業
	1963 年　日本法人として横河電機製作所（当時）との合弁で横河・ヒューレット・パッカード設立
	1965 年　分析機器市場に参入
	1992 年　横河アナリティカルシステムズ設立
	1999 年　米 Hewlett-Packard の戦略的再編成により，メジャメント（Measurement）部門が「Agilent Technologies」として事業を開始．日本法人はアジレント・テクノロジー
	2007 年　横河アナリティカルシステムズの営業・サポート部門を，アジレント・テクノロジーに統合
	2010 年　バリアン社と統合，試料前処理から分離・質量分析，構造解析までの幅広い装置ラインナップとノウハウを充実させ，分析技術の為の強力な新規アプリケーションの提案や融合技術など新たな展開の可能性を拡大させて現在に至っています
	LC/MS では，トリプル QMS，TOF-MS，Q-TOF-MS，TOF-MS HPLC-Chip/MS システム，その他 CE-MS など多数のラインアップがあります．
規模・研究者数	従業員数：約 14 200 人（世界），MS 研究者数：約 100 名（推定）

[5] Waters Corporation（ウォーターズ）[6]

歴　史	1958 年の設立以来，革新的な分析機器製造事業を行う．ユーザー夫々の目標達成，生産性の向上を支援，ラボにベースをもつ企業や組織の研究，開発及び品質管理をサポート． 　創薬事業，新規病気治療方法の開発，或いは世界中の食料及び飲料水供給の安全性保証をはじめ，環境汚染のモニタリング及び管理，世界各地の貴重な美術品の保存に至るまで広い分野で，LC と MS 製品が活用されています． 　50 年以上に亘る事業の継続によって，分析機器業界における最大の企業の一つに成長しました．今では世界中の 10 万ものユーザーを支援しています． 　日本支社は日本ウォーターズ（株）． 　・ACQUITY UPLC M-Class システム：ナノスケールからマイクロスケールまで信頼性の高い UPLC 分離により，全ての研究室における LC/MS 測定に，より高い感度を提供 　・ionKey/MS（イオンキー /MS）：UPLC 分離部を MS イオン源と一体化．高感度，クロマトグラフィー性能，堅牢性，操作性を向上 　・HDX テクノロジー搭載 ACQUITY UPLC M-Class システム：UPLC® による分離と高分解能質量分析を行う HDX テクノロジー搭載．タンパク質の高次構造の変化をモニター
規模・ 研究者数	従業員数：約 6 900 人（世界），MS 研究者数：約 100 名（推定）

[6] ThermoFisher Scientific（サーモフィッシャーサイエンティフィック）[7),8)]

歴　史	1902年	チェスター・G・フィッシャーがペンシルベニア州にFisher Scientific社設立
	1947年	独ブレーメンで同位体MSの開発，製造，販売会社AtlasMAT社設立
	1956年	マサチューセッツ工科大学ジョージ・ハソパウルス博士が米マサチューセッツ州でThermo Electron社設立
	1967年	米カリフォルニア州パロアルトにてFinnigan社設立
	1981年	Finnigan社にMAT社統合，FinniganMAT社（米）改組
	1983年	東京にFinniganMAT社（米）の日本支社フィニガン・マット・インスツルメンツ・インク社設置
	1989年	サーモセパレーションプロダクツ社（米，TSP社）日本法人サーモセパレーション（株）社設立
	1994年	Thermo Electron社（米），FinniganMAT社（米）の全株式取得
	1995年	FinniganMAT社（米）にTSP社（米）を統合，ThermoQuest社（米）に改組
		サーモセパレーション（株）とフィニガン・マット・インスツルメンツ・インク社（日）を統合，日本法人サーモクエスト（株）に改組
	2001年	ThermoQuest社（米）の名称をThermo Finnigan社（米）に変更
	2002年	Thermo Electron社（米）にThermo Finnigan社（米）を統合
	2003年	サーモクエスト（株）をサーモエレクトロン（株）に名称変更
	2006年	Thermo Electron社（米）とFisher Scientific International社（米）が合併，Thermo Fisher Scientific Inc.に改組
	2006年	日本にフィッシャーバイオサイエンスジャパン（株）設立
	2006年	Fisher ScientificとThermo Electronが合併, Thermo Fisher Scientificを設立
	2006年	サーモエレクトロン（株）（日）をサーモフィッシャーサイエンティフィック（株）に名称変更
		統合されたFinniganMATはイオントラップMSの老舗．
		最近の装置では，Orbitrap Fusion Lumos Tribrid質量分析計（高容量イオントランスファーチューブ，イオンファンネル，QMSテクノロジー，高度な真空テクノロジー，ETD HDにより感度の向上を実現したMS），Orbitrap LC-MS/MS Q Exactiveベンチトップ MS（精密質量分析を実現），Q Exactive Focus LC-MS/MSシステム（ルーチン分析のための高分解能・精密質量 Orbitrap 質量分析計），トリプル四重極 LC-MS/MS TSQ Endura（高い稼働率と定量感度を両立したLC-MS/MS）などがあります．
規模・研究者数	従業員数：約51 000人（世界），MS研究者数：約100名（推定）	

[7]（株）エービー・サイエックス（AB・SCIEX）[9]

歴　史	米国 Danaher Corporation 傘下にある AB SCIEX 社の MS システム及び関連ソフトウェア，試薬類の販売及びシステムのアフターサポートを行っている AB SCIEX の日本法人．
	1970 年トロント大学航空宇宙学研究所の Barry French 博士らにより，宇宙空間で使用されるセンサー技術をえー活かした高度な分析技術をより広く科学界に普及させる目的で設立．

	①　シングル QMS 開発（1970 年代）	
	1978 年	TAGA 2000（シングル QMS）
	1979 年	Mobile TAGA 3000 EM（携帯型 MS）
	②　トリプル QMS（1980 ～ 1990 年代）	
	1981 年	TAGA 6000（トリプル QMS（MS/MS））
	1989 年	LC-MS/MS システム API III（IonSpray イオン源搭載）
	1995 年	卓上形トリプル QMS システム API 300
	1995 年	Voyager-DE システム（M. Vestal が遅延引出し機能を MALDI-TOF-MS に適用，分解能と質量精度が大幅改善）
	1997 年	API 2000 MS/MS システム（TurboIonSpray イオン源搭載）
	1998 年	API 3000 LC-MS/MS システム（1 分析当たり数 100 種化合物をクロストークなく分析する LINAC コリジョンセル）
	③　TOF-MS（2000 年～）	
	2001 年	4700 MALDI TOF-TOF-MS（高スループットなプロテオミクスの為の TOF/TOF）
		API 4000 LC-MS/MS（Turbo V ソースイオン源搭載）
	2002 年	QTRAP LC-MS/MS システム（トリプル QMS とリニアイオントラップを結合）
	2005 年	4800 MALDI TOF/TOF（OptiBeamlaser を搭載）
		API 5000 システム（QJet テクノロジーを搭載）
	2008 年	QTRAP 5500 システム（Qurved LINAC コリジョンセル，Turbo V ソース，eQ エレクトロニクス，QJet-2 イオンガイド，AcQuRate パルスカウントディテクタ技術搭載）
	2009 年	TOF/TOF 5800 システム（バイオマーカー，MS イメージング及びタンパク質 ID に用いられる最上位機種）
	2010 年	TripleTOF 5600 システム
	2011 年	SelexION イオンモビリティテクノロジー
	2012 年	SWATH Acquistion（データ非依存型 MS/MS メソッド）
	2013 年	SCIEX 3200MD（ヒト試料診断目的）
	2014 年	OneOmics プロジェクト（マルチオミックス・クラウドコンピューティング環境，次世代プロテオミクス（NGP）ツールと次世代シークエンシング（NGS）ツールのクラウド化）
	2015 年	QTOF シリーズ
	2015 年	X500R QTOF（堅牢性に富んだルーチン検査向け装置）

規模・研究者数	従業員数：約 100 人（日本法人），MS 研究者数：約 7 000 名強（世界・推定）

■引用文献

1) 渡辺 淳, *J. Mass Spectrom. Soc. Jpn.*, 65, pp. 48-52 (2017).
2) 田村 淳, *J. Mass Spectrom. Soc. Jpn.*, 65, pp. 34-38 (2017).
3) 吉岡信二, 照井 康, 平林由紀, *J. Mass Spectrom. Soc. Jpn.*, 65, pp. 39-47 (2017).
4) アジレントウェブサイト (2017年12月現在)
   http://www.agilent.co.jp/newsjp/companyinfo/
5) 伊藤信靖, 駿河谷直樹, ぶんせき, pp. 424-426 (2011).
6) ウォーターズウェブサイト (2018年6月現在)
   http://www.waters.com/waters/home.htm?locale=ja_JP
7) ウィキペディア フリー百科事典 サーモフィッシャー・サイエンティフィック (2017年12月現在) を一部改編して掲載.
   https://ja.wikipedia.org/wiki/サーモフィッシャー・サイエンティフィック
8) サーモフィッシャー・サイエンティフィック(株) DELTA V カタログ K1412 (2017年12月現在) を一部改変して掲載.
9) サイエックスウェブサイト (2017年12月現在) https://sciex.jp/about-us/our-history を一部改編して掲載.

索　　引

■■ ア行 ■■

アスピレーター　34
アナログ-デジタル変換器　181
アルコール性水酸基　138
アルデヒド類　134
安定性　223
アンビエントイオン化法　151
アンビエント質量分析　151

イオン移動度スペクトロメトリー　101
イオンエネルギーロススペクトル　117
イオン化　33
イオンガイド　121, 123, 143
イオン化効率　140
イオン化法　132
イオン化法の選択　188
イオン化抑制　73
イオンゲート　101
イオン検出器　190
イオン蒸発機構　148
イオン多重周回技術　168
イオントラップ　63, 103
イオントラップ質量分析計　181
イオンの集束能力　122
イオンミラー　172
イオンモビリティー技術　224
イオンモビリティースペクトロメトリー
　94, 177
インソース CID　112
インソース衝突誘起解離　99
インビーム EI　162
インビーム法　160

渦巻き軌道形イオン光学系　171
宇宙科学　254
ウルトラマーク 1621　211
運転時適格性評価　212

液体イオン化法　257

液漏れ　52
エルレンマイヤーフラスコ　2
エレクトロスプレー　113
エレクトロスプレーイオン化
　132, 134, 138, 140, 142, 154, 208, 234
エレクトロスプレーイオン化法　244
エレクトロハイドロダイナミックイオン化
　149
エンドキャップ技術　44

オクタポール　121
お酒の味　245
オリフィス　141
音速イオン化現象　146

■■ カ行 ■■

ガイドライン　220
ガウス分布　27
化学イオン化　160
化学機器　2
架橋構造　259
拡張不確かさ　216
ガス噴霧支援 ESI　81
加熱装置　78
カラム外容量　52
カラム寿命　43
カラムスクリーニング　44
カラムフィッティング　231
カラムブリード　39, 235
加硫ゴム　258
カルボキシ基　139
感度の定義　109

気液分離膜　35
希釈の妥当性　222
奇数電子イオン　116
気相酸性度　8
逆相カラム　234
逆ディールスアルダー反応　87

273

索　引

逆配置　118
キャリーオーバー　222
基油分析　256
キラルセレクター　246
キングドントラップ　63, 103
金属イオンの含有量　32
金属系洗浄剤　256

空間電荷　123
空間電荷効果　123
偶数電子イオン　115
偶数電子ルール　12, 116
クヌッセンセル　105
クラスターイオン　244
クロストーク　242
クロマトグラフィー関連用語　27
クロロタロニル　136
クーロン反発力　141

検出感度　188
検量線　221

コアシェルカラム　41
高エネルギー衝突誘起解離　115
高温質量分析　105
高純度緩衝剤　32
合成ポリマー　210
構造解析　86
高速原子衝撃　149
高速粒子衝撃イオン化法　211
高耐圧設計　51
高分解能　120
高分解能質量分析計　91, 224
国内市場　218
誤差　21
ゴム産業　258
コールドスプレーイオン化　142, 208
コールドスプレーイオン化法　244
コンスタントニュートラルロススキャン
　240
コンスタントニュートラルロススペクトル
　240
コンバージョンダイノード　182
コンベンショナル ESI　164

■■　サ行　■■

細菌の分類　248
材料費　97
酸化防止剤　256
サンプリングコーン　78
サンプルコーン　163
三連四重極質量分析計
　183, 209, 232, 236, 242

シェア　46
四重極　121
四重極質量分析計　181, 218
四重極−飛行時間質量分析計　85
シースガス　78, 81
質量確度　91
質量校正　83
質量校正用標準試料　83
質量校正用リファレンスファイル　83
質量分解度　119
質量分解能　119
質量分析器　76
質量分析関連データのライブラリーや
　ソフトウェア　68
質量分析計　76
質量分析計の技術的特徴　71
質量分析の専門学術誌　65
質量分析の専門学会　65
質量分析の専門書　65
質量分離部　103, 123
磁場セクター形質量分析計　117
磁場掃引法　118
重回帰分析　14
重質留分分析　256
充塡剤　234
主成分分析　17
主要メーカーシェア　218
準安定イオン　117
準安定イオン分解　102
潤滑油分析　256
順配置　118
ジョイント　29
硝酸銀添加法　136
衝突断面積　226

274

衝突断面積　94
真度　222
真の値　21
人名　2, 27
人名が入った質量分析関連用語　62
人名反応　86
信頼の水準　217

スキマー　78, 111, 141
スキマーレンズ　111
正イオン検出　188
精度　222
性能適格性評価　212
世界市場　218
石油産業　256
設計時適格性評価　212
接続用フィッティング　52
設備据付時適格性評価　212
選択性　221
選択反応モニタリング　240

相対合成標準不確かさ　216
相対標準不確かさ　216
装置の設置環境　92
ソニックスプレーイオン化　145
素粒子の研究動向　24

■■　タ行　■■

大気圧イオン化　140, 142
大気圧イオン化法　151, 244
大気圧化学イオン化
　132, 140, 142, 145, 154, 208, 234
大気圧光イオン化　132, 134
第三法則処理　105
帯電残滓機構　148
ダイナミックMRM法　183, 236
第二法則処理　105
タイムラグフォーカシング　107
多価クラスターイオン　149
多環芳香化合物　134
ターゲットスクリーニング手法　237
ターゲット分析　236
ターゲットリピドミクス　253
多重極　122

多重周回形　167
多重反射形　167
多重反応モニタリング法　183
脱塩カートリッジ　230
脱気効率　34
脱気装置　35
脱気方法　34
脱離エレクトロスプレーイオン化　151
ターボ分子ポンプ　143
ダルトン　63
探針エレクトロスプレーイオン化イオン源
　114
探針エレクトロスプレーイオン化質量
　分析計　113
ダンディミューターの式　37
単分子解離　99

遅延引出し　107, 174
遅延引出し法　175
チオール基　139
チャージメディエイテッド
　フラグメンテーション　115
チャージリモートフラグメンテーション
　115
チャンネル形　194
チャンネル電子増倍管　179
チャンネルトロン　179
抽出イオンクロマトグラム　236
超音波洗浄器　34
超伝導検出器　198
直接試料導入プローブ　160
直交加速　196

使捨てオンライン脱塩チューブ　230
継手　29

定期点検　228
ディスクリートダイノード　179
ディスクリートダイノード形　191, 193
ディストニックイオン　10
テイラーコーン　81
定量下限　221
ディレイインジェクション法　232
手締めフィッティング　52

275

索引

データマイニング　251
デフォルト設定　92
デリックシフト　117
電圧掃引法　118
添加剤　259
電子イオン化　160
電子増倍管　191, 192
デンプスター形質量分析計　76

同位体希釈質量分析　73
同位体効果　73
同位体比質量分析　74
ドゥエルタイム　183
トータルイオンクロマトグラム　237
トップダウンアプローチ　217
トムソン　62
トラブル対応　228
トランジション　183, 243, 251
ドリフトタイム　94
ドリフトタイム形　226

■■ ナ行 ■■

難イオン化物質　132

二次イオン質量分析法　255
二次元LC　246
二次元LC-MS/MS法　247
二次電子増倍管　179, 181, 191
二重収束質量分析計　118, 181
ニュートラルロス　240

ネブライザーガス　81

ノイズ　224
ノックスの式　28
ノンターゲット分析　236
ノンターゲットリピドミクス　253

■■ ハ行 ■■

バイオマーカー　251
パイ形質量分析計　76
ハイブリッド形　209
パーシャルバリデーション　220
八重極　121

パーツの位置関係　140
「はやぶさ」サンプル　255
ばらつき　21
バリデーション　212

ピーク拡散　52
ピークピッキング手法　239
飛行時間質量分析計
　84, 107, 169, 196, 209, 236
飛行時間測定法　88

ファラデーカップ　190
ファンディムターの式　28, 41, 48
ファント・ホッフの式　28
負イオン検出　188
フィルター形　226
フェイムス法　177
フェノール性水酸基　138
不確かさ　21, 215
フライトチューブ　167
フラグメンテーション　75, 116
フーリエ変換イオンサイクロトロン
　共鳴質量分析計　189
フーリエ変換イオンサイクロトロン
　共鳴分離部　103
ブリーディング　39
ブリード　39
フルバリデーション　220
プロトン親和力　154, 157
分析法バリデーション　220

平行平板コンデンサー　173
ベースライン　225
ペトロリオミクス　257
ペニングイオントラップ　63, 103
ヘリウムガス　34
便利グッズ　230

包含係数　216
保守契約　227
ポストソース分解　102
ボトムアップアプローチ　215
ポリエチレングリコール　210
ポリプロピレングリコール　210, 213

276

索引

ポールイオントラップ　64, 103, 123

■■　マ行　■■

マイク法　117
マイクロチャンネルプレート
　124, 179, 194, 196
マクラファティ転位　86
マスゲート　101
マスシフト則　115
マスディフェクト値　211
マッシブクラスター衝撃イオン化　149
松田プレート　169, 171
マトリックス効果　145
マトリックス効果　222
マトリックス支援レーザー脱離イオン化
　150
マトリックス支援レーザー脱離イオン化
　質量分析計　248
マルチターン形　167, 172
マルチリフレクティング形　167, 172

水クラスター　245

無灰分散剤　257

メイソン-シャンプ式　94
メタボロミクス　250
メタボローム解析　250

モノアイソトピック質量　201
モノリスカラム　43

■■　ヤ行　■■

誘導結合プラズマ質量分析法　255
誘導体化試薬　138
誘導体化法　134
油種識別　256
ユニオン　29

■■　ラ行　■■

らせん軌道形イオン光学系　169, 171

リアルタイム直接分析　151
リニアイオントラップ　103

リービッヒ冷却器　2
リピドミクス　252
リペラー電圧　165
リモートサイトフラグメンテーション
　115
両性化合物　154
理論高さ　37
リング電極　186
リングレンズ　143
リン酸塩緩衝液　45

ルボフの炉　3

連続ダイノード形　194

六重極　121
ロータリーポンプ　142
ロータリーポンプの構造とメンテナンス
　6
ロックスプレー　93
ロックマス　92
ロバーバルの天秤　4

■■　英数字　■■

2, 4-ジニトロフェニルヒドラジ　134
10%谷定義　119

ADC　181
APCI　132, 134, 140, 142, 145, 154, 188,
　208, 234
APCIインターフェイス　78
API　140, 142
APPI　132, 188

Bngate　101

CEM　179
Chevronプレート　179
CI　160
CRF　115
CSI　142, 208

DQ　212
D-アミノ酸研究　246

277

索引

EHI　*149*
EI　*160*
EIC　*236*
EIイオン源　*165*
EM　*191, 192*
ESI　*132, 134, 140, 142, 154, 188, 208, 234*
ESIイオン源　*81*
ESIインターフェイス　*79*

FAB　*149, 211*
FT-ICR　*103*
FTICR-MS　*189*

GC-MS　*111*

HPLC装置とUHPLC装置の主要メーカー　*54*
HPLC用検出器　*46*
HRMS　*224*

ICP-MS　*255*
ICRセル　*189*
IQ　*212*
IT-MS　*181*

KNApSAcK　*69*

LC-MS　*111*
LC-MS及びLC-MS/MS市場　*218*
LI　*257*

m/z　*200*
MALDI　*145, 150*
MALDI-TOF-MS　*102, 248*
MassBank　*68*
MassBase/KomicMarket　*69*
MCI　*149*
MCP　*179, 196*
Metabolomics.JP　*69*
MIKES　*117*
MIKE法　*117*
MRM法　*183*

MS/MS法　*99*
MS自製　*97*
MSの感度　*198*

nanoESI　*113*

oa　*196*
oa-TOF-MS　*196*
OQ　*212*
Orbitrap™　*104*

PEEK樹脂　*52*
PEG　*210*
PESI-MS　*113*
PPG　*210, 213*
PQ　*212*

QMS　*218*
Q-MS　*181*
QqQ　*209, 232, 236*
Q-TOF-MS　*85*

Sector-MS　*181*
SEM　*179, 181, 191*
SIMS　*255*
Spiral MS　*169*
SRM　*240*
SSI　*145*

TIC　*237*
TOF　*168*
TOF-MS　*84, 88, 101, 107, 169, 171, 196, 209, 236, 253*

UHPLC　*38*
UHPLCの利点　*48*
UHPLC用カラム　*42*
UHPLC用基材　*51*
UHPLC用部品　*51*
Ultramark1621　*211*
UniSpray™　*132, 163*

278

〈企画・監修者略歴〉

中 村　　洋（なかむら　ひろし）

1944 年	朝鮮全羅北道全州市に生まれる
1968 年	東京大学薬学部卒業
1970 年	東京大学大学院薬学系研究科修士課程修了
1971 年	東京大学大学院薬学系研究科博士課程中退
1971 年	東京大学薬学部教務職員
1973 年	東京大学薬学部助手
1974 年	米国 NIH 留学（Visiting Fellow，2 年間）
1976 年	東京大学薬学部助手復職
1986 年	東京大学薬学部助教授
1994 年	東京理科大学薬学部教授
2009 年	日本分析化学会会長（2013 年まで）
2011 年	東京理科大学薬学部嘱託教授
2015 年	東京理科大学名誉教授，現在に至る

- 本書の内容に関する質問は，オーム社書籍編集局「（書名を明記）」係宛に，書状または FAX（03-3293-2824），E-mail（shoseki@ohmsha.co.jp）にてお願いします．お受けできる質問は本書で紹介した内容に限らせていただきます．なお，電話での質問にはお答えできませんので，あらかじめご了承ください．
- 万一，落丁・乱丁の場合は，送料当社負担でお取替えいたします．当社販売課宛にお送りください．
- 本書の一部の複写複製を希望される場合は，本書扉裏を参照してください．

LC/MS, LC/MS/MS　Q&A 100 獅子の巻

平成 30 年 11 月 25 日　　第 1 版第 1 刷発行

企画・監修者	中　村　　洋	
編　　　者	公益社団法人 日本分析化学会	
	液体クロマトグラフィー研究懇談会	
発　行　者	村上和夫	
発　行　所	株式会社 オーム社	
	郵便番号　101-8460	
	東京都千代田区神田錦町 3-1	
	電話　03(3233)0641(代表)	
	URL　https://www.ohmsha.co.jp/	

© 公益社団法人 日本分析化学会 液体クロマトグラフィー研究懇談会 2018

組版　新生社　印刷・製本　壮光舎印刷
ISBN978-4-274-22298-6　Printed in Japan

関連書籍のご案内

現場で役立つ シリーズ

現場で役立つ 化学分析の基礎（第2版）
平井 昭司　監修・公益社団法人 日本分析化学会　編
A5判・216頁・定価(本体2800円)【税別】

■現場技術者の分析技術の習得にこの一冊！

2006年2月に発行した「現場で役立つ　化学分析の基礎」の改訂版です．本書は，現場の技術者の分析技術の習得に役立つよう，ピペットや電子天秤の使い方，試料の取り扱い方，分析環境の選択，分析値の信頼性の確保など，基礎事項を中心にわかりやすく解説する書籍として，好評を博していますが，今回新たに「8章 微量元素分析の実際」という新しい章を設けるとともに，各章の内容を一部見直しました．

現場で役立つ 化学分析の基本技術と安全
平井 昭司　監修・公益社団法人 日本分析化学会　編
A5判・200頁・定価(本体2800円)【税別】

■信頼性の高い分析を行うために学び直そう，化学分析の基本と安全！

分析機器・装置にはコンピュータが付加され，高機能化が図られていますが，それだけでは信頼性の高い分析を行うことはできません．信頼性の高い分析を行うには，分析化学を扱う技術者の基礎的な知識と技術が不可欠であり，安全な作業環境や操作管理が必要です．本書は，分析化学の基本に立ち返り，分析化学の基本技術の習得に必要な内容を網羅するとともに，作業環境の安全についても解説した分析化学の基本の書としてまとめました．

現場で役立つ 水質分析の基礎 —化学物質のモニタリング手法—
平井 昭司　監修・公益社団法人 日本分析化学会　編
A5判・284頁・定価(本体2800円)【税別】

■重要な水環境を守ろう！必要不可欠な水質モニタリングをわかりやすく解説！

本書は，水質分析について，これまで（社）日本分析化学会にて発行し好評を博してきた，「化学分析の基礎」「環境分析の基礎」「大気分析の基礎」等と同様に，水環境中に存在する揮発性有機化合物（VOC），農薬，環境ホルモン，洗剤などの人工有機化学物質の分析について，サンプリング地点の選定を含めた水質試料のサンプリング，各種物質の前処理から実際の分析まで，実務に即した内容でまとめるものです．

現場で役立つ 大気分析の基礎 —VOCs，PAHs，アスベスト等のモニタリング手法—
平井 昭司　監修・公益社団法人 日本分析化学会　編
A5判・288頁・定価(本体2800円)【税別】

■実際に役立つ大気分析手法の詳細がここに！

人体に影響を及ぼす，大気中の有害物質（ベンゼン等揮発有機化合物，アルデヒド類，多環芳香族炭化水素，重金属類，水銀，アスベスト等）について，サンプリング地点の選定，各種物質の前処理方法，分析方法および分析上の留意事項を取り上げ，分析現場における分析技術の知識・技能の向上に必須な基礎事項を実務の分析に即し解説しています．

もっと詳しい情報をお届けできます．
◎書店に商品がない場合または直接ご注文の場合も右記宛にご連絡ください．

ホームページ　https://www.ohmsha.co.jp/
TEL/FAX　TEL.03-3233-0643　FAX.03-3233-3440

（定価は変更される場合があります）